売れるネットショップ開業・運営

eコマース担当者・店長が身につけておくべき
新・100の法則。

コマースデザイン株式会社 坂本悟史／川村トモエ 著

インプレスジャパン

著者プロフィール

坂本悟史(さかもと・さとし)

コマースデザイン株式会社 代表取締役。楽天（株）にてマーケティングおよびECコンサルタント（ECC）業務に従事。担当したネットショップは累計800店以上。数多くのヒット商品・人気店舗の誕生に貢献した。2008年2月にコマースデザイン株式会社を設立。企業の大小を問わず、商品特性を踏まえたECコンサルティングや商品企画を多数行う。企業内コンサルにアドバイスを行う「コンサルのコンサル」や、複数のASPから表彰されたトップアフィリエイターとしての一面もある。
●コマースデザイン株式会社：http://www.commerce-design.net

川村トモエ(かわむら・ともえ)

コマースデザイン株式会社 取締役、コピーライター。キャッチコピーやメルマガなど、主にライティング全般を担当。商品・ショップに合わせて書き分けるメルマガは、1通でそれまでの5倍以上の売上を記録するなどの成功事例も多い。無名商品の企画や再生も手がける。徹底した商品リサーチと独自メソッドから、アピールポイントを導き出して効果的なキャッチコピーを量産、人気商品の育成に貢献している。

本書は2010年4月現在の情報をもとに解説しています。本書の発行後に各Webサイトの内容や仕様などが変わっていることがあります。あらかじめご了承ください。
本文中の製品名およびサービス名は、一般に各開発メーカーおよびサービス提供元の商標または登録商標です。なお、本文中にはTMおよび©マークは明記しておりません。

	法則		
リスティング広告で集客する	22	リスティング広告の費用対効果を知る	62
	23	登録キーワードを増やして露出を高める	64
	24	広告テキストとリンク先ページを改善する	66
	25	「マグロの大トロ」的な広告テキストを作る	68
	26	リンク先ページを使い分ける	70
純広告で集客する	27	純広告の種類を把握する	72
	28	営業マンを見極めて広告購入する	74
	29	「パブロフの犬」的な広告原稿を作る	76
懸賞で集客する	30	懸賞企画の歴史と現状を知る	78
	31	懸賞企画は継続的に開催する	79
	32	懸賞広告は「使い方次第」だと心得る	80
マスコミ・クチコミで集客する	33	「第三者の紹介」で集客する	82
	34	紹介されやすい「話題性」を作る	84
	35	工夫したプレスリリースでマスコミに接触する	86
	36	イベントを開催してクチコミを増やす	88
	37	アフィリエイトに幻想を持たない	90
コラム		「集客できている」という落とし穴	92

第3章　店舗コンセプトを生かした接客の法則　93

	法則		
「接客の考え方」を理解する	38	「接客4要素」で購入率を高める	94
	39	接客戦略も「魚鱗」か「鶴翼」で考える	96
店舗コンセプトを決める	40	自店舗の強みを分析し、店舗コンセプトを考える	98
	41	客層をイメージして、キャッチコピーを作る	100
	42	店舗コンセプトをデザインに反映させる	102
	43	店舗紹介ページで安心感とコンセプトを伝える	104
店構えを作る	44	レイアウトは「普通」を心がける	106
	45	「トップページに求められる役割」を果たす	108
	46	需要の大きさから、商品カテゴリを決める	109
	47	ナビゲーションを充実させ、小さな需要も拾う	110
	48	簡単な方法でナビゲーションの自由度を高める	112
	49	用がなくても見てしまう「特集ページ」を作る	114
	50	「セールページ」で、利益を保ちつつ売上を作る	116
	51	「値下げの種類」を増やして安売り中毒を防ぐ	118
	52	分かりづらいニッチ商品は「選び方」も提案する	120
	53	商品写真のレベルを高める	122
	54	プチ動画・マンガで購入率を高める	124

品揃えを増やす	55	できる範囲で商品数アップを検討する	126
	56	型番商品・有名ブランド品を売るなら、価格競争とうまく付き合う	128
	57	「入口商品」からリピート購入への流れを設計する	130
	58	「ポテト提案」で満足度と客単価を高める	132
	59	「グレードアップ商品」で満足度と客単価を高める	134
	60	将来の「あるべき品揃え」を考える	136
看板商品を育てる	61	オリジナル商品は売れなくて普通だと自覚する	138
	62	「BEAFの法則」で売れるストーリーを作る	140
	63	ユーザーを引き付ける「購入メリット」を作る	142
	64	評判がいい「証拠」をたくさん集める	144
	65	ライバルに対して「差別化」する	146
	66	「さまざまな情報」の記載漏れに注意する	148
コラム		ページ接客の失敗パターン	150

第4章 「長く売れる」ための追客の法則 …………… 151

法則

「追客の考え方」を理解する	67	「追客」で、購入客との縁を維持する	152
	68	「メルマガ」の特徴を把握する	154
	69	メルマガ施策は3段階で考える	156
	70	メルマガも、EC4タイプ理論で使い分ける	158
種をまいて読者を増やす	71	メルマガ購読前から読みたくなるように宣伝する	160
	72	ステップに分けて数値管理する	162
	73	メルマガの件名を工夫し、開封率を高める	164
	74	メルマガの読みやすいレイアウト、読みにくいレイアウトを知る	166
	75	筆が進まない場合は、人の言葉から糸口をつかむ	168
	76	用途と商品特性によって、うまくHTMLメールを使う	170
コンテンツで読者を育てる	77	「裏話」と「人間味」で、プロらしさを演出する	172
	78	絵はがきのような「季節の挨拶」的HTMLメールを活用する	174
	79	商品数が少ない場合は、さまざまな角度から商品を紹介する	175
	80	商品購入後こそ、積極的にコミュニケーションを取る	176
	81	開封率100%の「同封チラシ」を活用する	180
	82	リピートしにくい商品でも、購入者の感想を集める	182

	法則		
リピート売上を収穫する	83	リピーターの心理を把握する	184
	84	イベントを成功させる「企画3パターン」を把握する	186
	85	「内輪型イベント」で閑散期を盛り上げる	188
	86	「トレンド型イベント」で世間の波に乗る	190
	87	「提案型イベント」で企画の幅を広げる	192
	88	人気商品の購入者には、絞り込んだ文面でリピートを促進する	193
	89	ギフトイベントは早く始めて遅く終わる	194
	90	メルマガクーポンで、自由自在に売上をコントロールする	196
	91	「実況中継メルマガ」で盛り上がりを伝える	198
コラム		常連客の側から見た「感動接客」体験	200

第5章　成長段階別・運営実務の法則 …………… 201

	法則		
自店舗の将来を想像する	92	成長段階ごとの課題を把握する	202
「助走期」は方向性を探る	93	低コストで試してうまくいったら投資する	204
	94	ネットショップ制作会社にすべてを委ねない	205
「離陸期」は効率化する	95	忙しくなり始めたら、効率化でホスピタリティーを維持する	206
	96	ユーザーからのクレームを業務フローの改善に役立てる	208
「上昇期」は成長を加速させる	97	更新・販促スケジュールを立て計画的に運営する	210
	98	爆発的ヒット商品を作り次のステージを目指す	212
「安定期」は次のビジョンを描く	99	お客様の声は常にチェックし、社内にも共有する	214
	100	「読書会」で理解を深める	216
コラム		「変化の時代」で、商いを続けるために	218

ネットショップ販促情報サイト「ECユニオン」の紹介 …………… 219
コマースデザイン株式会社の独自理論・用語・分類 …………… 222
用語集 …………… 223
索引 …………… 228

本書の読み方

●法則のタイトル
やるべきことがすぐに分かるタイトル付けをしています。

●関連する法則
解説している法則と密接に関わる他の法則を紹介しています。続けて読むことで、理解が深まります。

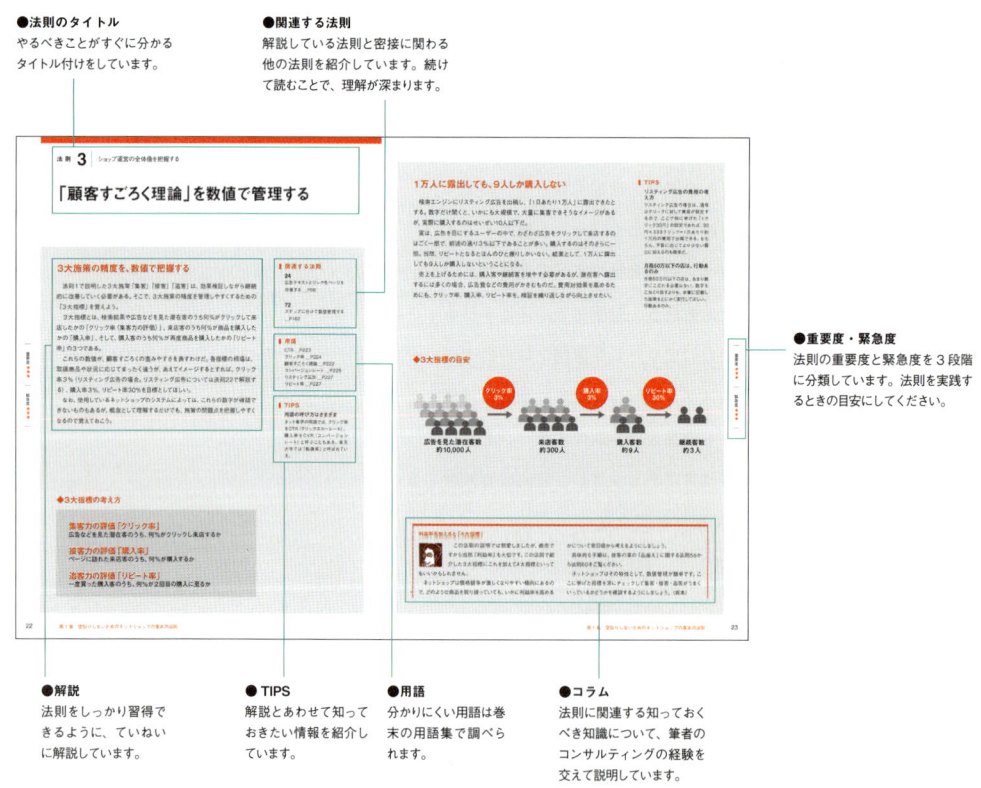

●重要度・緊急度
法則の重要度と緊急度を3段階に分類しています。法則を実践するときの目安にしてください。

●解説
法則をしっかり習得できるように、ていねいに解説しています。

●TIPS
解説とあわせて知っておきたい情報を紹介しています。

●用語
分かりにくい用語は巻末の用語集で調べられます。

●コラム
法則に関連する知っておくべき知識について、筆者のコンサルティングの経験を交えて説明しています。

序章

各法則に入る前に、ネットショップを取り巻く現状を確認するとともに、ネットショップと実店舗の違いや強み、そしてネットショップを運営する上で必要になる基本的な考え方を押さえておこう。

序章

ネットショップでモノが売れないワケ

●ネットショップの、典型的な失敗パターン

「私には、やっぱり無理なんでしょうか」

ネットショップの運営者から、よくこんな声を聞く。不景気のせいか、最近は特にネットショップを始める人が多い。派手な成功事例と安いコスト、何より成長産業であることが魅力的なのだろう。彼も、ネットに希望を託したひとりだった。

1年前、これしかないとネットショップ開業を決心。本業と並行して、慣れないパソコンで毎日深夜までかけてページを作り、悩みながら商品写真を撮影。当初思っていたものとは違う出来だけど、これで全国相手に商売ができるようになった。たくさん注文が来ちゃったらどうしようねえ、これから頑張ろうね、などと家族と盛り上がっていたのに、売れない。

やはり広告が必要だろうか? と思い、営業マンに言われるがままに試してみるがまるで反応がない。電話営業で売り込まれた「SEO」とか言うサービスを使ったが、検索順位は上がっても売上にはまったく効果がない。

やっぱりページの作成はプロに任せるべきだったと思って外注すると、ページはキレイになったが、売上はまったく変わらない。これからはネットで全国展開だなんて周りに言っちゃったのに、まさかこんなに難しいとは思わなかった。

そうこうしている間に、同じ時期にネットショップを始めた知人がどんどん売上を伸ばしていく。一体、アイツと俺の何が違うんだ? こっちだって時間も金もかけて、真剣にやっているのに。商品が悪いのか。やっぱり自分が悪いのか。自分はそんなに能力がないのか……。焦りが募り、どんどん自信がなくなっていく。

「何かやらなければいけないと思うんですが、何を信じればいいのか……」

勉強が足りないのだろうか? と色んな本を読み、セミナーを受講するものの、何からやればいいのか分からない。その時は「なるほど」と関心するが、そもそも畑違いの事例を聞いても、自分がどうすべきかは分からない。そしてため息混じりに言う。

「やっぱり無理なのかな……」

以上のエピソードは、ネットショップ業界で非常によく見かける風景だ。

だが、多くの場合、これは「歯車が噛み合っていないだけ」だ。一番大切なところを見失っているから、あらゆる努力が空回りしてしまっているだけの状態。だから、このような店は、ちょっとやり方を変えるだけで嘘のように売上が伸びることも多い。

事実、筆者のコンサルティング先でも、3年以上ずっと月商70万円以下だったネットショップが月商400万円を突破したり、5年以上ずっと月商30万円だったショップが月商1000万円を突破したりという大逆転事例が少なくない。

●「売れない店」を建て直す近道は？

売れないネットショップを軌道に乗せるために、一番大切なのは「自分の商品特性に合わせた運営方針」だ。チーズケーキの売り方と剣道具の売り方が同じはずはない。いま出回っているネットショップ運営のノウハウは、あまりにも偏っている。なぜなら、多くのノウハウが「成功者本人による思い出話・経験談」から生まれているからだ。サッカーを始めた少年が、一流の野球選手の著書を読めば、メンタル的に学ぶところは確かにあるだろう。

しかし、その練習法などをそのまま実践したところでサッカーの上達に結び付くわけではない。彼に必要なのは、まず「サッカーの基本」だ。

畑違いのノウハウは、かえって混乱を招く。違う畑から学べるのは、基本を身に付けた後の話。これはネットショップの運営でも同じである。

ワンピースとウエディングドレスを比べてほしい。後者のニッチ商品で広告を出したら、どうなるか。あるいは、インテリアライトと盆提灯でも同様だ。反応率の低さは想像に難くない。一般的な商品と同じような方法でニッチ商品を宣伝しても、赤字がかさむばかりだ。

世間的には無名の自社ブランド商品、価格競争の激しい有名メーカー製商品も、それぞれ適している販促方法はかなり異なる。

どんなに優れたノウハウを勉強しても、自分の商品に置き換えられなければそのノウハウを使いこなすことができず、投資は無駄になる。商品にはそれぞれ個性があるのに、なかなか成果の出ないネットショップ店長や担当者は「サッカーがうまくなりたいのに野球の練習をしている」かのように、まったく畑違いの事例やノウハウを学び、ポイントを外した努力をしていることが多い。

ネットショップでは店によってさまざまな商品が扱われ、かつさまざまな販促ノウハウが存在する。あまりに種類が多すぎるので混乱してしまう人が多い。これらを体系付けて、「自分にとって何を優先すべきか」が分かるような、そんな本が必要なのではないか。そうしないと、いつまでたっても失敗する店が減らないのではないか。

筆者はそう考え、これまでの800店を越えるコンサルティング経験から、取扱商品ごとの成功パターンを4つに分類し、さまざまな販促ノウハウを3種類に体系付けた。本書には、数年かけて整理されたノウハウ体系が、余すところなく公開されている。

この考え方で自分のネットショップを見れば、混乱していた頭がすっきりし、優先順位が明確になり、それまで空回りだった歯車がカチリと噛み合うはずだ。ネットショップの売上が伸び、自分の商品が全国に届き、お客さんから感謝のメールがたくさん届く……。多くのネットショップ運営者が一番喜びを感じる瞬間である。

その「感動」を、ぜひあなたにも体験してほしい。

ネット通販事業の「強み」を把握しよう

●**不景気に強い通販市場**

不景気をモノともせず、通販市場が伸び続けている。昨年の日経新聞の記事には次のように書かれていた。「通信販売市場が成長している。2008年度の全国売上高は推定8兆円強と、コンビニエンスストアや百貨店の規模を抜いた模様。自宅や外出先からパソコンと携帯電話を使いインターネット経由で注文する比率が7割以上に達する。このネット通販をけん引役に市場全体は00年度に比べて3倍強に膨らんだ。」

まず、3つの事実に注目してほしい。ひとつ目は、日本の小売業は右肩下がりであること。2つ目は、小売の中でも通信販売は右肩上がりであること。そして3つ目は、通信販売の中でも、ネット通販(eコマース)はさらに好調であること、の3つだ。

小売全体が下降気味の中で、ネットを含め「通販」がこんなに好調なのはなぜか。次の4つの理由が考えられる。(1)商圏に制限されず、1対多の接客ができること、(2)購入客へのアフターセールス(フォロー)により、継続購入を促進できること、(3)広告は必須だが運営費用は安く、仕組みがシンプルなため規模が拡大しやすいこと、(4)接客力や費用対効果を計測し、いろいろ試しながら「継続的に改善」できること。

特に4つ目の「継続的改善」に注目したい。どの社員が一番売上に貢献しているかの判断は難しいが、どのダイレクトメール(DM)が一番売上に貢献しているかの判断は簡単である。カタログ通販もテレビ通販も、チラシ通販も、ラジオ通販も(1)〜(3)の「効率的に接客できる」という強みは、(4)の「継続的な改善がしやすい」

◎ 通販が売れやすい4つの要因

❶ 商圏に制限されず、1対多の接客ができる

❷ 購入客へのアフターセールス(フォロー)により、継続購入を促進できる

❸ 広告は必須だが運営費用は安く、仕組みがシンプルなため規模が拡大しやすい

❹ 接客力や費用対効果を計測し、いろいろ試しながら「継続的に改善」できる

という特徴の上に成立している。

　ネット通販は、突然発生した画期的なビジネスではなく、以上の通販業のあらゆる強みに、ITという道具の力が加わり、さらに強くなった業態だと言える。簡単に言えば「鬼に金棒」「通販にIT」である。ここでいうITの力とは、コストの低さと計測の容易さを指す。以上を踏まえれば、ネット通販がなぜ成長業種たりえたのかを再認識できる。

　コストの低さは不景気時にかなりの強みとなることはいうまでもない。そのため、今後もしばらくはネット通販市場の拡大が続くと見ていいだろう。

　こういった背景に基づき、本書では、通販業のノウハウと、IT寄りのテクニックの2通りの方法を紹介している。これはネット通販にとって車の両輪なので、どちらかに偏ることなくマスターしてほしい。

◎ 通販とネット通販の市場規模（BtoC）

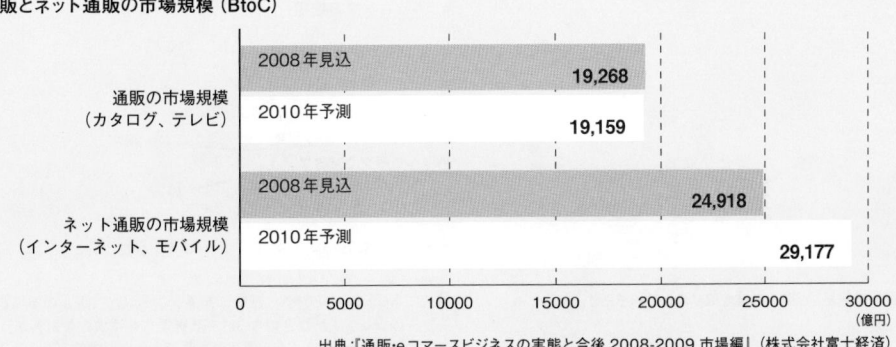

出典：『通販・eコマースビジネスの実態と今後 2008-2009 市場編』（株式会社富士経済）

ネット通販事業の「癖」を把握しよう

●参入しやすい

ネット通販は、通信販売×ITという特徴から、店頭販売やカタログ、テレビ通販とは一線を画す独特の市場環境が形成されている。

まず、「参入が容易」だ。例えば広告費。他の通販ではチラシやテレビCM、DMなど、広告費が必須であるのに対し、ネットショップの場合は、無料で検索エンジンに表示されるので、広告費ゼロでも一応は露出できる。さらに、ネットショップ運営システムも低価格で提供されている。そのため、利益率が低い業種や個人事業主でも容易に参入でき、事実、そのようなネットショップは多数見られる。

●競争が激しい

一方、低コストで参入が容易であるが故に、「競争が激しい」。主要モールである楽天市場の出店店舗だけでも30,000店舗以上（2010年1月現在）になる。これに他モールや独自ドメイン店舗、ドロップシッピングなどを含めれば際限がない。

もちろん、実店舗の方が数は多い。しかし、実店舗に買い物に行く場合は、近隣店舗との比較に留まり、よほど特別な事情がない限り、日用品や電化製品を買うためにはるばる1,000km離れた店へ出向く人はまずいないだろう。

だが、ネット通販の場合、ユーザーが検索結果や比較サイトを使用して、簡単に商品を見比べることができる。

◎ ネットショップの競争が激しくなる仕組み

実店舗の競争

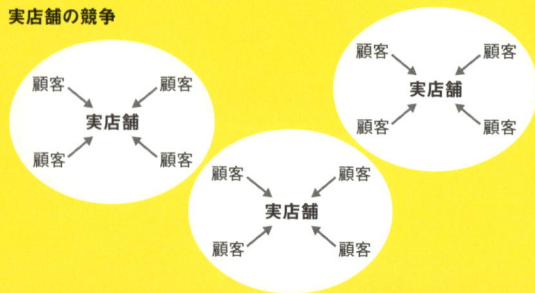

あくまでも近所の店と、近所のお客を取り合う競争である。

ネットショップの競争

ネットショップでは、距離に関係なく、同じジャンルのすべてのショップが競合になる。人気が集まれば大きな集客が見込める一方、まったく顧客が確保できない可能性もある

実店舗の競争があくまで商圏内で行われるのに対して、ネットショップのそれは全国規模だ。「それなり」の出来では、埋もれてしまいやすい。

特に、有名ブランド品など価格で選ばれやすい商品を中心に、価格競争が激化しやすい傾向にある。長く売れるためには、どんな商品を扱っていようと、利益率を高めるための努力が必要だろう。幸い、取り入れやすいさまざまな手法があるので、本書を参考にぜひ試してほしい。

● 商品数を揃えやすい

広く知られたネット通販独特の現象として「ロングテール現象」がある。実店舗では売り場面積が限られるため、必然的に「死に筋をカットし、売れ筋を増やす」という商品調整が重要になる。

一方ネット通販は、売り場面積が無限大だ。そのため、季節外れの商品やあまり売れない商品でも並べておける。しかも、在庫を手元に持っておく必要すらないため、注文を受けた時点で業者に発注をする「受注発注」などの仕組みが進歩し、「在庫を持たずに商品数を増やす」店が増えている。店舗・取扱商品との相性が良ければ、このようなネット通販ならではの特性もうまく生かしたいところだ。

● 「商品以外の価値」も提供できる

最後に、今後さらに注目されるだろう要素として、「エンターテインメント性」を挙げたい。 エンターテインメ

◎ ロングテール現象

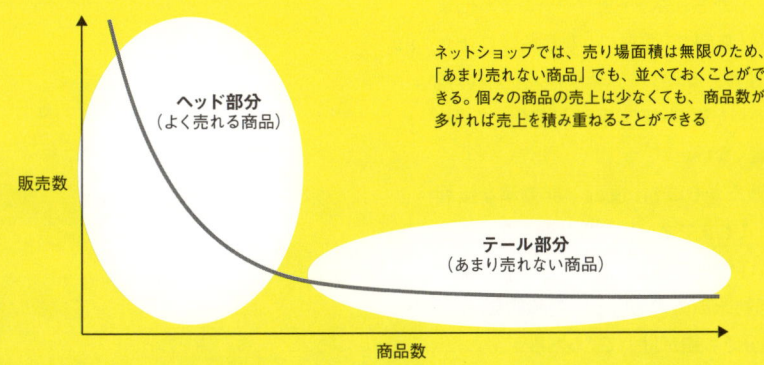

ネットショップでは、売り場面積は無限のため、「あまり売れない商品」でも、並べておくことができる。個々の商品の売上は少なくても、商品数が多ければ売上を積み重ねることができる

ント性といっても難しいものではなく、あなたが実店舗でお客さんに対して提供している「商品以外の価値」をWeb上にどう再現するか、というだけのことだ。

　例えば、リアル通販でよく同封されている「ダイエット成功のためのアドバイス」「お客様の声」などが載った会報・読み物のたぐいは、印刷や郵送にかかる費用がバカにならないが、ネットショップのページやメールを使えば、極めて低コストで提供できる。ニッチ商品を扱う実店舗（例えばテニス用品店やクワガタムシ専門店）に見られるような、店舗が中心となり「同好の士」が集まるコミュニティーを形成するようなシーンが、今後ネット通販において一層現れてくるのではないか。

　単なるWebページだけでなく、メールや動画、CGM（掲示板、SNS、ツイッターなど）など、リッチインタラクティブ（音声や画像、動画などを多用した双方向サービス）な仕組みも安く使える。しかも、ネット上はクチコミの伝達スピードが速いため、「無料」「面白い」など話題に上れば一瞬で広まる可能性がある。今後、ネットショップの持つコンテンツ性を生かした集客・接客手法が進化していくだろうことは想像に難くない。

　効率的なネット通販だからこそ、反面、非効率な接客をすることができる。これまでネット通販が伸びてきた要因は通販の効率性とITのパワーだったが、ネット通販が浸透したこれからは、物販以外のもっと非効率的な、「商品以外の価値」の部分でも差が付いてくるだろう。

第 1 章

空回りしないための
ネットショップの基本の法則

情報の多いネットショップ業界で迷わないためには、「シンプルな基本法則」をしっかり理解しておくのが大切だ。ここでは、商品特性ごとの基本法則について解説する。

法 則

1. ネットで売るための3大施策「集客」「接客」「追客」を実行する 18
2. 「顧客すごろく理論」でユーザー心理を先読みする 20
3. 「顧客すごろく理論」を数値で管理する 22
4. 「EC4タイプ理論」で店舗の未来を知る 24
5. 有名ブランド商品・型番商品は効率を重視する 26
6. オリジナルブランド商品は徹底的に魅力を伝える 28
7. ニッチ商品は、数少ない潜在客と深く付き合う 30
8. 総合タイプの店は「仕事も売上も多い」と心得る 32
9. 「タイプ診断ツール」で店のタイプを正しく把握する 34

法則 **1** ショップ運営の全体像を把握する

ネットで売るための3大施策「集客」「接客」「追客」を実行する

すべての施策は「3大施策」に含まれる

　売れ続けるネットショップになるためには、店舗に「集客」して、売れるよう「接客」し、さらに「追客（リピート促進）」すればいい。実店舗で言えば、駅前でチラシなどを配って集客し、販売員やPOPによる接客で商品を紹介し、会員登録した購入客にDMを送ってリピートを促す。この3施策は、ネットショップでも同じなのだ。同じ人間が買い物をするのだから、基本施策も当然同じになる。なおリピート促進は、この本では「追客」と呼んでいるので覚えてほしい。

　ネットショップの運営については「検索結果の画面で目立てばいい」「熱意を込めてページを作ればいい」「売れる商品を選べばいい」など、さまざまなノウハウが語られているが、あらゆる施策はすべて「集客・接客・追客」の3大施策の中に含まれていると理解していこう。派手なプロモーションも、地道な相互紹介も、すべて「集客」。クールなデザインも、こだわりの商品案内も、店舗コンセプトもすべて「接客」。新着情報も、イベント告知も、商品に同封するチラシもすべて「追客」なのだ。

　どんな施策も、3大施策のどれかに当てはまる（下図参照）。これを踏まえて、これまでのネットショップ運営を振り返ってみてほしい。かなり頭がすっきりし、方向性が明確になるはずだ。

TIPS

社内の「共通言語」
複数人でショップを運営しているなら、この第1章の内容は、ぜひチーム内で共有しておいてほしい。共通言語がしっかりしていれば、いつもの会議が断然スムーズに進むはずだ。

追客の読み方
「ついきゃく」と読む。購入後、そのままでは離れて行ってしまうユーザーを追いかけ、声をかけて、継続的なお付き合いをお願いするイメージだ。

重要度
★★★

緊急度
★★★

◆ネットショップの販促施策は、大きく3種類に分かれる

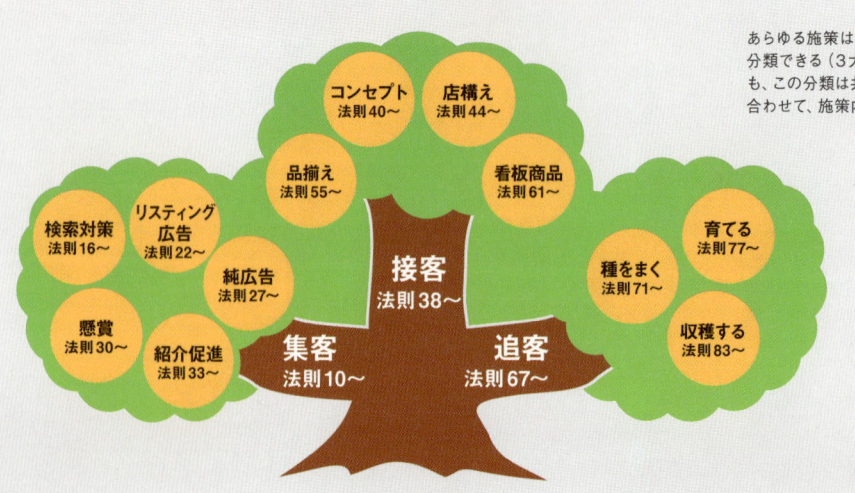

あらゆる施策は「集客」「接客」「追客」の3つに分類できる（3大施策）。どんな商品を扱っていても、この分類は共通している。ただし、商品特性に合わせて、施策内容を調整する必要がある。

実店舗と「やること」は同じだが、「やり方」が違う

　当たり前の話だが、ネットショップは運営する場所がネット上なので、実店舗と「やること」は同じだが「やり方」が違う。この違いをきちんと把握しよう。

　まず「集客」だが、ネットショップの来店経路は大きく分けると、商品名や"母の日"などの用途名による「検索」、有名サイトや検索エンジンに掲載する「広告」、プレゼントで客寄せをする「懸賞」、ブログやマスコミによる「紹介」の4種だ。序章で説明したようにネット上では待っていても誰も来ないため、実店舗以上に手間やコストをかけて集客を行う必要がある。

　「接客」では、商品ページ上で主に写真と文章で商品の魅力を伝え、無人店舗であるネットショップに、有人店舗同様の安心感や利便性を感じてもらう必要がある。

　「追客」は、主にメルマガを使ってリピート購入を促進する。DMと比べれば、メルマガは本当に低コストで便利だ。ただ、その分、配信頻度はDMよりも多い。結果、やはり時間をかけて取り組む必要がある。

　こう書くと実店舗より大変なようにも思えるが、ネットショップは作業数は多いがとにかく費用が安いし、直接接客するのは人間ではなく文字や写真なので、一度に何万人にもアプローチできる。つまり、「安く始められる上に、大きく膨らませやすい」という利点があるのだ。

◆ネットショップ運営の流れと、本書の構成

本書は、ショップ運営の流れに沿って構成されている。本章（第1章）では、まず全体像を把握してほしい。

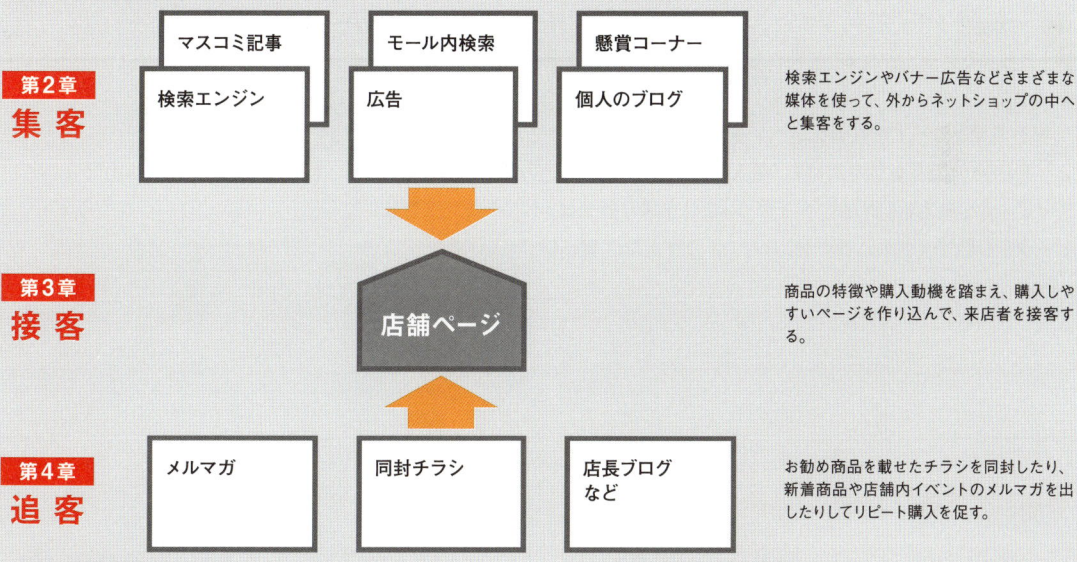

本書の読み進め方

　こんにちは、著者の坂本です。このコラム欄では、もう1人の著者である川村と一緒に、コンサルティングの現場から得られた売れるコツや雑感をお伝えしていきます。

　ところでまず最初に申し上げたいのですが、本書で紹介する100個のノウハウは、すべてを実行する必要はありません。特にネットショップを開店して間もない人は、複雑な施策は避けてください。

　第1章では取扱商品のタイプ別ノウハウ（EC4タイプ理論）を紹介していますので、自分に必要な施策を見つけて、優先的に取り組んでください。また、ページの左右両端に法則の「重要度」と「緊急度」を星マークで表していますから、そちらも参考にしてくださいね。（坂本）

法則 **2** | ショップ運営の全体像を把握する

「顧客すごろく理論」で
ユーザー心理を先読みする

ユーザーを「4つの段階」に分けて育てる

本書では、ネットショップのユーザーを大きく4段階に分けて解説する。まだ店の存在も知らない「潜在客」、何かのきっかけでふらっと訪れた「来店客」、ページを見て満足して商品を購入した「購入客」、そして商品への満足や何かのきっかけでリピート購入した「継続客」である。

ネットショップの売上を伸ばすためには、潜在客に対して継続的にアプローチし、1人でも多く来店させ、購入客と継続客の人数を増やしていけばいい。この「ユーザーをステップアップさせていく図式」を指して、筆者は「顧客すごろく理論」と呼んでいる。法則1で説明した「3大施策」は、この顧客すごろくを進めるためにある。

集客施策によって潜在客に店への入口を見せ、来店客へと育てる。接客施策により来店客の購買意欲を高めて、購入客へと育てる。購入客は追客の施策によってリピート促進され、継続客へと育つ。これを繰り返せば、ベルトコンベア状にリピーターが数多く生まれるようになり、店の売上は確実に伸びていくのだ。

▎用語

継続客 __P224
購入客 __P224
顧客すごろく理論 __P222
潜在客 __P225
満足客 __P226
来店客 __P226

重要度 ★★★
緊急度 ★★★

◆顧客すごろくにおける「4段階のユーザー像」

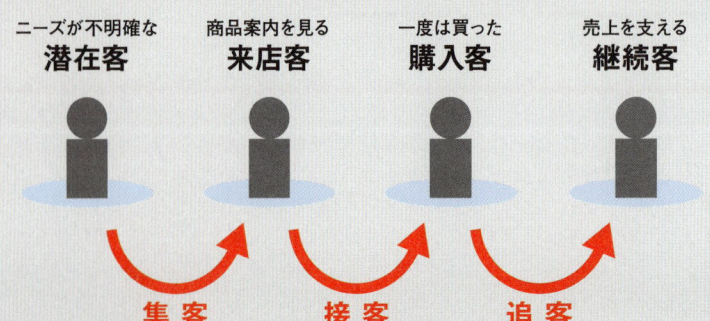

ユーザー像を4段階に分けて理解すると、販促施策を考える際に頭がすっきりする。段階ごとの心理状態を把握しておこう。例えば潜在客は、どうやってニーズを顕在化させるかが課題となる。

ユーザーの心理を踏まえて施策を打つ

　ここでは、各段階のユーザーの心理状態について解説する。まだ来店していない潜在客、店舗ページを見ている来店客、初めて購入した購入客、店を気に入ってリピートした継続客……「顧客すごろく理論」の段階ごとに、ユーザーの心理状態も刻々と変化していくものだ。彼らの心理を理解した上で店舗運営に取り組むようにしよう。

　まず潜在客の心理状態は「注意力散漫」。あなたの店のことは知らないが、関連するキーワードで検索して、ふらふら調べものをしている。もしくは、潜在的なニーズはあるがそれを自覚せず、検索もせずに生活している状態だ。「ニーズを自覚していない潜在客」を集客するには、例えば健康食品であれば「最近疲れていませんか？」などと声をかけて、ニーズを顕在化させる必要がある。

　来店客の心理状態は「せっかち」。検索結果や広告で見かけたあなたの店に何かの期待をしてリンクをクリックした状態。だが、訪れた店舗ページが満足いくものでなければ、彼らがあなたの店から立ち去るのはテレビのチャンネルを変えるよりも早い。そのため、店舗ページの「ツカミ」と「探しやすさ」は欠かせない。

　購入客の心理状態は「忘れっぽい」。ネット通販では実際に店舗に足を運ぶわけではないし、次から次へと検索結果や商品一覧のリンクをクリックしてショップを見てまわることが多いため、最終的に「どの店で買ったのか」を忘れる傾向にある。覚えていない店ではリピートすることができないので、縁を切らさないためのフォローが重要だ。商品に同梱するチラシやメルマガを活用して、購入客の記憶や興味を維持したい。

　継続客の心理状態は「浮気性」。2回目の購入をすると継続客になる。いわゆるリピーターだが、ネット通販は比較しやすいので、他店のお試し商品にもつい手が出てしまう。浮気ではなく本気で他店に乗り換えられないよう、マンネリ化を避けながら店舗の魅力を伝え続け、優待企画や参加型イベント、店舗コンセプトの伝道などで継続客の気持ちをつなぎ留める努力をしよう。

　それぞれのユーザーに合わせた具体的な施策は、以降の法則で細かく説明する。ここでは「ユーザーの心理状態を踏まえてネットショップを運営する」という考え方を理解してほしい。

TIPS

商品購入前にコンタクトしてきたユーザーは「見込客」
来店客が、商品を購入する前にいったん店舗にコンタクトした場合は、来店客の一種「見込客」として扱う。問い合わせやサンプル請求、オークション入札、懸賞応募なども見込客となる。

高額商品の最終段階は「満足客」に分類する
住宅や自動車など、リピートされることが少ない高額な商品を扱う店は、継続客を「満足客」として理解してほしい。自分では購入しないが、クチコミやレビュー記事により新しい購入客を増やす力になってくれる。詳しくは法則82を参照。

重要度 ★★★
緊急度 ★★★

3大施策の優先順位

　ここでは、法則1で紹介した3大施策の優先順位について説明します。最初は「コストを抑えつつ集客強化」から始めましょう。まず来店客がいないとそもそも何もできません。次は「コストを抑えつつ接客強化」。来店しても買ってくれないと意味がないですよね。少しでも売れてきたら「追客を行ってリピート促進」。継続客が増えて店の収益性も上がり、ここで「集客への投資を強化」。次に接客に投資、追客に投資です。この繰り返しです。さまざまな集客施策の中で特にどれを優先すべきかは、商品特性ごとに違うので注意してください。

　ちなみに、本書の構成は第1章（この章）で全体観を説明したあと、第2章で集客、第3章で接客、第4章で追客、第5章で実務上の要点を解説します。商品特性ごとの特徴も第1章で説明しているので、必ず頭に入れておいてください。（坂本）

法則 **3** ショップ運営の全体像を把握する

「顧客すごろく理論」を数値で管理する

重要度 ★★★
緊急度 ★★★

3大施策の精度を、数値で把握する

　法則1で説明した3大施策「集客」「接客」「追客」は、効果検証しながら継続的に改善していく必要がある。そこで、3大施策の精度を管理しやすくするための「3大指標」を覚えよう。

　3大指標とは、検索結果や広告などを見た潜在客のうち何％がクリックして来店したかの「クリック率（集客力の評価）」、来店客のうち何％が商品を購入したかの「購入率」、そして、購入客のうち何％が再度商品を購入したかの「リピート率」の3つである。

　これらの数値が、顧客すごろくの進みやすさを表すわけだ。各指標の相場は、取扱商品や状況に応じてまったく違うが、あえてイメージするとすれば、クリック率3％（リスティング広告の場合。リスティング広告については法則22で解説する）、購入率3％、リピート率30％を目標としてほしい。

　なお、使用しているネットショップのシステムによっては、これらの数字が確認できないものもあるが、概念として理解するだけでも、施策の問題点を把握しやすくなるので覚えておこう。

関連する法則
24
広告テキストとリンク先ページを改善する __P66

72
ステップに分けて数値管理する __P162

用語
CTR __P223
クリック率 __P224
継続客 __P224
購入客 __P224
顧客すごろく理論 __P222
コンバージョン率 __P225
潜在客 __P225
来店客 __P226
楽天大学 __P226
リスティング広告 __P226
リピート率 __P227

TIPS
用語の呼び方はさまざま
ネット業界の用語では、クリック率をCTR（クリックスルーレート）、購入率をCVR（コンバージョンレート＝コンバージョン率）と呼ぶこともある。楽天大学では「転換率」と呼ばれている。

◆3大指標の考え方

集客力の評価「クリック率」
広告などを見た潜在客のうち、何％がクリックし来店するか

接客力の評価「購入率」
ページに訪れた来店客のうち、何％が購入するか

追客力の評価「リピート率」
一度買った購入客のうち、何％が2回目の購入に至るか

1万人に露出しても、9人しか購入しない

検索エンジンにリスティング広告を出稿し、「1日あたり1万人」に露出できたとする。数字だけ聞くと、いかにも大規模で、大量に集客できそうなイメージがあるが、実際に購入するのはせいぜい10人以下だ。

実は、広告を目にするユーザーの中で、わざわざ広告をクリックして来店するのはごく一部で、前述の通り3%以下であることが多い。購入するのはそのさらに一部。当然、リピートとなるとほんのひと握りしかいない。結果として、1万人に露出しても9人しか購入しないということになる。

売上を上げるためには、購入客や継続客を増やす必要があるが、潜在客へ露出するには多くの場合、広告費などの費用がかさむものだ。費用対効果を高めるためにも、クリック率、購入率、リピート率を、検証を繰り返しながら向上させたい。

TIPS

リスティング広告の費用の考え方
リスティング広告の場合は、通常はクリックに対して費用が発生するので、「1クリック30円」の設定であれば、30円×333クリック=1日あたり約1万円の費用で出稿できる。もちろん、予算に応じてより少ない露出に抑えるのも簡単だ。

月商50万以下の店は、行動あるのみ
月商50万円以下の店は、あまり数字にこだわる必要はない。数字をこねくり回すよりも、本書に記載した施策をとにかく実行してほしい。行動あるのみ。

◆3大指標の目安

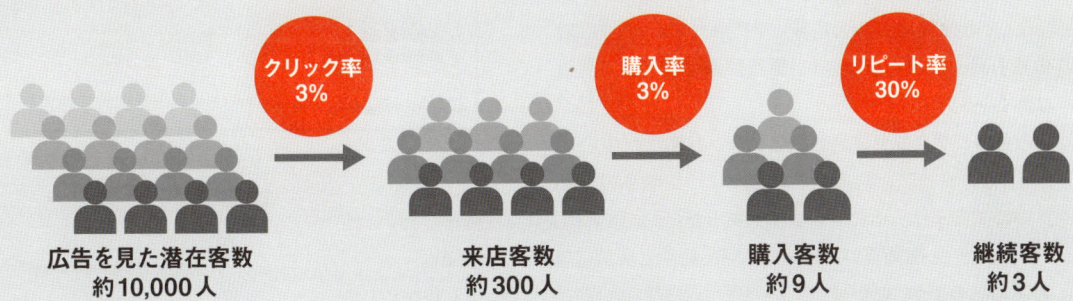

利益率を加えると「4大指標」

この法則の説明では割愛しましたが、商売ですから当然「利益率」も大切です。この法則で紹介した3大指標にこれを加えて4大指標と言ってもいいかもしれません。

ネットショップは価格競争が激しくなりやすい傾向にあるので、どのような商品を取り扱っていても、いかに利益率を高めるかについて常日頃から考えるようにしましょう。

具体的な手順は、接客の章の「品揃え」に関する法則55から法則60をご覧ください。

ネットショップはその特性として、数値管理が簡単です。ここに挙げた指標を常にチェックして集客・接客・追客がうまくいっているかどうかを確認するようにしましょう。（坂本）

法則 **4** 扱う商品に合わせて戦略を立てる

「EC4タイプ理論」で店舗の未来を知る

ネットショップは4タイプに分けられる

　取り扱う商品の購入経路によって、ネットショップ運営の成功パターンは4つに分類される。商品の購入には、検索を経由する「指名買い」と、広告やメルマガで勧められて購入する「衝動買い」の2パターンがあり、それぞれの要素の多寡によって、4タイプ化している。各タイプごとに一長一短があり、効果的な施策もかなり異なるため、自分のネットショップがどこに当てはまるかをまず自覚しよう。

　有名ブランド商品・型番商品を中心に扱う「有名ブランドタイプ」は、もともと商品・ブランドの認知度が高く、何もしなくても検索経由の指名買いで売れやすい。一方、競合他社も同一商品を扱うため、価格競争が発生して利益率は低くなる。

　自社オリジナルブランドや無名ブランド商品が中心の「オリジナルタイプ」は、テレビ通販のように商品の詳細を長い時間をかけて紹介する必要があるが、価格競争が少なく利益率は高い。他タイプと比べて、衝動買いを喚起する商品説明と集客にコストがかかる。

　剣道用品のようにごく一部のユーザーしか買わない商品や、ランドセルなど人生で何度も買わない商品は「ニッチタイプ」に分類する。対象客が少ないため、不特定多数向けの集客では効果が出ない。数少ない潜在客とどうやって出会うかが難題だが、いったん信頼を得られれば、リピート率が高くなったり、価格と関係なく購入率が上がったりする。また、ライバルも少ないので、安定した運営になりやすい。

　ドラッグストアなど有名ブランド品と無名商品を混在させているタイプや、アパレル店舗などオリジナルであっても商品数が多いタイプは「総合タイプ」に分類する。検索による来店が比較的多いが、商品説明に時間をかける必要がある。他のタイプに当てはまらない場合は、大抵ここになる。

　次の法則から、各タイプの特性を具体的に紹介する。すべてのタイプを理解できれば、自店舗で取るべき方向性が自然に見えてくるだろう。なお、自分が該当しないタイプの特徴も、しっかり把握してほしい。違うタイプと対比されることで「自分のタイプ」が明確になるからだ。

◆「EC4タイプ理論」の考え方

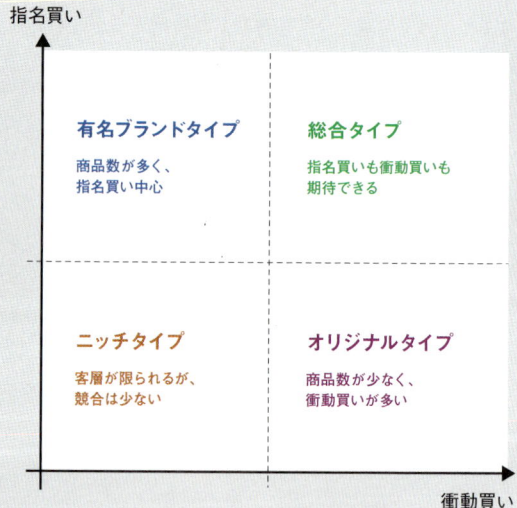

関連する法則
70
メルマガも、EC4タイプ理論で使い分ける __P158

用語
EC4タイプ理論 __P222
リピート率 __P227

TIPS
「タイプ診断ツール」を使おう
すべての商品が厳密に4タイプに分かれるわけではない。詳しくは法則9に掲載した診断ツールを使って調べてほしい。

◆「EC4タイプ理論」における各タイプの解説

有名ブランドタイプ（左上）
有名ブランド商品・型番商品が中心。多くの商品を扱い、個々の商品紹介文は短め。
本業は量販店や問屋が多い。ショップのレイアウトはアマゾンのようにシンプル。
【典型商品】家電、CD・DVD、書籍、海外有名ブランドバッグ、ブランドコスメ、有名メーカー製品全般

オリジナルタイプ（右下）
オリジナルブランド商品が中心。商品数は少なく、それぞれ力を入れて案内する。
知名度がないため、開店しただけでは売れない。作り込んだ商品説明と集客が生命線。
【典型商品】食品、健康食品、基礎化粧品、小規模メーカーの直販店全般

ニッチタイプ（左下）
マニア向けなどのごく限られた客層向けか、ウエディング用品など人生の一時期でのみ購入する商品が中心。
数少ない潜在客とどうやって出会うかが難題。ニッチ向けの集客と顧客維持が重要。
【典型商品】ウエディング用品、仏具、業務用品、マニア・コレクター商品、特定スポーツの専門店など

総合タイプ（右上）
有名商品・無名商品が混在しているか、無名ブランドながら幅広く商品を揃えている。
商品数は多めで、カタログ通販（総合通販）に近い。有名ブランドタイプ・オリジナルタイプ両方の特徴を持つ。
【典型商品】有名ブランド以外の家具・ファッション店舗、ドラッグストア、カタログ通販、雑貨店など

重要度 ★★★
緊急度 ★★★

試行錯誤の末に生まれた4分類

私がまだ某大手モールのECコンサルタントをしていたころ、よく「新規店舗が失敗しないためにはどうすればいいか」について悩んでいました。なぜなら、せっかくネットショップを始めたのに、その醍醐味に触れることなく辞めていく方が多かったからです。そこで1,000件以上の新規店を分析した結果、努力してもうまくいかない店舗は、学んだノウハウを生かせず『優先施策を間違えている』ことが分かったのです。これが2005年ごろの話です。このとき初めて「4分類」を開発し、コンサルティングに使い始めました。すると「何をやるべきなのか分かった」「坂本さんのおかげで売れました」などと言われる回数が格段に増えました。実際、当時の担当先の多くは今でも活躍されているようです。独立開業後も改良を重ね、さまざまなネットショップ団体や企業に対して講演を続け、初心者からベテラン店長まで多くの反響を頂きました。初めてこの理論に出会った方には一見とっつきにくいかもしれませんが、必ずお役に立つはずです。だまされたと思って試してみてください！ (坂本)

法則 **5** 扱う商品に合わせて戦略を立てる

有名ブランド商品・型番商品は効率を重視する

指名買いユーザーがメインターゲット

　家電や海外ブランドファッション、大手メーカー製スポーツ用品などを中心に扱うネットショップは、「有名ブランドタイプ」に分類される。大手メーカーや大手ブランドの宣伝によって消費者のニーズも信頼もすでに生まれているため「消費者が自分から指名買い検索で探しに来る」傾向にある。そのため、このタイプの店は、商品の品揃えと価格にさえ気を配れば一定以上の集客が見込めるのが特徴だ。楽天市場のようなショッピングモールでは特に顕著で、店舗オープン初月に数百万円を売り上げるケースも多い。

　その長所を生かすために、まずは商品の品揃えをできる範囲で増やし、指名買い検索ユーザーに対して多く露出するために「検索対策（SEO）」を行い、数多くの商品をうまく閲覧できるよう回遊性の向上を行えば、他のタイプよりも効率的に売上を伸ばせるはずだ。具体的な方法論は次のページで案内する。

　ただし、このタイプでは、同じ商品を扱うライバル店も多い。激烈な価格競争で利益率が低くなりがちなので、利益率も意識しなければならない。

　そこで、基本的な施策が一通り済んだあとは、メルマガによるリピート促進や、セット販売・無名ブランドへの注力などによる利益率向上など、ちょっと手間がかかるが利益率が向上するような施策に取り組むことをお勧めする。これらについてはページ右上の「関連する法則」を参照してほしい。

■ 関連する法則

11
商品数が多い場合は「鶴翼の陣」で集客する __P40

56
型番商品・有名ブランド品を売るなら、価格競争とうまく付き合う __P128

■ 用語

SEO __P223
回遊性 __P224
ナビゲーション __P225
リピート率 __P227

重要度 ★★★
緊急度 ★★

◆ 有名ブランド商品・型番商品を扱うショップの例

有名ブランドの時計を低価格で販売し、中古品の買い取りも対応している。
◆ ジャックロード http://www.jackroad.co.jp/

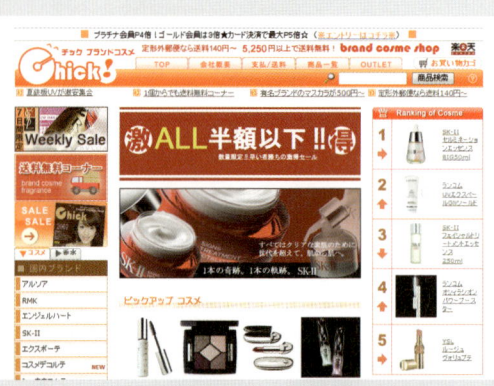

有名ブランドの化粧品・香水を大量に扱い、価格訴求で販売している。
◆ CHICK http://www.rakuten.ne.jp/gold/chick/

訪問客を逃さない3つの基本施策

　有名ブランド商品や型番商品を扱うショップでは、まず商品数を増やすことが大前提となる。なぜなら、指名買いをするユーザーの検索対象に含まれやすくなるため、確実に集客が見込めるのだ。

　例えば、人気の家電だけでは価格競争に巻き込まれるが、その消耗品や換えの部品は値引きされていないことが多いため、意外と利益率が高い。チリも積もれば山になる。特に価格競争が苦手な店舗は、この種の商品を多数揃えることをお勧めする。詳しくは法則55「できる範囲で商品数アップを検討する」を参照してほしい。

　次に、検索エンジンからの集客を増やす「検索対策（SEO）」を行う。基本は、考えられるさまざまなキーワードを商品の説明文に含めることだ。例えばゴルフクラブを売る場合の最重要キーワードはもちろん商品名だが、メーカー名（ブリヂストンなど）や、カテゴリ（ドライバーなど）、大分類（ゴルフクラブなど）なども併記すれば、より多くの検索キーワードで検索されるようになる。詳しくは第2章の「検索対策（SEO）」の項を参照してほしい。

　そして、回遊性の向上を行う。商品数が多くなってくると、訪問客も商品を探すだけでひと苦労なので、欲しい商品まで簡単にたどり着ける道筋（ナビゲーション）を整えておきたい。このナビゲーションを改善すると、商品Aを見ていた訪問客が、ナビゲーションを経由して、まったく違う商品Bを購入するという現象が起こるようになる。つまり、店舗全体での購入率が上がるのだ。他店への流出も防げる。商品数が多い店には、本当に重要な施策である。詳しくは第3章の「店構え」の項を参照してほしい。

　これらの施策が済んだら、品揃えの見せ方を見直したり、追客を強化したりしながら利益率・リピート率を高めていこう。詳しい手順は第4章で説明する。ともかく今の段階では、「さまざまな施策があり、それぞれに優先順位がある」という点を理解してほしい。

重要度 ★★★
緊急度 ★★☆

担当スタッフに求められる能力

　有名ブランド商品・型番商品を扱うショップは薄利多売が前提となるため、比較的規模の大きい会社が運営しているケースが多いようです。また、他のタイプでは自営業の社長が自ら運営しているのに対して、インターネットに詳しい社員が店長になるケースが多いですね。実際、他のタイプと比べると、求められる技術レベルが高く、効率的に大量の商品を管理・更新したり、数字を使って分析したりすることが必要です。だから運営当初は特に「右脳より左脳」をよく使います。ただ、利益の取れるショップへと育てるには、キャッチコピーやメルマガなど、右脳的なセンスも大切。1人が両方やるにせよ、チームで運営するにせよ、経営者はこれらの点にご留意ください。（坂本）

法則 **6** ｜ 扱う商品に合わせて戦略を立てる

オリジナルブランド商品は徹底的に魅力を伝える

「信用がなく、興味も持たれていない」状態からのスタート

　食品、健康食品などの自社・無名ブランド商品を扱う店は「オリジナルタイプ」に分類される。通販業界で言う「単品通販」に近い。やずや（健康食品）やブルックス（コーヒー）、再春館製薬（化粧品）などがこれにあたる。いずれも商品数を絞り込んでおり、徹底した商品アピールと、購入客への手厚いフォローによるリピート率の高さで成功している。ただ、前述の大手通販とは違い、ネットの世界においては、ごく小規模の生産者やメーカーが多く、商品もまったく認知度がない。そのため、ユーザーに信用されていない状態から、自分で商品をアピールしていかねばならない。

　例えば、このタイプの代表格である食品の場合、実はスーパーマーケットが最強のライバルである。「近所で似たような有名商品を売っているのに、なぜわざわざ通販で無名商品を買わなければいけないのか？」。この問いに答えられない限りは、売れる商品にならないので、スタートラインにも立てない。「美味しいから一度試して」と呼びかけても、おそらく興味を引かない。

　これを解決するためには、有名ホテルへの納入実績、地元マスコミへの掲載実績、お客様の声のような「興味を引く実績」や、作り手のこだわり、製造工程、産地、原材料などの「情報開示」が必要だ。具体的な方法論は次のページで案内する。

■ 関連する法則

10
商品数が少ない場合は「魚鱗の陣」で集客する __P38

61
オリジナル商品は売れなくて普通だと自覚する __P138

■ 用語

縦長商品ページ __P225
単品通販 __P225
リピート率 __P227

■ TIPS

アリとキリギリス
すぐに売上が伸びる有名ブランドタイプと違い、オリジナルタイプは人並みに売れるまでにかなり時間がかかる。一方、前者は価格競争が激しくなるとすぐに苦しくなるが、後者は尻上がりに売上が伸びる。童話の「アリとキリギリス」によく似た構図だと言える。

重要度 ★★★
緊急度 ★★★

◆ オリジナルブランド商品を扱うショップの例

明治から続く「本物のところてん」を、情緒溢れるページで販売している。
◆ ところてんの伊豆河童　http://www.tokoroten.co.jp/

発毛関連は、単品通販の定番の1つ。芸能人を使った宣伝で一躍有名になった。
◆ スカルプD 公式サイト　http://www.scalp-d.com/

信用を得ながらリピートを増やす3つの基本施策

まず、商品のアピールポイントをまとめた「縦長商品ページ」を作り込む必要がある。作り手・売り手にはごく当たり前の話でも、客観的に見れば十分魅力的な要素というのはいくらでもあるので、一度じっくり商品のウリを探してみてほしい。そしてできれば「買うべき理由」も提示したい。買う理由のある商品とは、例えば「絶品ダイエットパスタ。低カロリーで繊維質が多いから毎朝スッキリ♪ その秘密は、ローマ時代から伝わる古代麦。ローマっ子も唸ったこのパスタを、ぜひ皆様の食卓で味わってみませんか？」といった具合だ。単なる商品スペックの紹介ではなく、生活の中でどう活きるかまで踏み込んで案内したい。そうすれば、実店舗の商品よりもよほど魅力的になる。

このような情報をどう集めて、商品ページの中でどう表現するかについては、接客の章・法則61以降の、「看板商品」の項で詳しく解説している。今の段階では「まず、魅力的な商品案内がなければ何も始まらない」という点だけ、肝に銘じておこう。

商品ページができたら、次に商品ラインナップを考えよう。このタイプの店で王道のパターンは、まず小量かつ低価格の「お試し商品」を用意するケースが多い。お試し品をまず案内し、メルマガで呼びかけて本商品へと誘導する流れ。集客に投資をするのは、この流れを確立してからにしよう。具体的な方法は法則57「『入口商品』からリピート購入への流れを設計する」を参照してほしい。

また、商品だけでなく売り手自身の自己紹介も、信用を高めるために必要だ。これは法則43「店舗紹介ページで安心感とコンセプトを伝える」を参照。

このように、オリジナルブランド商品を売るにはいろいろと乗り越えるべき壁があり、人並みに売れるまでに時間がかかる。しかし、その先には「ネットで人気の独自ブランド」を全国展開できるという夢がある。量販店のように「まったく同一の商品」を販売する他店に価格競争を仕掛けられることもない。実際、そのような成功事例は枚挙にいとまがない。大変やり甲斐のある挑戦だ。

> **TIPS**
> **売り手の都合を押しつけない**
> 自分にとっては愛おしい商品でも、ユーザーから見れば、無数にある商品の1つに過ぎない。商品への愛情や熱意は大切だが、同時に客観視するように心がけてほしい。

重要度 ★★★
緊急度 ★★★★

担当スタッフは、商品への愛情や熱意が重要

オリジナルブランド商品を扱うタイプの店は比較的小規模な会社が多く、大抵社長かそれに近い決裁者が自ら運営しています。特に立ち上げ段階は、社長がやらなければうまくいきません。それは、本文で説明した通りキャッチコピーが一番大切で、気持ちが折れそうになるほどの難関だからです。

売れる言葉を書くためには、パソコンの技術や文章力ではなく、商品知識でもなく、商品とお客さんへの愛情や熱意が必要です。ページ制作作業や注文の処理は外注先や他の人に任せても構いませんが、ネットショップを社長の生まれ変わりにするつもりで、細かく指示を出してください。運営が軌道に乗って後任に引き継ぐ際にも、その気持ちも引き継ぐようにしてください。精神論ばかりで恐縮ですが、本当に大切なんです！

今では月商数千万円から1億円を売り上げる複数の店長さんも、「オープン当初はとにかく売れず、毎日ゼロ円だった。何週間か経って、初めて数千円の商品が1コ売れて、嬉しくて泣いた」と言っていました。オリジナル商品でのネットショップの立ち上げがいかに難しいジャンルかを表すエピソードです。（川村）

法則 **7** | 扱う商品に合わせて戦略を立てる

ニッチ商品は、数少ない潜在客と深く付き合う

数少ない潜在客との接触をできるだけ多くする

　ウエディング用品や鉄道模型など、限られた人のみを対象とする店は「ニッチタイプ」に分類される。本書で定義するニッチ商品とは「どれだけ上手に薦められても買わない人はやっぱり買わない」商品だ。オリジナルブランド商品との違いは、潜在客が多いか少ないかで考えるといい。

　例えば「高級ランドセル」を買おうとしている母親を想像してほしい。彼女の頭の中に、野菜や靴を売る店は記憶されていても、高級ランドセルをどこで買えばいいかは、ちょっと見当がつかないはずだ。そんなとき彼女は、インターネットを使って購入できる店を調べてみる。日本国内で高級ランドセルを扱う店は決して多くはない。さらにその中でネットショップを運営する店はほんのひと握りだ。該当する店舗が見つかり、「買っても大丈夫」と思えるだけの安心材料が揃っていれば、その店で購入するだろう。

　このように、ライバルの少なさは、ニッチ商品を販売する大きなメリットの1つである。当然競争も少ないので、業界の中での「安定1位」を目指しやすい。

　しかし条件がある。誰にでもランドセルを売り込むことはできないので、その商品を欲しがって「検索」してくる相手に露出しなければまったく売れない。ニッチ商品を扱う店は、何よりも検索対策が重要である。これは肝に銘じてほしい。

▌関連する法則
52
分かりづらいニッチ商品は「選び方」も提案する __P120
82
リピートしにくい商品でも、購入者の感想を集める __P182

▌用語
潜在客 __P225
ニッチ商品 __P226

▌TIPS
マス媒体を使えるニッチ店舗
着物専門店は一般的な広告に向かないニッチタイプの店だが「浴衣」は広告経由でも売りやすい。中国茶専門店はニッチタイプの店だが、そこでダイエット茶を作れば広告向きになる。

重要度 ★★★
緊急度 ★★★

◆ネットショップで扱いやすいニッチ商品の例

- **人生の一時期だけ必要な商品**
  ウエディング用品、子ども用品（七五三や入学祝いなどに使うもの）、記念品（赤ちゃんの髪の毛で作る筆など）、墓石など

- **ターゲットがごく限られた商品**
  スポーツ用品（テニスや登山などに使うもの）、専門職が使う業務用品、趣味の品物（車の改造パーツ、アキバ系の限定商品など）、消火器、中国茶など

- **高額商品（ターゲットが狭い商品の代表格でもある）**
  不動産、高級着物、ソーラーパネル、暖炉、ヨットなど

オリジナル商品とニッチタイプを区別する方法

本書では、潜在客の多少でオリジナル商品とニッチ商品を区別している。例えば、通販限定の「肌に優しい白髪染め」であれば、かなりの人数が対象客になり得る。だからマス媒体（不特定多数に接触する広告媒体）を使って衝動買いを促進することも可能だ。一方、剣道用品や専門職向けの業務用品などは、マス媒体を使っても、ほとんどの読者や視聴者が対象客にならない。しかし、検索経由ではかなり売れている。このように「マス媒体での販促に適さない商品」であればニッチ商品タイプだと考えてほしい。

ユーザーとの「師弟関係」を築く

ニッチ商品を探す潜在客は、商品だけでなく関連情報も含めて探す傾向が強い。検索キーワードも、ランドセルなどの商品カテゴリ名だけでなく、"ランドセル　比較"や"ランドセル　人気"といった調べ方も多い。これは慣れないものを買うときに「失敗したくない」という心理が働くためだ。そのため、商品そのものの魅力以前に、まず「どういう商品を選ぶと間違いがないか」「あなたの用途ではどの商品がちょうどいいか」を教える必要がある。ベテラン店員が親切に教えてくれれば不安が解消し、安心して購入できる。その信頼関係はネット上でも大いに築くことができる。

例えば登山用品を扱う店舗では、店員は商品だけでなく、登山の知識もあわせて提供することで、顧客との間は一種の師弟関係に近づく。店と店員を信頼し、また次もここで買おうという気になるのだ。具体的には「賢い女性のための○○の選び方」や「○○でありがちな問題・解決」といった記事を用意することを勧める。可能なら無料相談コーナーも作り、積極的に問い合わせさせるのも有効だ。

◆ ニッチ商品を扱うショップの例

同好の士が集う、オオクワガタ・カブトムシ専門店。ユーザーからすれば「先生」そのものだろう。
◆ ドルクスダンケ　http://www.e-mushi.com/

オリジナル洗車用品の販売だけでなく、相談コーナーや、未体験ユーザーへの「伝道企画」も活発だ。
◆ 洗車の王国　http://www.rakuten.ne.jp/gold/sensya/

「プロ」が活躍するのがニッチジャンル

本業ではその商品を扱っていないのに、ネットショップ上で超ニッチ商品を企画・販売しているところをたまに見かけますが、大抵失敗しています。木工所が卓球練習用具を作ったとすれば、その商品を的確に販売できるのは「卓球用品のプロ」です。

前述の通り「来店客は詳しくない＝教えながら売る」という関係性を作るのが有効なのですが、ネットショップ以外の「本業」において、教えられるだけの実績や経験がなければ、そのような関係性は作れません。そのような場合は、せめてプロフェッショナルに監修してもらいましょう。売り手の都合でユーザーに迷惑をかけないよう、適切な接客ができる人員を配置するようにしてください。（川村）

法則 **8** 扱う商品に合わせて戦略を立てる

総合タイプの店は「仕事も売上も多い」と心得る

売れやすいが、やるべき仕事も多い

「総合タイプ」のネットショップには、(1) 商品数は多いけれどオリジナルブランドを扱う店 (2) オリジナルブランドと有名ブランドが混在する品揃えの店、の2つのパターンがある。どちらもネットショップとしては最も売上を伸ばしやすいタイプである。

なぜ売上を伸ばしやすいか？　まず、商品の数が多いため、検索エンジン経由でショップに訪れるユーザーが多く、安定して一定の売上ベースがある。しかも、利益率の高いオリジナルブランド商品があるので、広告を使った集客も可能だ。さらに、ユーザーに提案できる商品に幅があるため、ニッチタイプの店舗のような「選び方を教える」接客もできる。

つまり、いいとこ取りなのだ。さまざまな集客経路を持ちつつ、型番タイプほど価格競争に巻き込まれないので、それなりに広告投資もできる。実は、楽天市場で月商1億円を越えるような店は、この総合タイプがとても多い。

しかしノウハウを知らなければ長所も生かしようがない。売れるようになるためには、有名ブランドタイプの重要施策である「商品登録数アップ」「検索対策(SEO)」「回遊性向上」に加え、オリジナルタイプで重視される「縦長商品ページ」「リピートの仕掛け」「店舗紹介」など、すべて取り組んでほしい。競合店舗も比較的多いので、手を休めず、ひたすら施策を実行することを勧める。

■ 関連する法則

11
商品数が多い場合は「鶴翼の陣」で集客する __P40

60
将来の「あるべき品揃え」を考える __P136

■ 用語

SEO __P223
回遊性 __P224
縦長商品ページ __P225

重要度 ★★★
緊急度 ★★★★

◆ 典型的な総合タイプの例

- 無名ブランド・オリジナルが中心だが、商品数が多い店
  インテリア、エクステリアなどのメーカー直販店
  アパレル、バッグ、雑貨などのセレクトショップ
  各地の食材や産直品を揃えたお取り寄せショップ

- 有名商品と無名商品が混在する店
  ドラッグストア、ホームセンターなど

- 「通販向けに企画された商品」を数多く扱う店
  通販商材卸による直販や、カタログ通販会社が運営する店など

後天的に「総合タイプを目指す」ケースもある

　品揃えを強化していくうちに、後天的にこの総合タイプに移行するケースも多い。例えば「型番商品や有名ブランド商品中心の店舗がオリジナルブランド商品や無名商品の扱いを強化した場合」と「オリジナルブランド商品中心の店が商品数を増やした場合」がこれに当てはまる。

　特に、型番商品や有名ブランド商品中心の店は、利益率を高め、価格競争の苦労を緩和するためにも、積極的に「総合タイプを目指す」ことを検討してほしい。例えば、家電店舗が「利益率の高い雑貨」の品揃えを増やしたり、海外ブランドファッション店舗が「利益率の高い無名ブランド商品」を積極的に販売したりする、といった方向性だ。品揃えを増やせないなら「あまり売れないが利益率の高い商品」に注力する。例えば映画やドラマのDVDを扱う店は人気作が売上の中心だが、提案力を高めて、無名作品や関連商材を多く売れば、利益率は改善される。当然、無名ブランド品を売るのは楽ではないが、年々激化する価格競争のことを考えれば、早めに取り組んだ方がいいかもしれない。

　これとは逆に、商品数を絞って運営していた食品や健康食品、化粧品などの店が、総合タイプへと変化して売上を伸ばすケースも多い。大手通販会社のDHCは、かつてはクレンジングオイルを中心に販売していたが、今では食品やアパレルも扱う総合タイプ店舗になっている。食品店舗が、いろんな農家と契約して、幅広い産直品を扱うようになるのもこのパターンだ。

　ただ、無理に総合タイプを目指す必要はない。品揃えが少ないうちは商品の管理はしやすくても、増やしていくにしたがって予想以上に在庫を抱えてしまったり、広告の費用対効果が読みづらくなったりするなどして、経営が悪化することもあり得る。規模の拡大はリスクを伴うので、十分に注意してほしい。

　また、総合タイプを目指す場合は、常に「店の独自性・専門性をどのように維持するか」という懸念が残る。商品数と専門性をバランスさせる方法については、法則60「将来の『あるべき品揃え』を考える」で解説しているので、あとで目を通してほしい。

◆総合タイプのショップの例

大手メーカーの薬や化粧品の安売りで集客しつつ、同時に無名の健康食品などを注力販売している。
● くすりの勉強堂　http://www.rakuten.ne.jp/gold/benkyo/

家具メーカーの直販店舗。ブランド家具ではないので、個々の商品ページを丁寧に作り込んでいる。
● ゲキカグ！　http://www.gekikagu.com/

法則 **9** 扱う商品に合わせて戦略を立てる

「タイプ診断ツール」で店のタイプを正しく把握する

商品ジャンルだけではタイプ分けできない

この章で紹介してきた「EC4タイプ理論」は、複雑なネットショップの運営を分かりやすく説明するために、商品ジャンルを例に挙げながらタイプ分類を説明しているが、厳密には、商品ジャンルだけでは単純に分類できない。

例えば同じ家電販売でも、ヤマダ電機とジャパネットたかたとアップルストアではかなり違う。同様に「日本酒の蔵元による直営店」と「ディスカウント酒屋（有名ブランド品が中心）」、「単品通販のやずや」と「総合的な品揃えのファンケル」、パソコンでも「ソニースタイルのようなメーカーによる自社商品の直販サイト」「安売りの家電量販店」「ニッチな自作パーツ専門店」ではまったく違う。取扱商品だけで、所属タイプを安易に理解しないよう注意してほしい。

さらに、1つのタイプにはっきり当てはまるとも限らない。例えば「サッカー専門店」はニッチタイプ寄りだが、実はアディダスなど人気ブランド商品の知名度が高く、価格競争も激しいため、有名ブランドタイプの側面も持つ。

無料診断ツールで、自店舗のタイプを知る

以上のような問題があるので、本書の読者のために「タイプ診断ツール」を用意した。自分がどこのタイプに所属するか分からないときは、タイプ診断ツールで確認してみよう。

設問に答えて、自分に当てはまるかどうかを入力すると、最終的にどのタイプが最も当てはまるか、次にどれに当てはまるかが表示される。知人にネットショップ運営者がいれば、互いの結果を見せ合うのも面白いだろう。異業種から学べるヒントも多いものだ。

次の章からは3大施策の「集客」「接客」「追客」を順番に説明していく。これまでの説明してきた「店舗タイプごとの特徴」を踏まえて、自分の店舗にとってどれを優先すべきか、どうアレンジして実践すべきか、よく考え、周りと話し合いながら読み進めてほしい。

用語
EC4タイプ理論 __P222

TIPS
4タイプ理論を応用する
まったく同じ商品を扱っていたとしても、店舗コンセプトによってまったく違う店になる場合もある。EC4タイプ理論はあくまで「成功と失敗のパターン」を示すものなので、慣れてきたら、適宜応用を利かせて判断してほしい。

重要度 ★★★☆
緊急度 ★★☆☆

◆「タイプ診断ツール」の使い方

まず、本書末尾の付録に掲載されたサイト「ECユニオン」（http://ec-union.jp/）で会員登録を行う（無料）。無料診断コーナーで36個の質問に答えると、EC4タイプ理論に基づいた診断結果が表示される。

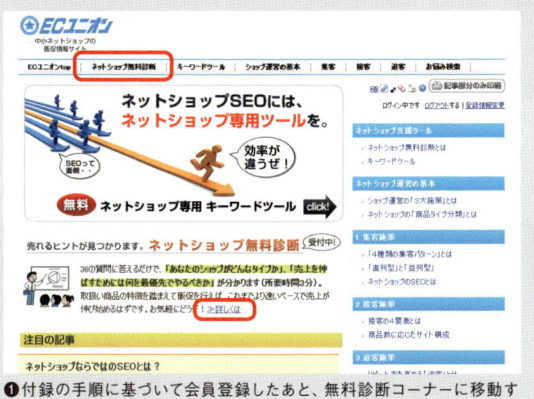

❶付録の手順に基づいて会員登録したあと、無料診断コーナーに移動する。

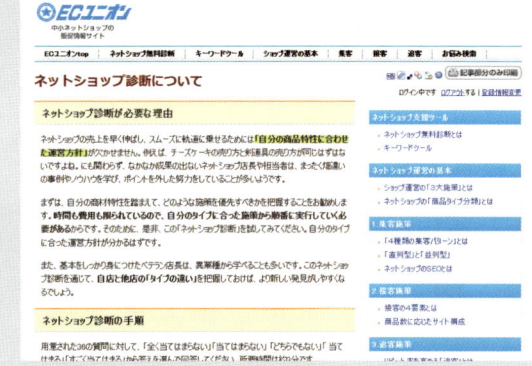

❷無料診断についての説明・注意点を確認する。

❸36個の質問に「すごく当てはまる～全く当てはまらない」で答える。

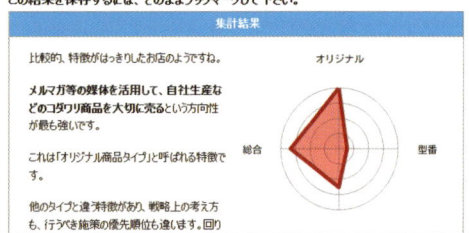

❹診断結果が表示される。そのままブックマークすれば、いつでも診断結果を確認できる。

店長さん同士の会話

　ネットショップの勉強会などで、店長同士が会話する風景をよく目にします。そのときに双方の話す内容を聞いてみると、会話が噛み合っていないことが多いのです。例えば食品を扱う店の店長が「メルマガによる集客効果が高い」という話をすると、それを聞いた仏具店の店長が「自分のところではメルマガなど出したことがない」と言って驚くといった具合です。

　食品は「時間限定！」や「テレビで大人気！」といった内容で衝動買いさせるのが有効で、人気商品ともなれば即完売することもあります。しかし、仏壇を売るのに「残りあと1台」といった見出しを付けたところで、アパレルショップのバーゲンのようには売れません。むしろお盆などのイベントと絡めて、盆提灯などと一緒に提案するのが有効でしょう。

　他のジャンルの商品を扱う店の人と話すときは、まず互いのジャンル特性について語ってみてください。「ウチのジャンルでは今○○するのが流行ってるみたいですが、×○ジャンルでは最近どうですか？」といった具合です。そうすると、自分の知らない世界の販促手法が身に付きますよ。（坂本）

この本を使って売上を伸ばす方法

　この本には、弊社がコンサルティングする際の方法論を、基本的にはそのまま掲載しています。これらの施策で、月商1千万越えを達成されたお店も少なくありません。しかし、本を一度読んだくらいで売上が伸びるかと言えば、なかなか難しいのはご想像頂けますよね。そこで、このコラムでは「本書を使って、コンサルティングを受けたときに近い成果を上げる方法」についてご提案したいと思います。

それは「この本を3回読む」こと。本から得られる成果が、まったく変わってきます。これは私自身の実感です。昔、仕事中に体調を崩して3日程入院した際、とある本を持ち込みました。入院中は何もやることがないので、その本を3回読みました。1回は通読、2回目はアンダーラインを引き、3回目はほぼ全ページに書き込みをしました。読めば読むほど発見があり、退院したときにはその本が文字通り自分の血肉となったことが実感でき、仕事ぶりも確実に変わりました。入院前にも1回流し読みをして「理解したつもり」だったんですが、まったく表層的で、内容に関する「誤解」も多かったんです。

本というものはなかなか厄介で、読めば理解できたつもりになるんですが、その内容が身に付くには1回読むだけでは難しいようですね。それ以来、気に入ったビジネス書は何度も読むようになりました。ですから、本書もぜひ3回読んで頂きたい……と思っている次第です。

まず1回目は、全体像を掴んでください。地図と同じで、大まかな全体像さえ掴んでいれば、「大きく道を外れる」ことはなくなるからです。基本の法則で紹介した、集客～追客の流れと、商品タイプごとの特徴、そして2～4章の冒頭部分が大切です。特に、4種の集客パターン（法則12）、接客の4要素（法則38）、メルマガ農業の3ステップ（法則69）が、ちょうど地図にあたる個所です。

そして2回目、3回目と、実践しながら、より細かい個所を読み込んでください。この際、できれば御社のスタッフや店長仲間との「読書会」をお勧めします。一般の勉強会と違って、まったく準備がいらないのに、本から得られる成果が倍増します。詳しい手順は法則100をご覧ください。「共通言語」を持った相談相手ができますし、社内研修にも最適です。やっぱり、同じ目線で一緒に頑張れる仲間がいる方が、結果は出やすいようですね。

あと、本書の最後に掲載した「付録」で紹介するサイトに会員登録（無料）すれば、実践のために必要な情報も定期的にお届けします。

この本は、きっとあなたのお役に立ちます。1回読むだけでなく、末永くご愛用頂けますと幸いです。（坂本）

第 2 章

商品タイプを踏まえた集客の法則

集客は「投資」だ。単に費用をかけるだけでは、コスト倒れになる。
商品特性に基づいた集客戦略を立て、費用対効果を高めよう。

法則		
10	商品数が少ない場合は「魚鱗の陣」で集客する	38
11	商品数が多い場合は「鶴翼の陣」で集客する	40
12	4種類の集客パターンを使い分ける	42
13	集客媒体は「CPO」で評価する	44
14	CPOを算出して投資判断に活用する	46
15	収益性を高めて集客への投資を増やす	48
16	SEOの真実を知る	50
17	「魚群探知機」でキーワードリストを作る	52
18	最重要キーワードから店舗名を決める	54
19	ネットショップの構造を生かしたSEOを行う	56
20	モール内は独自のSEOを行う	58
21	他サイトからのリンクを増やして検索順位を上げる	60
22	リスティング広告の費用対効果を知る	62
23	登録キーワードを増やして露出を高める	64
24	広告テキストとリンク先ページを改善する	66
25	「マグロの大トロ」的な広告テキストを作る	68
26	リンク先ページを使い分ける	70
27	純広告の種類を把握する	72
28	営業マンを見極めて広告購入する	74
29	「パブロフの犬」的な広告原稿を作る	76
30	懸賞企画の歴史と現状を知る	78
31	懸賞企画は継続的に開催する	79
32	懸賞広告は「使い方次第」だと心得る	80
33	「第三者の紹介」で集客する	82
34	紹介されやすい「話題性」を作る	84
35	工夫したプレスリリースでマスコミに接触する	86
36	イベントを開催してクチコミを増やす	88
37	アフィリエイトに幻想を持たない	90

法則 **10** 「集客の考え方」を理解する

商品数が少ない場合は「魚鱗の陣」で集客する

重要度 ★★★
緊急度 ★★★

店舗の特性に応じて「陣形」を選ぶ

　かつて日本の戦国時代には、「魚鱗の陣」「鶴翼の陣」という戦の陣形があった。陣形とは、軍勢における兵士の隊形のことで、戦の勝敗を左右するほど重要なものだ。サッカーのフォーメーションなどと同様に、自軍の状態に合わせて、的確な陣形を取ることで、より大きな力を発揮できたという。

　これはネットショップでも同じだ。扱っている商品などに合わせて、的確な陣形をイメージしながら集客を行う必要がある。この考え方は、法則4「『EC4タイプ理論』で店舗の未来を知る」で述べた、商品タイプ別のショップ運営戦略と密接に関係している。関連付けて覚えてほしい。

商品数が少ない場合は、一点突破型「魚鱗の陣」

　これから説明する「魚鱗の陣」は、商品数が少ない店に適している。法則6で紹介した、商品数が少ないオリジナルタイプ（自社・無名ブランド商品を中心に扱う店）がこの典型である。

　実際の魚鱗の陣も、主に人数が少ない場合に用いられた。中心部分が前方に張り出しており、上から見ると三角形になっている。この三角形の先頭に精鋭部隊を置き、中央突破をはかる「攻め」の陣形だ。

　そして、ネットショップにおける魚鱗の陣でも、先頭に配置する商品が極めて重要だ。この商品を「入口商品」と呼ぶ。例えば通販コスメのトライアルキットや、食品の試食セットのような、お試し商品や有料サンプルが典型だ。ユーザーが一番最初に接触する商品であり、商品ラインナップの中では「切り込み隊長」的な存在である。

　この入口商品に持てるパワーを集中させよう。まずは購入しやすい入口商品を前面に立てて集客を行い、これを数多く販売し、その後で、メルマガなどを活用していろいろな商品を継続的に購入してもらうわけだ。いわば「一点突破、全面展開」である。実際、チラシやテレビを使った健康食品・化粧品の通販でも、広告を使って低価格の有料サンプルを売るのが王道である。

　この戦略を、本書では「魚鱗の陣」と呼んでいる。

▌関連する法則

39
接客戦略も「魚鱗」か「鶴翼」で考える __P96

57
「入口商品」からリピート購入への流れを設計する __P130

83
リピーターの心理を把握する __P184

▌用語

BEAFの法則 __P222
EC4タイプ理論 __P222
入口商品 __P223
魚鱗・鶴翼の理論 __P222
縦長商品ページ __P225

まず「入口商品」をしっかり作り込むこと

　では、魚鱗の陣を運用する際には何に気を付けるべきか。

　集客施策としては、商品特性上、検索からの来店客数だけでは不十分なので、ある程度コストをかけて、広告や懸賞による集客も実施する必要がある。

　ただ、集客施策の選定も大事だが、入口商品の購入率が最も成否を左右する。せっかく集客できても、ザル状態で購入に至らなければ本末転倒。広告費の無駄遣いにしかならないし、先頭に立つ入口商品が売れなければ、後に続くはずの商品も全滅してしまう。自信ができるまで、集客への大きな投資は避けるべきだろう。

　まず、後々のリピートにつながるような入口商品を企画しなければならない。例えば、少量だけ試せてもっと欲しくなるようなサンプル品や、いろいろな商品が少しずつ入った「お試しセット」などだ。詳しくは法則57「『入口商品』からリピート購入への流れを設計する」を確認してほしい。

　そして、その入口商品をどう紹介するかも重要だ。商品の良さを語り、購入意欲をそそるような商品ページを作り、購入率を高めておく必要がある。特に、無名の商品を、入口商品として使う場合は、商品の良さを大量に説明しなければならないので、商品ページは縦に長くなる。これを「縦長商品ページ」と言う。具体的な考え方は、法則62「『BEAFの法則』で売れるストーリーを作る」で説明している。ここでは、単に集客さえすれば良いわけではない、という点を理解してほしい。

　なお、アパレルや雑貨・家具などのジャンルでは、特定の入口商品ではなく、さまざまな商品を並べた「特集ページ」や「セールページ」に集客するケースが多い。いわば「入口企画」だ。「入口企画」を使う理由は、これらのジャンルでは、単品通販ほど「特定の商品」に注文が集中しないからだ。詳しくは法則26「リンク先ページを使い分ける」を参照してほしい。

◆一点突破型「魚鱗の陣」の陣形

◎戦国時代の場合　　　　　　　　◎ネットショップの場合

お試しセットなど買いやすい「入口商品」を作り、広告などを使って積極的に宣伝する。
これを販売しつつ、同時に関連商品、高額商品、定期購入なども勧めて、売上を拡大していく。

重要度 ★★☆
緊急度 ★★★

法則 **11** 「集客の考え方」を理解する

商品数が多い場合は「鶴翼の陣」で集客する

豊富な商品数を生かした、待ち受け型「鶴翼の陣」

　法則10とは逆に、商品数が多い場合の集客には「鶴翼の陣」で挑もう。左右に広く翼を広げ、相手を包み込むような陣形で、主に人数が多い場合に用いられた。上から見ると、幅の広いU字の形をしている。狙った相手を追いかける魚鱗の陣と違い、いろいろな角度からやってくる相手を待ち受けて、柔軟に対応する「守り」の陣形と言える。

　ネットショップにおいては「潜在客の幅広いニーズを、大きく広げた両翼（豊富な商品数）でカバーする」イメージだ。有名ブランドタイプ（有名ブランド商品や型番商品を扱う店）を中心に、商品数の多い店舗はほぼこの陣形になる。

　商品が大量にあれば、置いておくだけで集客になる。特に型番商品が大量にあれば、指名買い検索による来店が増え、店舗全体としては何もしなくても集客力が上がる。さらに、ネットでは売り場面積の制限がなく、手元に在庫がなくても販売が可能なので、実店舗以上に取扱商品数を増やしやすい。結果、鶴の両翼はどんどんと広がっていく。これは商品数の多い店ならではの強力な武器である。

　この武器を生かすために最優先すべき集客施策は、その翼（商品数）を生かすための「SEO（検索対策）」と「リスティング広告（検索連動型広告）」だ。

　なお、ニッチタイプの店も、鶴翼の陣を使うことが多い。その特性上、誰でも購入が容易な「入口商品」を作りづらく、待ち受け型になりやすいからだ。

関連する法則

19
ネットショップの構造を生かしたSEOを行う __P56

39
接客戦略も「魚鱗」か「鶴翼」で考える __P96

47
ナビゲーションを充実させ、小さな需要も拾う __P110

用語

SEO __P223
入口商品 __P223
型番商品 __P223
魚鱗・鶴翼の理論 __P222
潜在客 __P225
ナビゲーション __P225
リスティング広告 __P226

◆ 相手を待ち受ける「鶴翼の陣」の隊形

◎戦国時代の場合

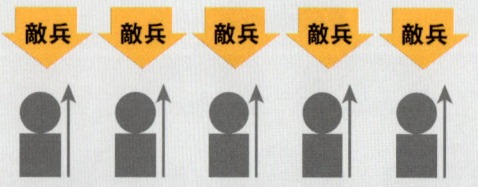

◎ネットショップの場合

数多くの商品それぞれにSEOを施し、幅広いニーズを漏れなく拾えるように備える。
同時に、ページ間の回遊性を高めて、同時に他の商品も購入されるよう誘導する。

総合タイプの店は、魚鱗・鶴翼を組み合わせて使う

　総合タイプの店は魚鱗・鶴翼の両方の長所を持っている。ただ、この２つの陣形は方向性がまったく逆なので、両方をいっぺんにやると手がかかる。法則8で説明したように、大量の商品登録やナビゲーションの整理だけでも大変なのに、入口商品の商品ページも力を入れて作り込まなければならないからだ。だから、入口商品の作り込みと露出を重視する（魚鱗）か、商品数の多さを生かして検索対策を重視する（鶴翼）か、優先順位を決めて、まずどちらかに取り組む必要があるだろう。

　筆者の経験では、後者の方がかかるコストも安いし、売上ベースを作りやすいと感じている。開店当初など規模が小さいうちは、あまり派手な広告は使わないように、地道に「検索対策（SEO）」や「リスティング広告（検索連動型広告）」に取り組む方がいいだろう。

　ある程度運営が安定したら、両方の長所を組み合わせて生かしていく。「品揃えの多さ」でユーザーの幅広いニーズをカバーしながら、入口商品などをオススメ商品としてアピールするようなイメージだ。

　例えばユニクロは豊富な商品ラインナップがウリだが、シーズンごとに広告に載せるための目玉商品も用意している。目玉商品を主役としつつ、来店客にはまんべんなく見て回ってもらうという流れだ。この方法は、魚鱗・鶴翼の「いいとこ取り」なので、とても売上を作りやすい。

　なお、広告を出す際のリンク先ページは、前の法則でも述べた通り、さまざまな商品を掲載した「特集ページ」や「セールページ」を使うのが定番だ。ただし、単品でも圧倒的に売れる商品があるなら、それで広告を出しても構わない。

　具体的な考え方は、法則26「リンク先ページを使い分ける」を参照してほしい。

　ちなみに、魚鱗・鶴翼の理論は、集客だけでなく店舗ページ上の接客においても非常に役立つ。詳しくは法則39で紹介する。

> **TIPS**
> **陣形に固執しすぎない**
> 魚鱗・鶴翼の陣形に例えた解説は、商品特性に応じた集客を分かりやすく説明するための「例え」だ。しかし、現実はパターン通りとは限らない。基本原則を頭に入れつつ、現場では臨機応変にアレンジしてほしい。

重要度 ★★☆
緊急度 ★★★★

◆ 総合タイプの「組み合わせ」陣形

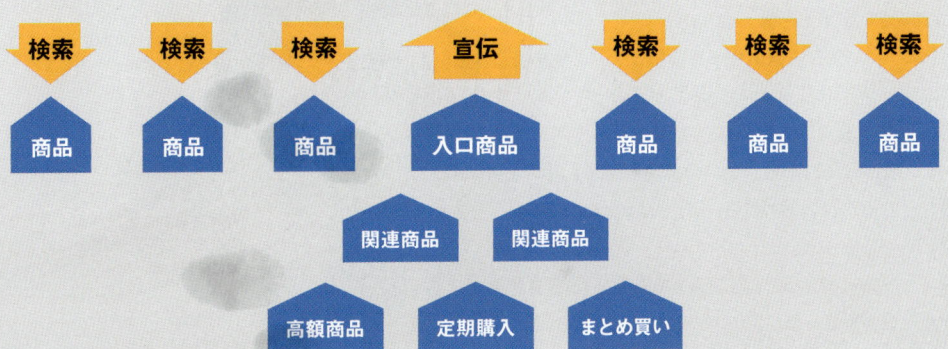

検索経由の売上をベースとしつつ、特に有望な商品は積極的に宣伝していく。
「検索のみ」「広告のみ」のときよりも集客力が増えるが、仕事量も増える。まずは検索対策から始めたい。

法則 12 「集客の考え方」を理解する

4種類の集客パターンを使い分ける

「魚鱗・鶴翼の理論」で4種の集客施策を使い分ける

　集客は、漁業に似ている。魚のいないところに網を張っても何も獲れないのと同じで、「潜在客が回遊している場所」を見極めた上で、集客施策を選び、実施するのが大切だ。また、取扱商品の特性によってターゲットとする潜在客の行動や、回遊場所も変わってくるので、それぞれ重視すべき集客施策も違う。

　だから、法則10、法則11で説明した「魚鱗・鶴翼の理論」に基づいて、それぞれに適した施策を選ぶ必要があるというわけだ。

　この「集客」の章では、4種類の集客施策を案内している。施策の一覧については、次ページの図にまとめてある。まずは本法則で全体像を把握してから、法則13からの具体的な施策へ読み進めてほしい。

鶴翼戦略では検索からの集客を重視する

　鶴翼戦略を取る商品数が多い店や、ニッチタイプの店では、来店客のほとんどが検索エンジンかモール内検索経由のはずだ。

　検索エンジン経由の来店客を増やしてくれる集客施策は、検索での表示順位・表示率を上げる「検索対策（SEO）」と、検索結果に対して広告を表示する「リスティング広告（検索連動型広告）」の2通りがある。商品を「買うつもり」で検索しているユーザーが来店するので、購入率が高い。実際、多くの店で、売上のベースを作っているのは検索経由の購入客である。比較的低コストで始められるので、どのタイプの店にも有効な施策だと言えよう。

　この、SEOとリスティング広告はあらゆる店舗にとって重要だが、法則11で述べた通り、商品数の多い店は特に注力する必要がある。ちなみに、うまくいくかどうかは、潜在客のニーズを察知し、検索に使われるキーワードを予測できるかどうかにかかっている。詳しくは法則16「SEOの真実を知る」以降を参照してほしい。なお、楽天市場などのモール内検索でも、SEOは可能だ。独特の方法論があるので、詳しくは法則20で紹介する。

　これらの施策は、漁業に例えると、低コストで安定した結果が期待できる「沿岸漁業の定置網」だと言えるだろう。

関連する法則

16
SEOの真実を知る __P50

22
リスティング広告の費用対効果を知る __P62

27
純広告の種類を把握する __P72

30
懸賞企画の歴史と現状を知る __P78

33
「第三者の紹介」で集客する __P82

用語

SEO __P223
アフィリエイト __P223
魚鱗・鶴翼の理論 __P222
懸賞広告 __P224
購入客 __P224
純広告 __P225
紹介促進 __P225
潜在客 __P225
ポータルサイト __P226
モール内検索 __P226
リスティング広告 __P226

TIPS

メルマガの役割
メルマガ集客は、基本的にはいったん来店した相手への「再アプローチ」なので、本書では追客施策に分類している。

魚鱗戦略では検索以外の集客が欠かせない

　魚鱗戦略を取るような商品数が少ない店では、検索からの集客だけでは限界がある。そこで、さらに3つの集客施策を行う。

　1つ目は「純広告（純広）」の活用だ。「純広告」とは、「リスティング広告（検索連動型広告）」や懸賞広告と違い、ショッピングモールやポータルサイトなどに料金を払って掲載する広告を指す。漁業に例えるなら、一攫千金の「遠洋漁業」。費用がかかり危険もあるが、成功したときのリターンは大きい。うまく使えば、検索しないユーザーの「眠っている需要」すら呼び覚ましてしまう効果があるからだ。

　2つ目は、特に楽天市場で盛んな「懸賞」だ。景品を用意し、応募を募り、この際にメルマガ配信許可をもらい、継続的なメルマガでユーザーの信頼を得て、商品を販売する。「懸賞広告」で告知すれば、より早く応募が集まる。手間と時間がかかるが、仕組みとして定着すれば強い「養殖」に該当する。

　3つ目は「紹介促進」。マスコミや個人ブログなどでの紹介を促進する。報酬ありきの紹介（アフィリエイト）も含む。他の施策と違って、かけたコストが結果になって帰って来てくれるか分からないが、世間の注目がネット通販に向けられている昨今、重要度が増してきている施策である。いわば「稚魚の放流」だ。

　各施策の特徴を理解し、費用対効果を計測しながら活用する必要がある。

TIPS

広告の呼び方もさまざま
純広告は、広告業界では「純広」、楽天界隈では、懸賞広告と対比させて「販売広告」「売り系広告」などと呼ばれることが多い。

商品数の少ないニッチ店舗
商品数が少なく、魚鱗戦略を取るしかないようなニッチ店舗は、「リスティング広告を使って入口商品に誘導する」形になる。

◆ **4種類の集客施策**

検索
・SEO
・リスティング広告

純広告
・バナー広告
・メルマガ広告など

店舗ページ

紹介促進
・クチコミ
・マスコミ
・アフィリエイト

懸賞
・無料露出
・懸賞広告

集客施策は、大きく4種類に分類できる。まず最初に考えるべきは、どんな商品でも検索経由。SEOとリスティング広告の2通りで集客できる。しかし検索経由が弱いタイプの店は、他の施策も積極的に活用する必要がある。

重要度 ★★★
緊急度 ★★★

楽天市場への出店の集客力は？

　「楽天市場に出店すればお客が増える」と思っている人が多いですが、これは誤りです。楽天市場に出店しただけで、「ショッピングモールのたくさんの利用客が自店にどんどん来てくれる」なんて夢のような話はありません。

　楽天市場出店の最大のメリットは、日本で最も使われている『買い物専用検索エンジン』に商品を掲載できること。これは他のショッピングモールでも同様です。

　検索エンジンに掲載するわけですから、検索してもらえない商品であれば、お客さんはあなたのお店に来てくれませんし、当然商品は売れません。また、検索されても、表示順位が下の方であれば見てすらもらえません。ですから検索対策は必須ですし、「ショッピングモールのたくさんの利用客が自店にどんどん来てくれる」には、露出を増やすための広告や懸賞企画が別途必要になります。

　それでもモール出店は魅力的ですが、いろいろと手間やお金はかかります。夢を見すぎないようにしましょう。（川村）

法則 13 「集客の考え方」を理解する

集客媒体は「CPO」で評価する

費用対効果は統一基準で判断する

　広告など集客への投資は、すべて「同じ基準」で効果検証をする必要がある。良かったのか悪かったのかハッキリしないままに投資を続けると、あっという間に軍資金がなくなってしまう。投資は、まず検証しながらケチケチと試して、これはいけると思った段階で大きく展開すべきだろう。

　では、どのように検証すべきか。非常に簡単な方法がある。広告費を、「広告によって得られた購入客数」で割り算すればいい。これによって「購入客1人あたりの広告費」が出てくる。これをCPO（Cost Per Orderの略）と呼ぶ。

　試しに計算してみよう。例えば12万円の広告を出して、40人が購入したら、CPOは3,000円となる。この式を使えば、集客施策の費用対効果を、明確に数字で表せる。安い広告と高い広告、バナー広告とリスティング広告と懸賞企画、PC広告とモバイル広告、ネット広告と紙媒体広告……費用と購入客数さえ把握できれば、異質な集客施策も、すべて同じ基準で比べられるのだ。

関連する法則
57
「入口商品」からリピート購入への流れを設計する __P130

用語
CPO __P223
購入客 __P224
顧客獲得単価 __P224
コンバージョン __P224
コンバージョン率 __P225
リスティング広告 __P226

TIPS
CPO＝顧客獲得単価
CPOは、日本語では顧客獲得単価と呼ばれる。懸賞応募やカタログ請求など、購入以外の成果を検証する場合はCPR（Cost Per Responce）と言う。リスティング広告では、CPRとCPOを総称して、CPA（Cost Per Action）と呼んでいる。

コンバージョン率＝購入率
Web広告の世界では購入率のことをコンバージョン率、成果が発生することを「コンバージョン」と呼ぶ。だからプレゼント応募や資料請求などもコンバージョンになる。

◆CPOの計算式

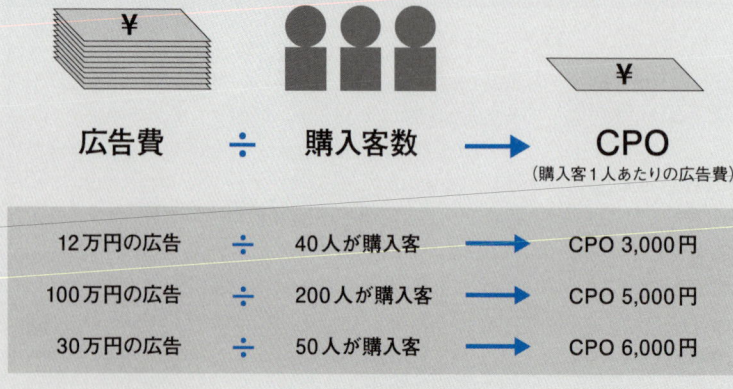

広告費 ÷ 購入客数 → CPO（購入客1人あたりの広告費）

12万円の広告 ÷ 40人が購入客	→	CPO 3,000円
100万円の広告 ÷ 200人が購入客	→	CPO 5,000円
30万円の広告 ÷ 50人が購入客	→	CPO 6,000円

CPOは購入客の「仕入れ値」

　見方を変えると、広告費とは「新しい購入客を仕入れるための費用」とも言える。つまり、CPOとは購入客1人あたりの仕入れ値だ。つまり、CPOと利益を比べれば、どの程度儲かったかがすぐに分かる。

　例えば、平均客単価が1万円、利益率が50％だとすれば、1件購入されれば約5,000円儲かる。CPOは、この儲けを大幅に下回るのが理想的だ。ただ実際は、おそらくトントンになることが多いだろう。しかし、その購入者が以後リピートしてくれれば、その分はすべて儲けになる。

　だからCPOは「金の卵を産む鶏」の仕入れ値だと理解するのが一番正確だろう。得られた購入客の中から継続客が生まれ、後々、リピート購入によって利益をもたらしてくれるからだ。つまり、「どれくらいリピートされるか」も大変重要な点になる、これは法則15「収益性を高め、集客への投資を増やす」を参考にしてほしい。

　このように、さまざまな集客媒体でテストを行い、儲けと比較しながらCPOの情報を蓄積していけば、どの媒体を継続的に使うべきかが自ずと見えてくる。一方で、計測できない広告……例えば雑誌や新聞に店舗名を載せただけの広告は、CPOを算出しづらいので、無駄な投資になっていても気付けず、赤字の原因になってしまいがちだ。これらは余裕が出てきてから実行することを勧める。なお、SEOや紹介促進（マスコミ対策）なども、CPOが計測しづらいが、あまり経費をかけずにできるので、無駄手間になりすぎていないかを考えつつ進めればいいだろう。

　集客に投資する際は、皆やっているから、営業マンに強く勧められたからなどの理由で投資してはいけない。風評ではなく事実を基準に判断しよう。

重要度 ★★★
緊急度 ★★★

広告を出す前にはまず購入率アップを！

　CPOを念頭に置いて試算すると、事前に購入率を高めておくのがいかに大切かが分かります。特に、費用の高い純広告を勢いで出すのは大変危険です。店を開いたばかりの段階で「やはり知ってもらわなければ」などという理由で派手な広告を出す社長さんが多いですが、絶対に失敗するので止めてください。頭に汗をかくのをサボると、いくら資金があっても足りません。弊社のコンサルティングでも、広告を出す前にはページ診断を徹底しています。

　一方、モール内で長期間広告出稿している店舗の商品ページはやはり良くできていますね。本業では大ベテランの皆様も、ネットの世界にまだ慣れていないうちは、早合点せずに何事も先達に学ぶのが大切ですよ。（坂本）

第2章　商品タイプを踏まえた集客の法則

法則 **14** 「集客の考え方」を理解する

CPOを算出して投資判断に活用する

CPOを算出する方法

　CPOを算出するためには、まず特定の広告から「何人が商品を購入したか」を算出できなければならない。

　一部のアクセス解析ツールはそういった機能を備えているので、自分が使っているツールではどうかを確認してみてほしい。機能がない場合は、Googleが無料で提供するアクセス解析ツール「Google Analytics」に切り替えるのがいいだろう。無料とは思えないほど、さまざまな機能を備えている。本書では詳細を割愛するが、興味があれば解説書を読むことを勧める。よりしっかりした分析を行うには「アドエビス」のような広告効果測定専用のツールを使うといい。

　ただ、楽天市場など多くのモールでは、このようなツールは利用できない。外部のURLを、ページ内に掲載することが禁止されているため、買い物完了ページに計測タグを掲載できないのだ。広告に掲載するURLから他ページにリダイレクト（転送）する行為も禁じられている。残念ながら、広告の効果検証が大変難しい状態になっている。そんな中、楽天出店者の間で行われている算出方法は、（1）通常の商品ページとは別に、検索経由で購入できないようにキーワードを外した商品ページを作って別商品扱いとし、広告のみから誘導する方法と、（2）広告掲載前の商品販売数と掲載後の販売数の平均値から差分を求める方法の2つがある。どちらも理想とはほど遠いが、やらないよりははるかにましである。

◆楽天市場の商品のCPO算出方法

◎広告掲載商品を「別商品」として扱う

> 通常の商品ページとは別に、検索経由で購入できないようにキーワードを外した商品ページを作り、別商品扱いとし、広告のみから誘導する。
> **広告での販売件数＝その商品の販売件数**
> デメリット：管理が煩雑になる。レビューやランキング評価が複数商品にまたがる。

◎Before/Afterの平均値から求める

> 広告掲載前の商品販売数と購入後の販売数の平均値から差分を求める。この方法で効果検証している店舗が多いのが実態。
> **広告での販売件数≒広告掲載時の販売件数－通常時の販売件数**
> デメリット：信頼性が低い。

関連する法則

28
営業マンを見極めて広告購入する __P74

用語

CPO __P223
Google Analytics __P223
アクセス解析ツール __P223
独自ドメイン店 __P225
リダイレクト __P226
リピート率 __P227
レビュー __P227

重要度 ★★
緊急度 ★★★

CPOは「低ければ良い」とは限らない

　CPOは非常に便利な指標であり、通販会社の世界では当たり前のように使われている。筆者のコンサルティング現場での経験では、3,000円から4,000円程度になることが多い。また、紙媒体の健康食品通販では、リピート率の極めて高い企業であれば、CPOが1万円を越えてもまだ許容範囲だという。

　ただし、この値はあくまでも参考としてほしい。CPOを単純比較することには意味はなく、実は、使い方次第では判断を誤ってしまう危険性がある。

　例えば、5,000円の商品と、300円送料無料の有料サンプルのCPOを単純に比べてはいけない。なぜなら、有料サンプルの方がCPOは当然低く出る（おそらく1,000円以下だろう）が、その後のリピートにつながらなければ、どんなにCPOが低くても意味がない。有料サンプルの販売自体は良い施策だが、その後のリピート率まで見ないと善し悪しは判断できない。

　CPO計測の正しい考え方は、「同じ商品・同じリンク先ページ」でさまざまな広告媒体に出稿して「どの媒体が一番有効か」を判断するというものだ。あるいは、同じ媒体に出し続けながら「最近CPOが高騰してきたな」などと定点観測に用いる。

　明らかに赤字の低価格商品を広告に出せば、当然CPOはかなり低くなる。しかし、激安に釣られた購入客が、その後リピートするだろうか。CPOの高低だけで施策の善し悪しを判断してはいけない。CPOは便利な指標だけに、使い方を間違えないようにしよう。

TIPS

低いCPOで獲得した購入客もリピーターになる

低いCPOで獲得した購入客がリピートしないというわけではない。筆者は1,000円程度のCPOで購入客を大量に獲得し、リピートにつなげられた経験が何度もある。

重要度 ★★★
緊急度 ★★☆

◆独自ドメイン店用の広告効果測定ツール例

広告分析に特化したツール。アクセス解析ツールと併用する。
◆ アドエビス　http://www.ebis.ne.jp/

法則 15 ｜「集客の考え方」を理解する

収益性を高めて集客への投資を増やす

収益性を高めないと、CPOの高騰にのみ込まれる

　元来、集客には費用がかかる。無料ないし格安の集客施策には相応の効果しかない。仮に、安いのに効果の高い集客方法があれば、利用者が殺到するので、競争が激しくなり、あっという間にCPOは高騰するだろう。これはSEOが典型だ。検索エンジンに掲載（インデックス）されるのは無料でも、皆が同じことをするので、上位を目指すには相応の手間と費用がかかるようになっている。

　もし、格安で集客できる広告枠があるとして、ずっとそれを使い続けられるのを前提として事業を組み立ててしまったら、どうなるだろうか。時間が経過すると共にCPOが高騰し、収支のバランスが崩れ、あっという間に潰れてしまうだろう。実際、このようにして業績を悪化させた店は多い。

　今、仮にCPOが安く済んでいるとしても、それに頼って商売するのは危険なのだ。実際、突然広告料金が値上げされたり、同じ料金でも以前ほど売れなくなったりするケースが非常に多い。

　ではどうすべきか。集客に費用がかかっても事業が成り立つくらい、店舗の収益性を高めるしかない。同じ額を集客に投資しても、他店よりも大きな収益を上げられるようになろう。そうすれば、より多くの収益を上げられ、また集客に再投資でき、成長速度でライバルを圧倒することができる。もし競争が激化しても生き残っていけるだろう。

関連する法則
67
「追客」で、購入客との縁を維持する __P152

用語
CPO __P223
LTV __P223
SEO __P223
粗利率 __P223
インデックス __P224
購入客 __P224
津波の理論 __P222

TIPS

収益性指標「LTV」
LTVは、日本語では「顧客生涯価値」と呼ばれる。顧客を1人得たら、生涯の間にどれだけお金を落としてもらえるかを指す。もちろん現代では生涯にわたって利用してもらえることは考えづらいので、平均して何回リピートするかで理解する。

CPOはLTVの半分以下に
筆者は、CPOはLTVの半分以下であるべきだと考えている。LTVは未来の利益であり、未来には何が起こるか分からない。だから余裕を持たせる必要がある。

◆津波の理論

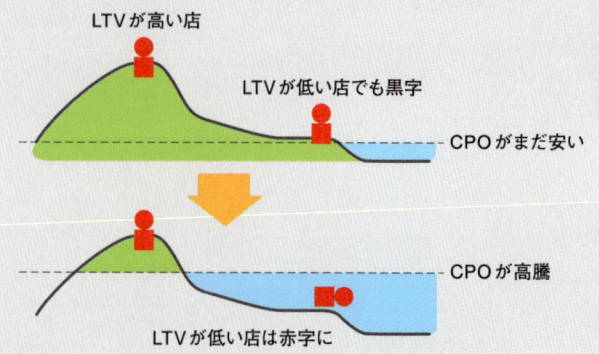

元来、CPOは時間と共に上昇する傾向にある。競合が一気に増えた場合など、突然CPOが高騰するケースも多い。
右ページで紹介する「LTV」を日ごろから高めておかないと、CPOが上昇した際に赤字へと転落してしまう。

店舗の収益性を「LTV」で計測する

では、店舗の収益性をどう計測し、どのように使えばいいのだろうか。それには「一度購入した客がどれだけリピート購入し、利益を生むか」を数値化するのが王道だ。これを「LTV（Life Time Value：顧客生涯価値）」と呼ぶ。詳しくは下図を参考にしてほしい。このLTVを、CPOと対比させてみよう。LTVが高く、CPOが低いほど、安定して儲けている状態だ。LTVは集客コストに耐えられるだけの体質かどうかを判断する基準なのである。

LTVとCPOを対比させてみる

通販化粧品の新規客の獲得では、1,000円送料無料のトライアルキットを販売するケースが多い。しかし、このトライアルキットを販売する際のCPOは大抵数千円を超える。初回販売の時点では赤字だ。それでも広告を打つのは、トライアルキット購入後のリピートからの利益を見込んでいるからだ。この、リピートから得られる利益がLTVである。

トライアル購入客のうち、リピートするケースもあれば、しないケースもあるだろう。まずこれらをならした平均リピート回数を算出する。次に、平均の客単価と粗利率を算出する。平均リピート回数×平均客単価×粗利率がLTVとなる。1人購入客を得れば、LTV分の価値を得られたと考えるわけだ。

つまり、新規客獲得コスト（CPO）と顧客生涯価値（LTV）の差分が、得られる利益となる。利益を大きくするためには、CPOを下げ、LTVを高めることだ。そのために、前の法則で述べた通り、CPOを検証しながら改善すべきだし、さまざまな施策を通して常にLTVが高まるように努力し続けるべきなのである。一朝一夕にできることではないが、常に心に留めておいてほしい。

なおLTV向上の具体的な施策については、接客・追客それぞれの章で解説する。

◆2種類のLTV算出方法

❶平均リピート回数が分かっている場合
LTV＝平均客単価×平均リピート回数×粗利率
例：平均8000円×2回×50％＝6000円

❷ざっくり求める場合
LTV＝年間売上÷ユニーク購入客数[※]×粗利率
例：3600万円÷3000人×50％＝6000円
※重複購入を1人と見なす

法則 16 SEOで集客する

SEOの真実を知る

検索は重要な来店経路

　検索エンジンには、GoogleやYahoo! JAPANなどの情報検索エンジンと、ショッピングモールなどが提供する商品検索エンジンがある。それぞれ特徴があり、どちらの検索エンジンも集客経路として大変重要である。

　広告であれば契約期間しか露出されないが、検索は店舗への「常設」の導線である。しかも、ユーザーが自ら検索して来店するため、そこからの購入率も高い。言うまでもなく、店舗の売上ベースを作るために重要な集客経路なのだが、検索結果には「順位」があり、自店が表示されなければ当然集客することはできない。だから集客できる店（検索順位の高い店）とできない店（検索順位の低い店）が出てくる。そこで、検索エンジンからの集客を増やすための施策として、表示順位を上げる「SEO（検索対策）」や、検索結果に対して有料広告を掲載する「リスティング広告（検索連動型広告）」を実施する必要が出てくる。

　ただし他店も取り組んでいることが多いので、正直限界もある。あくまで施策の1つとして捉えて順位に固執しないこと。リスティング広告については法則22「リスティング広告の費用対効果を知る」以降で説明する。

用語
SEO __P223
クローラー __P224
スパム __P225
潜在客 __P225
バックリンク __P226
リスティング広告 __P226

TIPS
「SEO対策」という呼び方は間違い
SEOとは、日本語では「検索エンジン最適化」（Search Engine Optimization）となる。SEO"対策"は、検索エンジン最適化"対策"なので、本来とは真反対の意味になる。

◆検索エンジンの仕組み

検索エンジンは「検索キーワードと同じテーマを持つページ」を上位表示する。
よって、「検索キーワードを予測し、それに沿ったページを作る」のがSEOの基本中の基本である。

検索順位を上げる3つのToDo

　SEOを「検索順位を上げるための裏技」と捉えている人が多いが、大変な間違いだ。検索エンジンは世界中の天才を集めてさまざまな特許技術を開発し、検索結果の上位に表示されるように仕掛けをしたスパムに対して気を配っており、そのうえ人力チェックまで行っているといわれる。とても裏をかけるものではない。SEOの本質は、検索エンジン側が考える「評価基準」に従ったページ作りにある。

　検索エンジンが目指しているのは、ユーザーの希望する情報を的確に表示できる仕組み（検索精度の高い仕組み）だ。実際、検索エンジンでは、ユーザーが入力した1つの「検索ワード」に対して、対応する「テーマ」を持ち、なおかつ「評価」の高いページを表示している。

　この精度を高めるために、Yahoo! JAPANやGoogleなどの検索エンジン運営会社はクローラーと呼ばれるロボットプログラムを作った。このロボットにネット上をくまなく調べさせ、審査員のように各ページの「テーマ」を判別し、「評価」しているのだ。

　だから、やるべきことは3つだ。(1) 自分の潜在客が使うであろう「検索ワード」を予測し、(2) それに沿った「テーマ」であると見なされるようにページを作り、(3) かつ「評価」が上がるように手を打てばいい。

　こういった検索エンジン側の意向を先読みして手を打つのがSEOなのだ。以降の法則では、検索ワードの調べ方、テーマに沿ったページの作り方、評価を上げる方法などを具体的に紹介する。なお、楽天市場などのモール内商品検索についてはまた違った仕組みがあるので、法則20で紹介したい。

TIPS

バックリンクでWebサイトの評価を上げる
Webサイトの評価を上げるには、バックリンク（被リンク）を増やすこと。類似するテーマを持った高評価のサイトやブログなどから多くのリンクを受けると評価が上がる。

リスティング広告にも関係
キーワードと、ページごとのテーマとの「関連性」は、法則22以降で紹介するリスティング広告にも影響を与える。関連性が強ければ、広告が上位に表示されやすくなるのだ。

重要度 ★★★
緊急度 ★★★

モール出店者でもSEOは必要

　特に楽天市場の出店者さんの中には「楽天がやってくれているから、GoogleやYahoo! JAPANのSEOは考えなくていい」と考えている方がいらっしゃるようですが、それは誤解です。楽天市場のシステムでも「SEOに取り組めるようになっている」とご理解ください。モール内のページは、この法則で説明した「評価」がある程度高いという特性はありますが、「キーワード」の予測や、「テーマ」を踏まえたページ作りは自分で考える必要があります。

　モール内の検索もけっこうな競争率ですから、入り口を増やす意味でも、Yahoo! JAPANやGoogleでのSEOにも取り組んでください。特に対象となる潜在客が少ないニッチタイプの方については「必須」です。実際、コンスタントに売っているニッチタイプの店は大抵、一般の検索エンジンでも上位に入っているようですよ。（坂本）

法則 17 | SEOで集客する

「魚群探知機」でキーワードリストを作る

自分の商品に関連するキーワードを調べる

　法則16で述べた通り、ユーザーの検索するキーワードを先読みして準備するのがSEOの基本だ。まずは、自分の店に関連するキーワードで、何が良く検索されているか調べてみよう。Googleが提供する「キーワードツール」を使うと、任意の検索キーワードでの「月間検索回数」を調べることができる。これはそのまま、ネット上でどの程度興味を持たれているかを示しているわけだ。検索回数が多い商品は情報需要が多いと言える。商品の需要量そのものを示すわけではないが、目安にはなるだろう。

　例えば、女性向け健康飲料2種の検索回数は次の通りだ。「ルイボスティー」22,200件に対して、「たんぽぽコーヒー」は12,100件（2009年9月時点）。前者の方が知名度が高く、情報の需要量も多いことが想像できる。同様の方法で「ルイボスティー」と「ルイボス茶」の呼び方のうち、どちらがより認知されているかも確認できる。この情報を利用すれば、検索経由での売上アップをより効率的に行えるだろう。このような調査ツールは、潜在客の居所をつかむ「魚群探知機」だと言える。

　今の段階ではとにかく候補となり得るキーワードをたくさんリストアップし、Excelなどで保存しておいてほしい。次の法則18で、優先順位を付ける方法を解説する。

関連する法則
23
登録キーワードを増やして露出を高める __P64

用語
Google Analytics __P223
アクセス解析ツール __P223
潜在客 __P225
ビッグワード __P226
複合キーワード __P226

TIPS
食品のキーワードは注意が必要
食品などの商品に関しては実店舗やレシピなどの関連情報を求めて検索しているケースも多い（カレーなど）ので、情報需要と商品への需要が大きく乖離する。

◆ Google キーワードツールの使い方

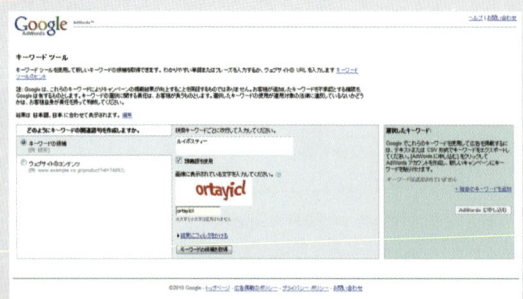 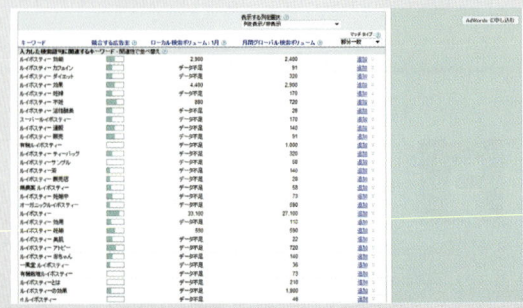

左の画面で気になる単語を入力すると、右の結果画面で、入力した単語を含む複合キーワードが、月間検索回数（月間グローバル検索ボリューム）などと一緒に表示される。項目名をクリックすると検索回数が多い順に並び替わる。
◆ Googleキーワードツール https://adwords.google.co.jp/select/KeywordToolExternal

「複合キーワード」と「類語」を調べる

次に、主要キーワードを含む「組み合わせ」を調べてみよう。実は「ソファ」「ジーンズ」といった検索回数が極めて多いワード（ビッグワード）はライバルが多すぎて、上位表示するのは極めて難しい。そこで、この主要キーワードに何かを足した「複合キーワード」での上位表示を狙うのがSEOの定番セオリーである。前述のツールを使うと、検索回数が多い順に複合キーワードを並べることができる。本書末尾の付録ページにも、複合キーワード専用の調査ツールを掲載したので、併せて利用してほしい。

そして、もう1つ「類語」も調べてほしい。例えば「日本酒」から連想される「地酒」「清酒」、「着物」から連想される「振袖」など、実は当初思いついたキーワードよりも関連ワードの方が反応がいいというのはよくある話だ。

この類語を調べるには「類語.jp」というサイトを利用してほしい。本来は有料サービスだが、登録後何度かは無料で利用できる。多くの関連ワードを得られるだろう。

アクセス解析結果から、有効なキーワードを見つける

もちろん、自店舗のアクセス解析画面からも有効なキーワードが得られる。自店舗に来店した際の検索ワードが記録されているので、それを確認してみよう。この際、上位のワードだけでなく100位くらいまで確認してほしい。見落としていた有効なワードが見つかる可能性が高い。例えば、下の方に「コンパクト ソファー」という単語があれば、もっとSEOに注力すればこのワード経由の来店を増やせるかもしれない。大きなヒントなのである。SEOのみならず、品揃えや商品の見せ方のヒントにもなる。

このような来店キーワードリストは、ほとんどのアクセス解析ツールで調べることができる。楽天市場などのモール内アクセス解析でも大丈夫だ。定期的に確認しよう。

◆キーワードの探し方

「日本酒」で検索すると「清酒」などの同義語、より意味の狭い「狭義語」や関連語などが一覧表示される。SEOのヒントが見つかりやすい。
◆ 類語.jp 言語工学研究所類語辞書検索サイト http://ruigo.jp/

このようなアクセス解析ツールを使うと、ユーザーがどんな検索キーワードで来店したかを調べられる。ここにもSEOのヒントがある。
◆ Google Analytics https://www.google.com/analytics/

> **TIPS**
>
> **キーワードにも種類がある**
> 超人気ワードを「ビッグキーワード」とも呼ぶ。複数組み合わせたキーワードは「ミドルワード」「スモールワード」だ。

重要度 ★★★
緊急度 ★★★

法則 **18** | SEOで集客する

最重要キーワードから店舗名を決める

ライバルをチェックし、競争の激しさを調べる

　自店舗で重視するキーワードを決める前に、ライバルサイトをチェックしてみよう。モールの場合は、想定したキーワードのいくつかでそのまま検索すればいい。独自ドメイン店の場合は、一般の検索エンジンで調べてみよう。普通に検索しても大量のライバル店が表示されるが、ここではさらに「Yahoo!カテゴリ」でも検索してほしい。実は、Yahoo!カテゴリ検索で表示されている店は検索順位で優遇される仕組みになっている。ここへの登録は有料なので、ここに表示される店は、意識的にSEOを行っている強力なライバルだ。

　このようにして、ライバル店の「数」を調べる。法則17で説明した通り、想定したキーワードの需要は「キーワードツール」で調べることができる。需要の多い（検索回数の多い）キーワードは、当然ライバルも多い。しかし、検索回数が少なく、しかもライバルも少ない状況、つまり需要（検索回数）と供給（表示店舗数）のギャップがあれば、そのキーワードは狙い目だと言える。

　同時に、ライバルの「質」、つまり商品展開や価格をはじめ、どの程度のレベルでどんな個性があるのかをサイトを見て確認するといい。

　特に、開店前～直後の段階では先輩ネットショップを隅々まで見ることで、今後のショップ運営やサイト構成の勉強ができるので、ぜひ実行してほしい。

■ 関連する法則
40
自店舗の強みを分析し、店舗コンセプトを考える __P98

■ 用語
SEO __P223
独自ドメイン店 __P225

◆Yahoo!カテゴリでライバルを調べる

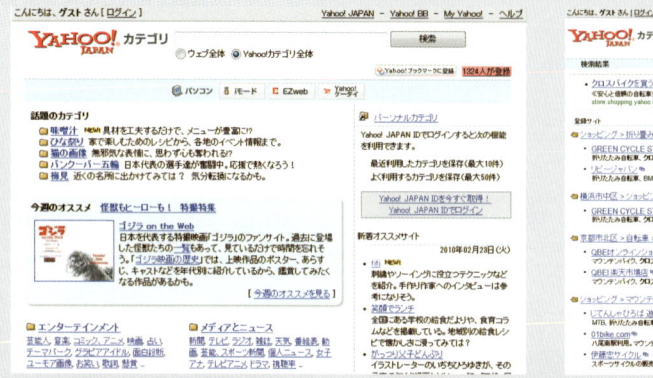

Yahoo! JAPANのスタッフが手動で確認・登録したサイトが登録されている。ここに掲載されると、評価の高いサイトと見なされ、Yahoo! JAPAN、Googleの両方で順位が向上する。登録には審査があり、申請には料金（52,500円～）が発生する。
◆ Yahoo!カテゴリ http://dir.yahoo.co.jp/

激戦区を避けつつ最重要キーワードを決める

法則16で説明した通り、検索エンジンが各サイトの表示順位を決める仕組みは、ユーザーが検索に使った「キーワード」と同じ「テーマ」を持ったページで、なおかつ「評価」の高いものを上位表示させるようになっている。当然、あれもこれもと詰め込んだテーマ性の低いページよりも、あるテーマに特化したページが優遇される。だから、前ページの内容を参考に、競争の激しすぎない、狙い目のキーワードを選ぶようにしよう。

同様に、サイト全体を通して、何か1つの「最重要キーワード」を決める必要がある。例えば腕時計の店なら、各メーカー・ブランド名も大事なキーワードだが、最重要キーワードは「腕時計」だ(ロレックス専門店であれば「ロレックス」だ)。このキーワードを、店舗名の頭に付け加え、サイト全体のあちこちにも意識的に記載する。

最重要キーワードから店舗名を決める

店舗名、つまりサイト名は、サイト全体のテーマを表していると見なされる。だから、最重要キーワードを含めた店舗名にしよう。店舗名の先頭(左端)に付け加えた形がいい。例えば「坂本電機」なら「中古パソコン専門店 坂本電機」などに直す。キャッチフレーズに近い使い方なので、従来の店舗名・会社名とはさほど変えずに済む。いろいろ足して長い名前になるとテーマがぶれてしまうので、キーワードはできれば1つだけ、せめて2つまでにしよう。

店舗名へのキーワード追加は、SEO以外にもさまざまなメリットがある。店舗名は、検索エンジンのタイトル、ネット上のさまざまな記事、メールの「差出人」欄などあらゆるところに表示される。店舗名だけが露出している状況はけっこう多いのだ。だから、「中古パソコン専門店」の店舗名が、単なる「坂本屋」だと、せっかく店舗名が露出しても「何を売っているか分からない店」になってしまう。クリックした向こう側のことは見えないのだ。店舗名にキーワードを含めて「何屋か分かる」状態にすれば、売上アップの機会が確実に増える。ぜひ実践してほしい。モール内の検索においてもプラスに働くようだ。いいことずくめである。

> **TIPS**
>
> **アルファベットよりはカタカナ**
> 横文字は、日本では当然アルファベットよりもカタカナで検索されやすい。そのため店舗名に含めるキーワードは、英語(アルファベット)より、カタカナ表記にする方が望ましい。「JEANS専門店」ではなく「ジーンズ専門店」。
>
> **キーワードは店舗名の前へ**
> SEOにおいては、キーワードの位置は本来の店舗名の「前」に置いた方が効果が高い。特にこだわりがなければ前に置くことを勧める。

重要度 ★★★
緊急度 ★★★

◆分かりやすい店舗名の例

店舗名	最重要キーワード
坂本電機 家電とPCの専門店	家電、PC
CD・DVDならサカモトレコード	CD、DVD
イタリアワインのサトシズ	ワイン
プラモデル専門【サカモトおもちゃ店】	プラモデル
作務衣と浴衣の坂本呉服店	作務衣、浴衣
サカモトダイレクト(キッチン用品)	キッチン用品
高知の地酒なら坂本酒造	地酒、高知
手芸用品のサカモトランド	手芸用品

それぞれ、取扱商品カテゴリなどの最重要キーワードを含んだ店舗名になっている。

第2章 商品タイプを踏まえた集客の法則

法則 19 ｜ SEOで集客する

ネットショップの構造を生かしたSEOを行う

キーワードで「テーマの階層構造」を作る

　ネットショップは大抵、まずトップページがあり、その下にカテゴリページ、その下に商品ページ……という階層構造になっている。そして、各階層ごとに、SEOにおいて狙うべきキーワード（意識すべきテーマ）の方向性を変える必要がある。

　例えば、海外ブランド商品店舗の場合、カテゴリページのタイトルには大枠として「エルメス」「ロレックス」などのブランド名や、「バッグ」「時計」などの一般名詞が使われる。だから、これを生かしてSEOを行うべきだ。

　それに対して、商品ページのタイトルには「バーキン」「エクスプローラー」などの各商品の商品名を記載する。ユーザーの検索傾向に応じて、商品番号・型番、色・サイズなどの、より個々の商品を細かく特定するようなキーワードも記載するといい。

　こうすることで、ブランド名や一般名詞での検索にはカテゴリページ、商品名での検索には商品ページが「検索ワードにふさわしいテーマを持ったページ」として検索エンジンに認識され、上位表示されやすくなる。

関連する法則
46
需要の大きさから、商品カテゴリを決める __P109

用語
SEO __P223
スパム __P225

TIPS
サイトの内部最適化
ページやサイト全体を狙うキーワードに合わせて調整する行為を「内部最適化」と言う。法則21で述べる外部からのリンク獲得は「外部最適化」と呼ぶ。

◆ネットショップの階層構造とページタイトルの決め方

- トップページタイトル（≒店舗名）：最重要ワードを含める
- カテゴリページタイトル（≒カテゴリ名、ブランド／メーカー名）：一般名詞
- 商品ページタイトル（≒商品名）：固有名詞

◆『テーマの階層』の実例（http://www.kenko.com/）

◎トップページ「健康」最重要ワード　　◎カテゴリページ「介護用品」一般名詞　　◎商品ページ「サンポイントステッキ」固有名詞

  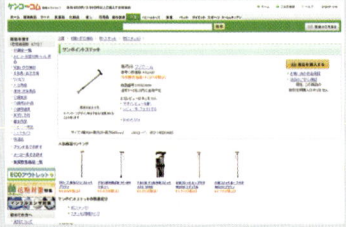

カテゴリページと商品ページで、それぞれ重視しているキーワードが変わっているのがよく分かる。体系づけられた商品構成の、よく整理されたネットショップは、検索エンジンと大変相性がいいのだ。

キーワードで「テーマの統一感」を作る

　何か特定ジャンルの専門店の場合には、さらにSEO効果を高める方法がある。例えば腕時計を扱う店の場合、トップページタイトル（≒店舗名）にはもちろん重要キーワード「腕時計」を含める。

　そして、その下のカテゴリページや、商品ページのタイトルや、ページ内の文中（使用方法や説明文など）にも、「腕時計」というキーワードを「自然に」含めるのだ。こうすると、店舗全体が「腕時計」のために作られたもので、「腕時計で検索されたときに表示するにふさわしいサイト」であると、検索エンジンに伝わる。

　キーワードを詰め込みすぎるとスパム（不正行為）だと見なされる恐れがあるが、出現率がページ全体の5％程度なら問題ないといわれている。下記の図は極端な表現をしているが、ムリに詰め込まず、気持ち意識する程度でいい。

◆腕時計専門店のキーワード階層構造

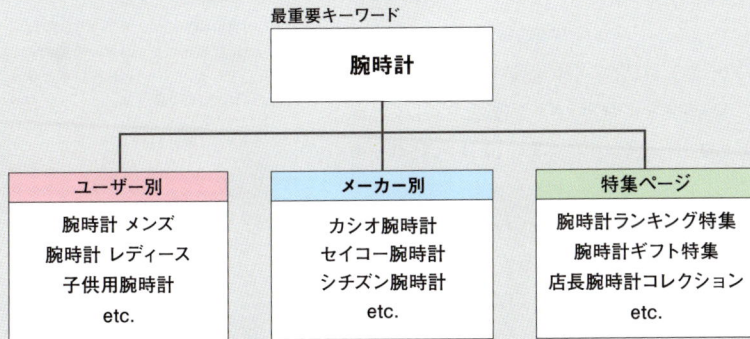

電話で営業するSEO会社

　ネットのマーケティングに長けているなら電話営業は必要ないような気もしますが、頻繁に電話営業を行うSEO会社はたくさんあります。電話営業はかなり経費がかかるので、それだけ儲かると思われます。

　大抵の場合、外部最適化に頼ったやり方で、ここの法則で述べたような手法には言及しないはずです。面倒なのでしょう。だから、契約期間が終了すると順位が低下し、元の木阿弥になるケースが多いです。

　SEOに限りませんが、電話営業の話を聞くのは別に構いません。でも、何か発注するときは他の会社と比べてからにしてくださいね。せめてこの本に書いた内容をすべて実践してからにしてください。何事も、下調べで手を抜くと、返って大きな損になります。（坂本）

法則 20 | SEOで集客する

モール内は独自のSEOを行う

ページ単位でなく商品単位で考える

　法則16で解説した通り、一般の検索エンジンにおけるSEOでは、検索順位を決める要素として、主にページタイトルとページの中身が重要になる。一方、モール内検索のSEOで重要なのは「商品名」と「商品説明文」。検索結果で表示されるのも、検索エンジンは「ページごと」だが、モール内検索は「商品ごと」だ。まったく別の仕組みなので、SEOの手法も、当然変わってくる。

　特に「商品名」を最も意識すべきだ。例えば、モール内検索ではカテゴリページが検索結果に表示されることはないので、カテゴリページに掲載しているような一般名詞（カテゴリ名）や、メーカー／ブランド名なども、わざわざ商品名もしくは商品説明文に含める必要があるのだ。例えば「バーキン」ではなく「エルメス バーキン」という具合だ。

　とはいえ、ページタイトルと同様に商品名も長くなりすぎない方がいいので、優先順位を付けて、細かい情報は商品説明文に回すといいだろう。

　商品説明文には、対象ユーザー（メンズなど）、色、サイズ、用途（お歳暮など）といった考えられるワードを漏れなく併記すれば、ヒット率はかなり高まる。ただ、この際にキーワードをむやみに羅列する形は避けたい。一般の検索エンジンではスパムとして認定される行為なので、近い将来、モールの商品検索でも同様の措置がとられる可能性がある。

用語
SEO __P223
スパム __P225
モール内検索 __P226
レビュー __P227

TIPS

商品説明文とは
買い物かごに入れるボタンの周辺に記載されたテキスト情報のことである。ページ上部の説明は含まれないので要注意。

◆楽天市場の商品検索画面と商品ページ

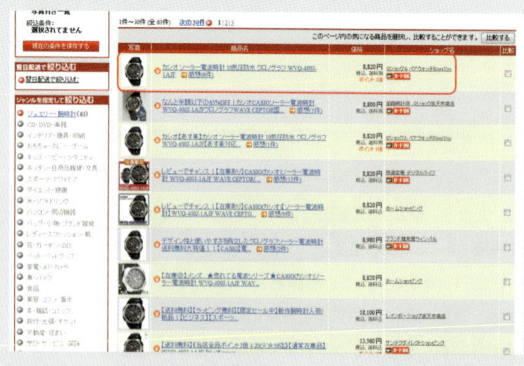

ページではなく商品検索なので、1つのページに複数商品が登録されていても、別々の商品として検索結果に表示される。右画面の赤枠で括った個所が、「商品説明文」だ。大抵、買い物かごボタンの近くに表示されている。

レビューを蓄積して上位を目指す

　モールでは、商品ごとに蓄積されたレビュー（感想）の件数が掲載順位に影響を及ぼすという独特の仕組みがある。特に楽天市場内のSEOで最重要要素だ。とはいえ、レビューの増やし方自体はシンプルである。購入者に対してメールを送り、レビューを書いてもらうよう依頼する（法則80参照）。あるいは、商品ページ上に「商品到着後にレビューを書くなら◯円引き」と表示し、はい／いいえを選ばせる方法もある。

　なお、到着前にレビューを書かせるのは感想にならず、本末転倒だ。禁止事項なので注意すること。

登録カテゴリを間違えると順位が下落

　モールでは、商品登録をする際に「楽器＞ピアノ＞グランドピアノ」というようなカテゴリ（ディレクトリとも言う）への登録作業も行う。このカテゴリ登録内容も検索結果に大きく影響を及ぼしているようだ。

　実は、この登録カテゴリの間違いは意外なほど多い。なぜならモールの成長に伴ってディレクトリ数がどんどん増えるからだ。例えば以前は存在しなかった「電子ピアノ」というカテゴリが新しく登場すると、該当する商品は新カテゴリに「手動で」移動させなければならない。これを怠ると、「電子ピアノ」で検索した際の順位が下落してしまう。

　よく似たカテゴリが複数存在して迷うこともあるだろう。この場合は、狙うキーワードで検索して、どちらに登録されている商品が上位に来るかどうかを確認するといい。

重要度 ★★★

緊急度 ★★★

Yahoo!ショッピング出店の特典

　Yahoo!ショッピングは楽天市場と比べると小規模のモールですが、出店すると魅力的なオマケがあります。それはヤフーで検索したときに、登録した商品が上位表示されることがあるという点です。ヤフーからの来店客はGoogleと比べて購入率が高い傾向にあるので、これは大きなメリットだと言えるでしょう。（坂本）

法則 21 | SEOで集客する

他サイトからのリンクを増やして検索順位を上げる

検索エンジンの「評価」の仕組みを理解する

法則16「SEOの真実を知る」で述べた通り、検索エンジンはユーザーが入力した「検索ワード」に対応する「テーマ」を持ち、なおかつ「評価」の高いページを表示する。そして「評価」は、他サイトから自店舗への被リンク数（バックリンク）を増やすことで高まる。検索エンジンが「たくさんのサイトからリンクされたサイトは、上位表示すべき優良サイト」だと認識してくれるからだ。

この際、検索エンジンからの評価が高いページからリンクを受けると大きな効果がある。例えば大手ポータル、ニュースサイト、公的機関のサイトなどだ。リンクを得るための方法は下図を参考にしてほしい。

また、リンクを張ってもらうときは、できるだけ、リンクテキスト部分（青字になる部分）に「リンク先ページのテーマとなるキーワード」を入れておきたい。例えば、オリーブオイルをテーマとするページへは、「オリーブオイル」を含む言葉でリンクを張る方がいい。これにより、同じ被リンクでも、より効果が高まるのだ。法則18「最重要キーワードから店舗名を決める」で述べたように、店舗名に最重要キーワードを含めれば、必然的にリンクテキスト内にもキーワードが含まれるようになる。検索エンジンからの「評価」でも有効な施策なのだ。

用語
スパム __P225
バックリンク __P226
パンくずリスト __P226
被リンク数 __P226
プレスリリース __P226

TIPS

バックリンクを増やすのは「外部最適化」
バックリンクを増やすのは、「外部最適化」と呼ばれる手法だ。他の法則で述べたテーマに即したページ作り、つまり「内部最適化」を実践していないと効果が出ないので注意してほしい。

リンクファームへの登録はスパム行為
SEOのみを目的としたリンク集（リンクファーム）への登録はスパムと見なされるので逆効果。

◆外部からのリンクで評価を高める方法

有料ディレクトリ登録
Yahoo! JAPANなど、大手サイトのリンク集（ディレクトリ）への有料登録。目に見えて効果が出る。詳しくは付録で紹介する情報サイトを参照。

プレスリリースの配信
一部のプレスリリースサービスを使うと、漏れなくWeb上に記事ができる。これによりバックリンクが得られる。有名なニュースサイトで記事になることも。詳しくは法則35「工夫したプレスリリースでマスコミに接触する」を参照。

ネットショップ同士の相互リンク
トップページ同士でリンクする。店舗名にキーワードを含めるのが重要。

店舗内のリンクで評価を高める

　自店舗内の各ページを相互リンクさせても、ある程度は評価を高めることができる。費用がまったくかからないので、ぜひやっておこう。

　この場合も、リンクテキストのキーワードを意識すること。例えば、「詳しくは『こちら』」などと、リンクテキスト部分に指示代名詞を使っていないだろうか。この場合も、「『オリーブオイル』の詳細」などとキーワードを積極的に使いたい。

　画面左などの共通ナビゲーション部分も同様だ。ここに画像（バナー）を使っている店が多いが、キーワードを意識したテキストリンクに切り替えることで、評価は大きく高まるだろう。デザイン上の問題があるなら、バナーの下にテキストを併記することを勧める。特にトップページは、その店舗の中で検索エンジンからの評価が最も高いページとなるケースが多いため、トップページからのリンクが効果を発揮する。

　SEOに使える他のナビゲーションとしては、各ページ上部に「そのページが、どのカテゴリに所属しているか」を示すものがある。これは「パンくずリスト」と呼ばれており、効果的に各ページの評価を高められる。システムによっては自動的に生成される。

▎TIPS

「パンくず」の由来
「パンくず」という名前は、童話「ヘンゼルとグレーテル」の主人公達が森の中で、帰り道を見つけられるようにパンくずを落としながら歩いたというエピソードに由来しており、「今どこにいるか」を教えるという目的を持っている。

オススメのSEO本
より詳しくSEOについて知りたい場合は、書籍『できる100ワザ SEO&SEM 増補改訂版』（インプレスジャパン刊）を勧める。フルカラーで、初心者にも分かりやすい。

重要度 ★★☆
緊急度 ★☆☆

◆ キーワードを意識したリンクテキストの例

左のナビゲーション部分に注目してほしい。SEOで重視するキーワードで、リンクテキストが構成されている。
◆ ケンコーコム　http://www.kenko.com/

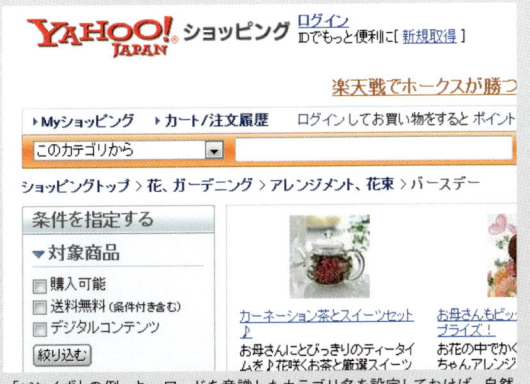

「パンくず」の例。キーワードを意識したカテゴリ名を設定しておけば、自然とSEO効果が高まる。
◆ Yahoo!ショッピング　http://shopping.yahoo.co.jp/category/5221/

法則 22　リスティング広告で集客する

リスティング広告の費用対効果を知る

費用対効果の高いリスティング広告

　「リスティング広告」とは検索エンジンに載せる広告で、指定したキーワードで検索が行われた場合のみ、検索結果の画面に広告が表示される（次ページの画面参照）。そのキーワードに興味のある潜在客にだけ接触できるため、クリック率や購入率がかなり高く、純広告と比べると数倍の費用対効果になることも珍しくない。GoogleアドワーズとYahoo!リスティング広告（旧Overtureスポンサードサーチ）があり、仕組みはほぼ同じだ。すべてのネットショップに勧められるが、特に検索頼みのニッチ店舗こそ、SEOと一緒に取り組んでほしい。

　SEOとの違いは、広告であることと、「使えるキーワードの数」だ。リスティング広告は1つのページに対して複数のキーワードを設定することができる。例えばSEOなら1ページ1テーマのため、テーマを「地酒」に設定していたのが、リスティング広告なら「日本酒」「清酒」「蔵元」「ひやおろし」などでも露出できる。

　このように、SEOと比べると「使えるキーワードの数」が多い。登録商品数が多ければ、それぞれのキーワードと、派生するキーワードで露出ができるので店舗への入口が格段に増えることになり大変効率的である。

　調整は必要だが、一度設定すればずっと来店客を獲得できる。一方で、指定したキーワードが検索される回数（インプレッション数）までしか露出できないので、あまり検索されない商品では露出が少ない。結果として「費用対効果は高いが、毎月ある程度までしか売れない」という状態になるケースも少なくない。

　漁場を決めて「攻め」に行く純広告が遠洋漁業だとすれば、SEOやリスティング広告は、沿岸漁業における定置網だと言える。ぜひ実行してほしい。

◆リスティング広告の特徴

◎SEO（普通の検索）の場合

[日本酒 通販] [検索] → 日本酒通販の坂本屋

◎リスティング広告の場合

[清酒 人気] [検索] → 日本酒通販の坂本屋
[地酒 新潟] [検索]
[人気の蔵元] [検索]
[ひやおろし] [検索]
[日本酒 ギフト] [検索]

普通の検索では、ページのテーマに沿った単語で検索された際に表示されるだけだが、リスティング広告では、より幅広い検索に対して露出することができる。

用語

CPC __P223
インプレッション数 __P224
クリック単価 __P224
クリック率 __P224
純広告 __P225
来店客 __P226
リスティング広告 __P226

TIPS

Yahoo!リスティング広告に名称変更
Overtureスポンサードサーチは、2009年10月のYahoo! JAPANとオーバーチュアの合併を機に、Yahoo!リスティング広告へと名称が変更された。

提携サイトに掲載する広告サービスもある
類似した広告に、Yahoo! JAPANのインタレストマッチとGoogleのAdSenseなどがある。これらは検索エンジンではなく彼らの提携サイトに広告を掲載するものだ。費用対効果から考えれば、ムリに使う必要はない。まずリスティング広告を優先することを勧める。

重要度 ★★
緊急度 ★★★

クリック課金制でコストコントロールが容易

　リスティング広告は、表示された広告をユーザーがクリックした場合だけ費用が発生する。リンク先のページのできが悪ければ、クリックされても売上にはつながらないだろうが、少なくとも「高額な広告費を支払ったのに来店客がゼロ」という事態にはならない。

　しかも、広告主が自分でクリック単価を決められる。設定したクリック単価が安ければ、掲載順位が下の方だったり、あまり表示されなかったりするが、少なくとも「身の丈を越える広告を買ってしまった」という事態にはならない。さらに、1日あたりの上限予算を決められる。

　つまり、広告費だけ取られる心配がないし、予想以上にクリックされて予算がかかりすぎる心配もない。各々の予算に応じて露出が得られるわけだ。もし、すべての販促費を純広告に使ってしまっているなら、リスティング広告との併用を強く勧める。目安は、月々の売上の5%程度を毎月のリスティング広告費用に回すイメージだ。

広告の掲載順位は、主にクリック単価とクリック率で決まる

　SEOと同様、リスティング広告にも掲載順位がある。もちろん上の方がクリックされやすい。しかし、クリック単価を高く設定すれば上位にいけるわけではない。実は、掲載順位を左右するもう1つの要素がある。それは広告のクリック率を主とする「品質」だ。これは、GoogleもYahoo! JAPANも同じである。

　品質を決定する要素で最も重要なものは「クリック率」だ。表示された広告が高い確率でクリックされれば、広告の品質が高まる。おそらく、クリック課金制というビジネスモデル上、単価よりもクリック数を重視しているのだろう。より安いクリック単価で上位に掲載されるため、クリック率が高い広告テキストを目指したい。

▎TIPS

リスティング広告の費用の考え方
1クリックあたりの費用をCPC（Cost Per Click）と呼ぶ。CPCが20円で購入率が1%であれば、CPOは2,000円になる。

基本は自社運用
リスティング広告の運用代行サービスもあるが、できるだけ自社で運用してほしい。代理店では微妙なキーワード選定はできないからだ。筆者のクライアントで、代理店に運用を移管したら途端に売上が激減し、自社運用に戻したら回復したというケースがある。

ページとキーワードの関連性
キーワードとリンク先ページの「関連性」も、広告の品質に影響を与える。考え方はSEOと同じだ。法則16の右ページを参照してほしい。

重要度 ★★★
緊急度 ★★★

◆GoogleアドワーズとYahoo!リスティング広告の表示例

Googleアドワーズ（画面右）とYahoo!リスティング広告（画面左）の表示例。赤枠で括られた中に広告が表示されている。通常の検索結果と同様に、端的で分かりやすいテキストがクリックされやすいようだ。詳しくは法則24を参照。

第2章　商品タイプを踏まえた集客の法則

法則 23 | リスティング広告で集客する

登録キーワードを増やして露出を高める

成果が出ない原因は「キーワード不足」が多い

　リスティング広告を試してみたけれど、全然集客できなかったという人は意外と多い。実は、効果が出ない場合のほとんどが、登録するキーワード数が少なく「そもそも露出すらできていない」というケースだ。しかし、単にキーワードの数を増やせば良いというものではない。確かに、キーワードはたくさん登録しておいた方が露出量と共にクリック数が増えるが、関係の低いキーワードを入れてしまうと、クリック率が下がり、「品質」が低下する。すると広告は次第に表示されなくなってしまう。だから、まったくクリックされない言葉を登録しないよう注意しつつ、キーワード登録数を増やそう。

キーワード登録数を増やす方法

　まず増やすべきは、法則17でも解説した「複合キーワード」（2つ以上の組み合わせ）である。具体的な言葉で検索するユーザーの方が、より購入を具体的に検討しているので、購入率も高い。複合キーワードを探すためのツールを、本書末尾の付録ページで紹介しているので、ぜひ使ってほしい。ただし、関係のない複合キーワードも出てくるので、不要なものは削除すること。例えば「サッカー用品　ジュニア」は使いたいが、「サッカー用品　広島」などは実店舗を探しており、通販の広告としては不的確なので外す、といった具合だ。
　次に「表記揺れ」も押さえておきたい。例えば、「バイオリン」「ヴァイオリン」や、「鰻」「ウナギ」「うなぎ」など、同じ言葉でも書き方が分かれる場合だ。検索エンジン側で自動的に表記揺れを修正するケースも増えてきたが、必ず対応されるわけではないので、しっかり登録しよう。
　「類義語」も重要だ。「倉庫」「物置」「貯蔵庫」「収納庫」など1つの物でも呼び方が複数ある。これは、ライバルに差を付けられる大きなポイントだ。
　最後に、さらに想像力を働かせて「書き間違えたキーワード」も狙おう。例えば「プリザーブドフラワー」を間違えた「プリザーブフラワー」「プリザードフラワー」などだ。
　キーワードは登録すればするほど露出が増えるので、手を抜かず、考えられるキーワードはしっかり網羅しよう。

■ 関連する法則

17
「魚群探知機」でキーワードリストを作る __P52

■ 用語

SEO __P223
クリック率 __P224
広告グループ __P224
除外キーワード __P225
複合キーワード __P226
リスティング広告 __P226

重要度
★★
★

緊急度
★★
★

商品の「用途」を広げて考える

これまで説明してきた「複合キーワード」「表記揺れ」「類義語」などからキーワード選びを行ってもまだキーワード数が足らず、広告表示回数が増えない場合は、さらに広げて考えてみよう。例えば、ある店が、取扱商品である「陶板」の検索回数が少ないことに悩んでいた。実際に筆者がページを見てみると、扱っている商品は「陶器の『表札』」。実は、登録すべきキーワードは「表札」あるいは「表札　陶器」だったのである。

さらに、和菓子を和菓子そのものとしてだけではなく、「お歳暮」といった用途のキーワードで売るのもいいだろう。ギフト以外でも、「手作りおもちゃ」を「知育玩具」として、「腹巻き」を「冷房　対策」として売るなど、商品の定義を見直し、用途を広げていくことを勧める。この考え方は、リスティング広告以外でも応用できる。

広告グループを複数作る

このようにキーワードを考えていくと、さまざまなキーワードがいくつかのグループになるはずだ。リスティング広告ではこれを「広告グループ」と言う。この上には「キャンペーン」という単位があるが、一般的な店ではキャンペーンは1つでも十分だ。

広告グループごとにキーワード、広告テキスト、リンク先ページを別々に管理する。「収納家具」「キッチン用品」「文房具」などと商品カテゴリなどで分類するのが一般的だ。

商品数が多いなら、慣れてきたらもっと掘り下げて、例えば収納家具を、すきま収納、押し入れ収納、キッチン収納などに分けてもいいかもしれない。すきま収納で検索した際に、そのものズバリの「すきま収納」の広告テキストと、「収納家具」のそれとでは、やはり前者の方がクリックされやすいからだ。ただ、最初の段階ではあまりこだわらず、運用しながら徐々にブラッシュアップしよう。

◆リスティング広告における広告グループの考え方

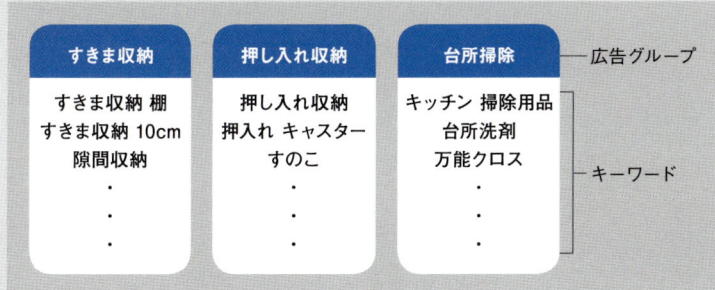

リンク先1つに対して、広告グループ1つを作り、その中にキーワードを登録していく。初めて取り組む場合は、グループを1つだけ作り、いろいろ試してみるといいだろう。

除外キーワードで品質アップ

リスティング広告が表示されても、まったく売上につながらないケースがあります。例えば、ラム肉を売ろうとして「ジンギスカン」を登録しているのに、「ジンギスカン　たれ　レシピ」や「ジンギスカン　歌詞」などのキーワードで検索された際に、ラム肉の広告が表示された場合です。当然購入につながらないし、クリックもされませんね。さらに、クリック率が下がると広告の評価が下がり、広告費が割高になってしまいます。この場合は「『レシピ』や『歌詞』を含む検索キーワードだった場合は、広告を表示しない」という設定をしましょう。これを「除外キーワード設定」といいます。品質を高める近道なので、思いつく限りたくさん登録してください。商品の情報を求めていないワードとしては、例えば実店舗の住所や調理レシピ、「中古」「買い取り」などが考えられます。（坂本）

法則 24 | リスティング広告で集客する

広告テキストとリンク先ページを改善する

クリック率・購入率を、継続的に改善する

いくらリスティング広告が露出できても、商品が売れなければ意味がない。表示された広告テキストのクリック率が高くて、リンク先のページでも購入率が高ければ、より売上につながりやすくなる。

そこで重要になるのが、登録したキーワードに合わせて「リンク先ページ」を選ぶことだ。状況に応じて、適切なページを選ぼう。商品の並んだ特集ページやカテゴリページにリンクを張る場合もあれば、特定商品のページにリンクを張ることもあるだろう。ただし、トップページへのリンクはあまり売上につながらないので注意が必要だ。

そして「広告テキスト」のクリック率を高めるには、この「リンク先ページ」や店舗自体の強みをうまく伝える必要があるのだ。

例えば、「収納家具」関連のキーワードで検索するユーザーに、「収納家具特集」のページを見せたい場合は、広告テキストではリンク先ページの「品揃えの多さ」をアピールするといいだろう。ユーザーのニーズに関する洞察力と、テキストだけでリンク先ページの強みを端的に表す力が求められる。

広告テキスト制作のコツについては法則25「『マグロの大トロ』的な広告テキストを作る」を、リンク先ページについては法則26「リンク先ページを使い分ける」を参考にしてほしい。

関連する法則
3
「顧客すごろく理論」を数値で管理する __P22

用語
CPO __P223
CTR __P223
クリック率 __P224
広告グループ __P224
コンバージョン率 __P225
潜在客 __P225
来店客 __P226
リスティング広告 __P226

TIPS
キャッチコピーの検証機能
同じキーワードに対して複数の広告テキストを登録し、どのテキストのクリック率が高いかを確認することもできる。

◆クリック率と購入率で費用対効果が決まる

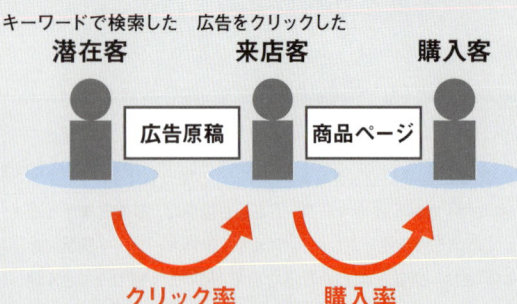

1万人に広告を露出しても、実際購入するのは10人にも満たないケースが多い（法則3）。キーワードを増やしつつ（法則23）、クリック率と購入率を改善しよう。

◆広告テキストはリンク先ページの強みを端的に表す

広告の要素	設定内容
キーワード	収納家具
広告テキスト	収納家具が何でも揃います 押入れ・キッチン・隙間など、収納家具がサイズ色々勢揃い。特価品も多数!
リンク先	店舗内の収納家具特集ページ

重要度 ★★★
緊急度 ★★☆

管理画面で成果を管理する

クリック率と購入率を改善するために、積極的にリスティング広告の管理画面を見るようにしよう。Yahoo!もGoogleも充実した管理画面を提供しており、クリック率（CTR）やCPO（CPA）など、リスティング広告に関わるあらゆる数値がガラス張り状態で一覧できる。儲かっているかいないかが簡単に確認できるのだ。購入率（コンバージョン率）も、コンバージョン数をクリック数で割れば、簡単に算出できる。

これを使えるようにするには、簡単な設定が必要だ。画面上の指示に沿って「コンバージョンタグ」というものを、店舗内の購入完了ページのHTML部分に記述すればいい。これによって、リスティング広告経由での購入がカウントできるようになる。

TIPS
リスティング広告で重要な指標
リスティング広告においては、クリック率はCTR（Click Through Rate）、購入率はコンバージョン率、CPOはCPA（Cost Per Action）と呼ばれる。

◆リスティング広告の管理画面

Yahoo!リスティング広告の画面。「コンバージョンタグ」を掲載すれば、キャンペーン、広告グループ、キーワード、それぞれの画面に発生した成果（コンバージョン）に関する項目が追加表示される。1コンバージョンあたりの金額を設定すれば売上も表示されるが、この例では設定していないので売上0円と表示されている。

重要度 ★★☆
緊急度 ★★★

リスティング広告のオススメ本

本書では、日本の検索マーケティングの第一人者である大内範行氏にSEO、リスティング広告全般の内容をチェックして頂きました。誰もが知るような大手サイト・有名通販サイトでも実績を上げていて、SEO、リスティング広告、Google Analytics関連で複数の著書があり、いずれもAmazonで高評価を得ています。

より深くリスティング広告を実践し、費用対効果を高めたい方は、大内氏の著書『SEM：検索連動型キーワード広告 Googleアドワーズ&Overtureスポンサードサーチ対応 Web担当者が身につけておくべき新・100の法則。』（インプレスジャパン刊、共著）を併せてご覧になることをお勧めします。（坂本）

法則 **25** リスティング広告で集客する

「マグロの大トロ」的な広告テキストを作る

売れるキャッチコピーは「長所の要約」

　リスティング広告はクリック課金制なので、購入につながらない無駄クリックが増えると、費用対効果が悪化する。そのため、広告テキストを作るときは、高いクリック率を目指すのはもちろんのこと、「購入につながる」ような内容でなければならない。

　購入につながる広告テキストには、明確なアピールポイントが盛り込まれている。例えば、「収納家具」の広告テキストでアピールしたいポイントは、品揃え、価格、デザイン性など、店舗によって異なる。一緒に表示される他社の広告と比べて、その店なりの良さが分かりやすく表現されていれば、クリックは増える。

　一方、特にアピールがなく、何が言いたいのか分からない広告は、クリックされない。「クリックした先のページは見えない」ので、クリックされる前の情報、つまり広告テキスト次第でクリック率が決まるわけだ。具体例を挙げているので、下図を参照してほしい。

　ただ、広告テキストに盛り込める文字数は極めて少ない。Yahoo!リスティング広告は、見出し15字、説明文33字。Googleアドワーズは見出し12字、説明文17字×2行だ（それぞれ全角の場合）。いったん来店してもらえれば店舗ページでじっくり説明できても、この段階では少ない言葉で興味を引かなければならないので、最も伝えたい長所を端的に要約する。一番美味しい、マグロで言えば大トロの部分を広告テキストにするのだ。ネットショップの集客においては、この「要約力」が極めて重要だと言える。

関連する法則

41
客層をイメージして、キャッチコピーを作る __P100

73
メルマガの件名を工夫し、開封率を高める __P164

用語

リスティング広告 __P226

TIPS

なぜその店で買うべきなのか
他店とどう違うのか、何がウリなのか、なぜその店で買うべきなのか。これらは、リスティング広告だけに限らず、ネットで商売をする以上、常に問われる命題である。

重要度 ★★
緊急度 ★★

◆キーワード「収納家具」でリスティング広告を出す場合

◎良い例
収納家具が400点以上
押入・キッチン・隙間など、収納家具がサイズ色々勢揃い。特価品多数！
www.example.net

◎悪い例
家具が何でも揃います
創業昭和50年の老舗家具店です。家具のことなら何でも聞いて下さい。
www.example.net

キーワードに即していて、なおかつアピールポイントが具体的な方がユーザーがクリックしやすい。

第2章　商品タイプを踏まえた集客の法則

「マグロの大トロ」的キャッチコピーの法則

　アピールポイントが要約された広告テキストを作るためには、まず店舗や商品のウリを明確にしなければならない。すべてのアピールポイントを網羅するとけっこうな長文になるが、これを短い文章に要約するというわけだ。ウリ、つまりコンセプトの作り方の具体的な手順は法則40で後述するので、ここでは要約の手順を説明する。

　例えば、ウリにしたい要素が「今年の流行色」「雑誌掲載された」「送料無料」「楽天ランキング1位」などとたくさんある場合、どれをテキストに入れるかまず優先順位を付ける。

　優先順位を付けたら、次に字数以内に要約してまとめる。「人気テレビ番組でも紹介されました」ではなく「人気番組でも話題」「50％オフ」ではなく「半額」などと、文字数はできるだけ無駄に使わないために、同じ意味で文字数の少ない言い回しを使用する。この際、店舗名はあえて入れず、その分浮いた文字数は具体的なアピールに充てることを勧める。記号もあまり使わない。記号ではなく、潜在客の心を捉える具体的な単語で目立つように心がけよう。

キーワードを入れて目立つ

　検索した瞬間、ユーザーは検索結果画面で真っ先に何を見るだろうか。ユーザーの頭の中には、その検索キーワードがあるので、当然、自分で入れたキーワードが書かれている個所を真っ先に見るだろう。さらに検索エンジンは、検索キーワードと同じ文字が書かれている場合、広告テキストの一部を太字で表示する。つまり、検索キーワードが広告テキストのタイトル部分に書かれている方が有利であり、目立つのだ。

◆アピールポイントの要約の例

本来のアピールポイント

専門誌でも再三紹介されているゴルフクラブの激安店「坂本ゴルフ」。
品揃えは国内最大級の規模を持ち、安さの秘密は主に米国からの並行輸入。
人気ブランド『テーラーメイド』で半額の商品が限定入荷。
店は新橋駅から徒歩5分。創業20年の歴史があり、現店長は3代目。

通販に必要なアピールポイントのみを抽出、要約する。（Yahoo!リスティング広告の場合）

見出し　┌─15文字以内─┐
　　　　人気ゴルフクラブが半額！

説明文　┌──────33文字以内──────┐
　　　　国内最大級！何でも揃うゴルフクラブ専門店。人気商品が先着で半額

重要度 ★★★☆

緊急度 ★★★☆

法則 **26** リスティング広告で集客する

リンク先ページを使い分ける

トップページへのリンクはNG

ここで述べる考え方は、リスティング広告だけでなく、他のあらゆる広告でもまったく一緒である。十分理解し、注意するようにしてほしい。

ユーザーが広告をクリックして来店したら、そこからが本番である。実際に購入にまでつなげなければいけないからだ。しかし実際には購入してもらうどころか、来店客はすぐに「戻るボタン」を押して、すぐさま検索結果画面に戻ってしまうことが多い。リスティング広告をクリックした後に、「ここが自分の探していた店だ」と確認されない限りは、すぐに店を出られてしまうのだ。

だから、リンク先ページをトップページにするのはできるだけ避けたい。なぜなら、来店客が、「自分が探していた情報がこの店舗のどこにあるか」をわざわざ探さなければならないからだ。もちろん、そんな手間はかけてもらえない。分かりやすい他店を求めて、一瞬で店を出て行くだろう。

商品を探すユーザーに対して相性が良いページを見せるためには、面倒でも、ユーザーのニーズ(検索キーワード)に合わせて、提示するページ(リンク先ページ)は変えるようにしたい。つまり「広告グループ」を細かく分類し、広告グループごとに違ったリンク先を用意するのが理想的だ。この考え方は、法則23でも述べた通りである。

そして、ページにやってきたユーザーが「ここは、探していたページだな」とすぐに理解できるように、リスティング広告に登録したキーワードや、それを意味する言葉、フレーズを、ページ上部の目につく場所に配置するようにしよう。

■関連する法則

49
用がなくても見てしまう「特集ページ」を作る __P114

57
「入口商品」からリピート購入への流れを設計する __P130

■用語

魚鱗・鶴翼の理論 __P222
広告グループ __P224
縦長商品ページ __P225
来店客 __P226
ランディングページ __P226

■TIPS

着陸用ページ
各種広告のリンク先となるページは「ランディングページ」とも呼ばれる。ランディング=着陸という意味。この法則で述べている通り、広告から飛んできたユーザーが着陸しやすいページであることが望ましい。

◆ユーザーが見てくれるページ、見てくれないページ

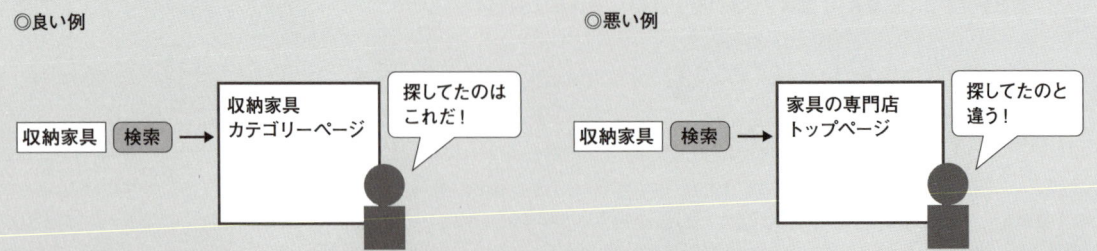

○良い例　　　　　　　　　　　　　　　　　○悪い例

リスティング広告のリンク先は、検索されたキーワードに合ったページを用意しないと、ユーザーは「探しているページと違う」と判断し、即座に店を出て行ってしまう。

状況に応じてリンク先ページを使い分ける

リンク先ページを選ぶ際には、法則10、法則11で述べた魚鱗戦略・鶴翼戦略を思い出してほしい。

魚鱗戦略の店、つまり商品数が少なくオススメ商品が明確な店が広告を出すときは、特定の商品ページにリンクする。例えば餃子の店であれば、「餃子お試しセットの商品ページ」へ誘導するわけだ。1つの商品だけを自信を持って紹介し、納得してもらう必要がある。法則61で紹介する「縦長商品ページ」の形を取るといいだろう。

一方、商品数の多い鶴翼戦略の店は、単品商品を案内すると取りこぼしが多くなる。例えばファッション関連商品は、商品のバリエーションが多く、ユーザー側の好みもさまざまであり、一定の基準で揃えられた商品の中から「好みの商品を探せる」ことが店の魅力になっているケースが多

い。例えば特定のワイシャツだけを紹介して、他の商品を紹介しないと、潜在的に存在するはずの他のワイシャツへの需要も、ネクタイやカフスボタンへの需要も、すべて取りこぼしてしまうのだ。この場合は、法則49で紹介する「特集ページ」の形で、一定基準で選ばれた商品を、見比べやすいように並べたページに誘導するのがいいだろう。

なお、店舗内検索機能がついている店であれば、特集ページの代わりに「検索結果ページ」へとリンクを張るのもいい。特集ページを作るのが理想ではあるが、広告グループ数が多すぎるなどで対応しきれないときは、この方法を勧める。楽天市場本体が出しているリスティング広告は、この形を取っている。この方法については法則48「簡単な方法でナビゲーションの自由度を高める」で紹介している。

◆店舗戦略によって使い分けるリンク先ページ

特定商品を露出させたい場合は、このような縦長商品ページを使う。詳しくは法則61を参照。
◆ エンタメゴルフショップ EnjoyGolf http://www.rakuten.co.jp/henkaq/

商品カテゴリ全体を露出させたい場合は、このような特集ページを使う。詳しくは法則49を参照。

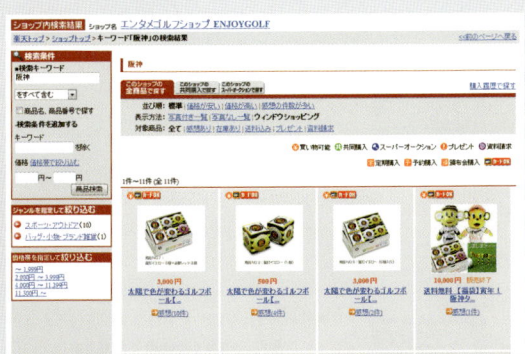

わざわざページを作るほどではない場合は、店舗内の検索結果にリンクする。詳しくは法則48を参照。

重要度 ★★★

緊急度 ★★★

第2章 商品タイプを踏まえた集客の法則

法則 27 ｜ 純広告で集客する

純広告の種類を把握する

魚鱗戦略の要は「純広」にあり

　ここでは、「純広告（純広）」について解説する。ショッピングモールやポータルなどの人気サイトのユーザーに対して露出する、バナー広告などを指す。モール内では、商品画像とテキストをセットにした「サムネイル広告」が一般的だ。

　この広告の最大の特徴は「眠っている需要を呼び覚ます」ことである。商品について検索しているユーザーは、潜在客全体の中のごく一部。ほとんどの潜在客は、漠然とした欲求を持ちながらも検索しない。そこで、純広告を使ってこのような潜在客に接触する。特に食品など切迫したニーズのない商品では検索回数が少ないので、このようなプッシュ型のアプローチが大切なのだ。

　とはいえ費用対効果はリスティング広告に劣るため、開店当初の段階からこの広告に力を入れるのは得策ではない。ある程度リスティング広告に慣れた後、適正なCPO金額について検討しながら、小さな純広から徐々に取り組むのがいいだろう。なお、型番商品を扱う店舗については利益率が低いため、純広には向かないケースが多い。ニッチ商品にも向かないが、「ダーツ専門サイト」にダーツ用品の広告を載せるなど、同一ジャンルの掲載先があるならば検討に値する。

用語
CPO __P223
LTV __P223
サムネイル広告 __P225
純広告 __P225
潜在客 __P225
ポータルサイト __P226

TIPS
広告を使い分ける
リスティング広告では露出量に限界があるので、まず費用対効果の高いリスティング広告を限界まで使いこなし、次に成長速度を上げるために純広告を利用することを勧める。

重要度 ★★★★
緊急度 ★★★★

◆純広告とリスティング広告の比較

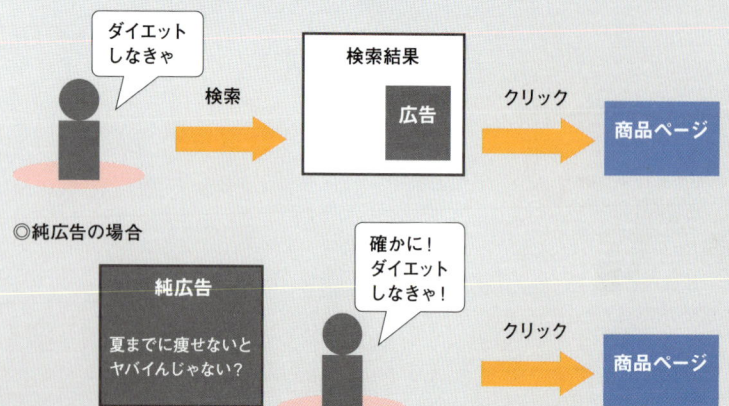

リスティング広告は、すでにニーズを持ったユーザーが自発的に検索した時点で表示される。
純広告は、幅広いユーザーに対して露出することで、「ニーズ自体」を発生させる。

最初はターゲットが絞り込まれた広告を選ぶ

広告は「広く告げる」と書くが、実際は「狭く告げる」方が効率がいい。例えばリスティング広告は「そのキーワードで検索した潜在客」だけにアプローチできる。接触人数は少ないが、費用対効果はいい。

純広を利用するときも、まずは、モールやEC関連サイトのジャンル特化媒体から試すことを勧めたい。例えばスイーツを売る店なら、スイーツ限定の企画ページやメルマガへ広告を載せるのだ。その媒体を見ている時点で、リスティング広告ほどではないにせよ、潜在的な購入可能性が高い。商品ジャンル以外では「お試し商品特集」や「福袋特集」などへの広告掲載も同様だ。

これに対して、モールのトップページなど「ジャンルに特化していない媒体」は、一度に大勢に露出できるが、費用対効果は落ちる傾向にある。例えば幼児向けのおむつを広告掲載しても「そもそも購入対象にならない」ユーザーが多いからだ。ただ、ターゲット層が広く、購入率が高い商品であれば、一度に大勢の購入客を獲得できる。

ポータルサイトや大手コミュニティーサイトでの純広告は、この傾向が顕著だ。圧倒的な露出数だが、CPOはより割高になる。テレビなどのマス広告の場合はさらに極端で、大きな通販会社でなければ活用は難しいだろう。

このように、世間に対して大規模に露出できる広告は、一方でCPOが高くつく傾向がある。ちょうど、沿岸漁業と遠洋漁業の関係に似ている。低コストで安定して儲けるなら近海での漁で十分だが、より短期に大きな売上を上げるためには、資金をかけてインド洋まで出かける必要がある。ただし周到な準備が必要であり、十分なクリック率・購入率・LTVがなければ、大赤字になる。自分の力量を十分見極めてから挑戦したい。

なお、これはあくまで「傾向」だ。楽天市場のトップページよりリスティング広告が大勢の購入客を生み出すこともある。「広告より狭告」のイメージをつかむ参考としてほしい。

重要度 ★★★
緊急度 ★★★

◆対象が絞り込まれた純広告と、対象が幅広い純広告

対象が絞り込まれた純広告の例。楽天市場スイーツジャンル内の、お試しコーナーだ。新規の購入客が獲得しやすい。
◆ 送料込みおためしスイーツ http://event.rakuten.co.jp/sweets/shipping/

規模の大きな純広告の例。膨大な人数の楽天会員に対して配信されるメルマガ。さまざまなジャンルの商品が掲載されている。
◆ 楽天市場ニュース（メルマガ）

法則 28 　純広告で集客する

営業マンを見極めて広告購入する

営業マンに流されず、冷静に判断する

　ネットショップを運営していると、とにかくいろいろなところから広告営業が来るものだ。コンサルティングの現場では、開店間もない初心者店長から「営業マンに流されて資金をムダ使いした」という恨み節を聞くことが多い。この事態を避けるために、ここではありがちな失敗パターンを2つ紹介する。

　まずありがちな失敗は「この枠は圧倒的にお得だ！」と思って飛びついたら、実際はそうでもなかったという早合点だ。広告市場においても市場原理が働くので、効果の高い広告枠は、料金が高いか、なかなか手に入らないかのいずれかになる。だから「あまりにもお得すぎる」枠は、実態はそうではなく、どこかに何か見落としがあるケースが多い。

　もう1つは、営業マンから「この枠は○○なので本当にお得です。残り少ないので今すぐご判断ください」と、不動産営業のように煽られるケース。つい買ってしまって後から後悔する場合が多い。しかし事実の場合もある。難しいところだが、納得いくまで質問し、合理的な説明が得られるかどうかで見極めたい。

付き合いが長くなる担当営業とは、人間関係を作る

　モール担当者など特に話す機会の多い相手は、お互いの手の内を分かっている方が話しやすいので、普段から積極的に情報交換したい。ただ、残念ながら、頻繁に情報提供してくれるモール担当者はあまり多くない。売上が少ない店は特に連絡が少なくなる傾向にある。担当店舗数が多すぎるなどの背景もあるが、細かいアドバイスはあまり期待しない方がいいだろう。その分、まめな担当者がついたときには、その関係を大事にしたいものだ。

　もちろん、どんなに仲良くなろうと投資判断はドライに行うこと。倒産しても相手は責任を持たないので当然だ。雰囲気に流されず、自分の責任で投資判断して頂きたい。じっくり相手の話を聞きながら、経費のかからない「人間的な気遣いやねぎらい」を持って対話を重ねるのがいいだろう。

　次のページでは、広告購入判断の具体的な方法について紹介する。

■ 関連する法則
14
CPOを算出して投資判断に活用する __P46

■ 用語
CPC __P223
CPO __P223

■ TIPS

モール内広告のCPC
モールが提供する広告はクリック数などの情報があまり開示されないが、CPCで言うと100円から150円程度に落ち着くケースが多いようだ。

インセンティブのある広告
広告枠によっては「クリックすればポイントがもらえる」というインセンティブをユーザーに与えているものがある。この場合クリック数は暴騰し、購入率は激減するため、CPC換算での分析は意味がない。筆者としては、そもそもこの種の広告はお勧めできない。

実施前はCPCから成果を予測し、実施後はCPOで評価する

　広告枠の評価に使うのは法則13で述べたCPO（Cost Per Order）だが、CPC（Cost Per Click）についても知っておこう。これは「1クリック換算での広告費」で、リスティング広告でよく使われる単位だが、実は純広告の費用対効果を推し量る指標としても有効である。

　広告営業の担当者に「ウチが広告を出したときの予想CPO」を聞いても分からないだろうが「どれくらいクリックされるか」なら教えてくれる可能性がある。他店が広告出稿したときの大体のクリック数が分かれば、広告費÷予想クリック数で予想CPCが割り出せる。この際、土日のクリック数は半分程度で見込むこと。休日はユーザーが外出しているのか、反応が少ない傾向にある。

　次に、掲載予定商品を確認する。購入率が50人に1人（つまり2％）程度なら、50回クリックされれば1件売れるわけだから、予想CPOはCPCの50倍となる。

　もちろん、広告原稿に問題があればクリック率が落ちてCPCは割高になるし、メルマガ広告などクリック数が少ない分購入率が高いという媒体もある。どんな場合でも、最終的にはやはり、実施後のCPOで評価するべきだろう。

　原稿に問題があればCPCは割高になるし、媒体によっても癖がある。どんな場合でも、最終的には「実施後のCPO」で評価することになる。

◆広告料とクリック数から、予想CPOを算出する

❶ 広告料と、大体のクリック数を知る
　　例）12万円、期間クリック数1200件
　　　（200件/day（土日は半分）×1週間掲載＝期間クリック数1200件と予測）

❷ 予想CPCを算出する
　　例）12万円÷予想クリック数1200件＝CPC 100円（1クリック100円）

❸ リンク先ページの購入率を確認する
　　例）2％（50人に1人が購入）

❹ 予想CPOを算出する
　　例）CPC100円 ÷ 購入率2％ ＝ 想定CPO 5000円

購入率は、通常時と広告実施時で変動することも多い。できれば「安い広告を実施した際の購入率」を当てはめて計算する方が望ましい。

「ブランド認知目的」の広告は使わない

　テレビや雑誌などマス媒体の広告は、売上よりも認知度アップが目的ですよね。ネット通販の世界でも、有名な単品通販の会社が、認知目的でポータルサイトなどに大金を投じ、バナー広告を出し続けています。これは、クリックしない潜在客に後々「あの商品、どこかで見た」と思わせる効果があります。「オリジナルブランドを有名ブランドへと育てる」数少ない方法ですね。ただこれは事業全体として十分な収益見込みがあるのが前提です。一般のお店ではCPOで判断しましょう。ちなみに「オリジナルブランドの有名ブランド化」は、プレスリリースなどを活用しても目指せます。これはコストが安いです。詳しくは法則35を参照してください。（坂本）

法則 29 　純広告で集客する

「パブロフの犬」的な広告原稿を作る

純広で成果を出せる商品・企画は限られる

　純広の原稿作成も基本的には法則25で述べたリスティング広告の原稿と同じ考え方だが、こちらの方がより難しい。というのも、特定のキーワードで検索したばかりという温度の高いユーザーと違い、純広では、「何となく見ている」というユーザーの気持ちを、瞬間的に捉えなければならないからだ。

　これはキャッチコピーの工夫だけで解決できるものではないので、必然的に純広で成果を出せる商品・企画は限られてくる。文字数が限られた中で興味を持ってもらう必要があるので、そもそも説明が難しくて伝わらないような商品はあまり純広に向かない。右ページに掲載した単語を含む、「分かりやすい商品」が純広には向いている。

キャッチコピーに「パブロフ・ワード」を含める

　純広告の原稿には「条件反射的に注意を引く単語」を含めること。普段の生活の中で気にしている言葉は、つい目に留めてしまうものだ。これは無意識のレベルで起こる行動であり、パブロフの犬と同様に、人はそれに逆らうことができない。そのような「単語」を原稿に載せられるかどうかがまず重要だ。筆者はこれを「パブロフ・ワード」と呼んでいる。

　圧倒的な価格訴求や、旬の言葉、人気ブランド、「今抱えている悩み」など。具体的には、アウトレット、訳あり、最大90％オフ、福袋、おせち、母の日、新さんま、iPhone、花粉、年齢肌、大人にきびなど。もちろん、すべてのユーザーが目を留める言葉はない。対象ユーザーの気を引ければ十分だ。

　「パブロフ・ワード」が決まったら、次に、あまった文字数の中で、さらに魅力を高める単語を付け加える。ランキング受賞歴、即納、送料無料、店長おすすめ、期間限定、などだ。これらは単体では効果が低いが「パブロフ・ワード」と組み合わせることで、よりクリック率が高まる。

　法則26で述べた「特集ページ」にリンクする形であれば、品揃えの多さを感じさせる言葉を使う。「〜など多数」「勢揃い」などだ。さらにセールの場合は「最安値」を訴求する。「最大○％オフ」や「1,980円から」など。これらも単体では効果が薄く、パブロフ・ワードと組み合わせられることで効果を発揮する。

■ 関連する法則
41
客層をイメージして、キャッチコピーを作る __P100

■ 用語
パブロフ・ワード __P222

重要度 ★★★★★
緊急度 ★★★★★

広告画像も注意して選ぶ

　広告画像は、それを使って「何を伝えるか」が大事であり、単に商品写真を載せれば良いわけではない。有名ブランド品を売るならブランドロゴを見せたいが、逆に、無名ブランドの花粉対策商品を売るなら、パッケージよりクシャミをしているイメージ写真がいいだろう。食品やアパレルも同様だ。食べる寸前の美味しそうな写真や、モデル着用写真を使いたい。商品特性に合わせて、うまく選ぶようにしよう。

TIPS

特集ページの広告画像
さまざまな商品を掲載してある特集ページにリンクを張る場合は、広告画像にもいろいろな商品を載せておくと「いろいろある」感が出て、興味を引きやすくなる。ただし画像サイズが小さい場合など、見づらくならないように十分注意すること。

◆「パブロフ・ワード」の例

要素	キーワード	具体例
商品	旬の言葉	新さんま、トレンカ、クリスマス
	悩み	花粉、下っ腹、白髪、抜け毛、年齢肌
	客観評価	マスコミ掲載、○○ランキング、有名人絶賛
	ブランド	VAIO、スターウォーズ、ヴィトン
値頃感	価格訴求	○%オフ、○円均一、半額、送料無料、送料10円
	限定感	先着順、先行予約、限定品、今週限り
	分量	デカ盛り、大人買い、福袋
	ワケあり	訳あり、在庫処分、アウトレット
利便性	品揃え	全○品の品揃え、○○の専門店、○○特集
	その他	即納、即日発送、無料見積もり、相談無料
限定感	記念	ランキング受賞記念、雑誌掲載記念、○周年記念
	時限性	タイムセール、先着、今週限り、在庫限定、1日○個

重要度 ★★★
緊急度 ★★★

◆「パブロフ・ワード」を含むキャッチコピーの例

◎単品訴求（魚鱗型キャッチコピー）

- たるんだお腹に、緑茶カテキンがガツンっ！先着順のお試し特価
- 最近老けた？年齢肌の飲むスキンケア♪ランキング1位連続受賞

◎企画訴求（鶴翼型キャッチコピー）

- 全品5,000円均一の福袋特集！新作ブーツや人気トレンカなど
- 在庫処分！ホームシアターや空気清浄機など最大90％オフ！

法則 30 ｜ 懸賞で集客する

懸賞企画の歴史と現状を知る

eコマースの歴史を切り開いた「懸賞集客」

　懸賞集客は、ネット通販黎明期に楽天市場で生まれた手法である。店舗内で懸賞企画を開催し、その情報を懸賞情報サイトに無料で投稿する。それを見て景品を目当てに応募したユーザーに対してメルマガを送り、ネット通販と商品の良さや安心感を伝え、教育する。ネット通販が定着していない時代に、1通1通のメルマガで新規客を開拓した方法だ。この施策の長所はまさに、低コストでニーズを掘り起こせる点や、店舗への親近感・信頼感を醸成できる点である。すでにニーズが高まったユーザーを「定置網」のように捕まえる検索対策とは正反対の、「養殖」的な施策だと言える。

　しかし現在では、世間に流れるメルマガの配信数は膨大な数になり、懸賞応募しただけの店のメルマガを熟読するユーザーは減った。今でも無料告知の懸賞企画からでも成果は発生するが、現在の懸賞集客は、豪華景品が当たる懸賞企画を広告を使って告知する、懸賞広告と呼ばれる手法が中心となっている。ちなみに、楽天市場出店者が「メールアドレスを買う」「リストを仕入れる」などという表現を使うことがある。大変誤解を招く表現だが、意味しているのはこの懸賞広告である。

オリジナル商品タイプに向く施策

　懸賞集客は、純広告と同じく特に魚鱗戦略を取っている店舗に向く。他のタイプでもある程度使えるが、優先順位で考えると、検索対策があまり効かないようなオリジナル商品でこそ生きてくる手法である。

　ただし、ニッチタイプだけには向かない。例えば、現金10万円の懸賞企画に応募したユーザーに対して、チーズケーキは売れても、補聴器はあまり売れない。ターゲット層が狭いからだ。かといって補聴器を景品にしても、応募数が集まらない。それに「懸賞応募が趣味のシニア世代」は、本来存在する潜在客全体からすれば、ごく一部だろう。「応募者リストの中に、自分の潜在客がどの程度存在しうるか」を考えれば、結論は明らかだ。

　楽天市場出店者は、その歴史的な背景もあって、懸賞集客を偏重する傾向にあるが、日ごろから懸賞に応募するユーザーは全体のごく一部だ。懸賞企画では潜在客のうちごく一部にしか接触できないことにも留意してほしい。

用語
懸賞広告 __P224
潜在客 __P225
リスト __P226

TIPS

懸賞サイトへの情報投稿
「Yahoo!懸賞」「チャンスイット」などの懸賞サイトにプレゼント情報を投稿すると、無料掲載してもらえる（モール内店舗でも大丈夫）。とにかく販促費をかけたくない運営初期段階であればやってみてもいいだろう。

読者プレゼントも効果的
店舗内イベントの景品としての、メルマガ読者向けプレゼント企画なら、ニッチタイプの店でも十分効果があるだろう。詳しくは法則36を参照。

無料サンプルも懸賞の一種
ネットでは、無料のサンプル配布から本購入に結び付く可能性は低い。購入者向けにサンプルをオマケするのは有効だ。

重要度 ★★★
緊急度 ★★★

法則 31 | 懸賞で集客する

懸賞企画は継続的に開催する

「自動応募」は割り切って考える

初心者に多いのが「初めてのプレゼントなのに2,000件も応募が来た!」といって大喜びし、メルマガを流して「まったく売れない」と落胆するというパターン。実は、ほとんどの応募客はプログラムを使った「自動応募」だ。

一度に何百件も自動応募する懸賞マニアが、普段使っているメールアドレスのまま応募するはずがない。懸賞応募専用のメールアドレスを使い、ネットショップが応募客に流すメルマガはまったく読んでいないだろう。例えば楽天市場の場合なら、自動応募を差し引くと純粋な応募は数百件程度ではないだろうか。

自動応募に対してはモール側でも対策しているが、現状はいたちごっこだ。気持ちのいい状況ではないが、割り切るしかないと筆者は考えている。

景品を工夫しつつ、継続的に開催する

ある防犯グッズ店の場合、その防犯グッズを景品にしても応募は少なかったが、ブランドアクセサリーを景品にしたら応募が増えた。そして「若い女性を狙う犯罪が増えてます。そこでコレがおすすめ」というメルマガを流したら、売上が伸びた。

ある楽天市場出店者と行った対照実験では、ダイヤモンド入りアクセサリー(原価は数千円)を景品にすると、3,000件程度の応募があり、この応募者から半年で9人が購入した。0.3%程度だ。一方、同じ条件で、美容系の無名商品を景品にした場合は、応募数が若干減り「購入件数はゼロ」だった。

景品は「自店舗の客層とマッチしていて」なおかつ「応募が多いもの」がいい。自社商品を景品にして応募が集まれば理想だが、防災・防犯用品やコンプレックス商品などは物欲がそそられないため応募数が伸びない。来るのはほとんど自動応募だ。

いずれにせよ1回の懸賞で得られる購入者はわずかなので、毎月何度か懸賞を開催し、毎月数十人程度の新規購入を目指すというレベル感だ。規模はかなり小さいが、コストは安い。リピート分は丸々儲けになる。他の集客施策と並行しつつ、「ちりも積もれば」の精神で取り組んでほしい。

もっと早く成長したい場合は、次の法則で紹介する「懸賞広告」を使う。もちろん、購入率の高いメルマガを配信しているのが前提である。

用語
懸賞広告 __P224

TIPS

どんな景品でも応募が来る
楽天市場内の懸賞は、例えばプレゼントが「うまい棒1本」(10円)だったとしても、2,000件程度は応募が来る。つまりそのほとんどが自動応募だ。しかもこの応募プログラムは無料で配布されている。

懸賞当選者は悩まず決める
当選者が誰であろうと、より重要なのは「大多数の落選者」。あまり悩みすぎず、作業と割り切って早めに終わらせよう。落選者に送るメルマガの方がはるかに重要だ。

重要度 ★★★
緊急度 ★★★

第2章 商品タイプを踏まえた集客の法則

法則 **32** | 懸賞で集客する

懸賞広告は「使い方次第」だと心得る

懸賞広告の費用対効果

　法則31で述べた通り、無料で投稿された懸賞情報にまで応募する懸賞マニアは、他にも膨大な数の懸賞に応募しているので、おそらくメルマガを送っても開封しないだろう。

　逆に、理想的な応募者は「普段使っているメールアドレス」で応募した、ネット通販のヘビーユーザーである。このようなユーザーからの応募を促進するのが懸賞広告である。一般ユーザーにも目立つ場所に懸賞情報を掲示し、衝動的な懸賞応募を促進するのだ。

　懸賞広告でも、メールアドレス獲得単価（懸賞応募1通あたりの費用）と、そこからの購入率でCPOを割り出せる。例えばメールアドレス獲得単価が10円で、3カ月後の購入率が0.2％なら、その時点でのCPOは5,000円となる。測定期間を延長すればもっと下がるだろう。

懸賞広告の選び方

　楽天市場に限らず、懸賞広告はさまざまな媒体で販売されている。しかし、ネット通販での購入客を増やすための施策である以上、「懸賞サイトの懸賞広告」は避けたい。なぜなら、わざわざ懸賞サイトに会員登録しているユーザーは、前述の懸賞マニアと同じ客層だからだ。一方、楽天市場などの買い物サイトに併設されている懸賞は、買い物ユーザーのメールアドレスを獲得できるので、成果につながりやすい。いずれにせよ、得られる応募者リストの質も鑑みるべきであって、メールアドレス獲得単価と予想獲得件数だけで判断するのは絶対に避けたい。

　また、楽天市場内でもさまざまな懸賞広告枠がある。筆者が勧めるのは、楽天市場内のヘビーユーザー（プラチナ会員など）だけに向けた懸賞企画や、自分が所属するジャンルのユーザー限定の企画（キッチンニュースに掲載される懸賞広告など）である。

　大きめの懸賞広告ほど、広告の仕様は頻繁に変更されるようだ。配布される広告媒体資料だけでは情報が足りないことが多いので、他店舗での実施例などを積極的にモール担当者に質問し、じっくり検討してほしい。

関連する法則
69
メルマガ施策は3段階で考える
＿P156

用語
懸賞広告 ＿P224
スパムメール ＿P225

TIPS
ヘビーユーザー向け懸賞広告
楽天ユーザーはレギュラー会員、シルバー会員、ゴールド会員、プラチナ会員とランク付けされており、懸賞広告に限らず、シルバー会員以上にセグメントした企画が複数存在する。出店者に人気があり、比較的効果も高い。

広告購入の判断が付かないとき
資金は限られているので、筆者は経験上「迷ったときは購入しない」方が良いと考えている。ただし、営業マンに「この店はどんな広告も購入しない」と誤解されないよう、断り方には注意すること。

ファーストメールの考え方

　懸賞広告は、応募期間の終了後こそが勝負だ。なぜなら、懸賞応募したユーザーは、物を買うことなんてまるで考えていないため、通常のメールマガジンを漫然と送るだけではほとんど購入されない。

　そこで、「応募客だけの特別なメルマガ」を送って、ちゃんと商品を勧めよう。これを「ファーストメール」と呼ぶ。できるだけ早いタイミングで送ろう。懸賞応募から時間が経ってからメルマガを送ると、応募自体への記憶が薄れているので、ユーザーにはメルマガがスパムメールに見えてしまうからだ。とにかくハードルを下げて、読みやすさ、買いやすさを心がけよう。興味を引くよう、冒頭でつかむことが重要だ。

　ファーストメールの内容は下記を参考にしてもらいたい。

◆ファーストメール文例

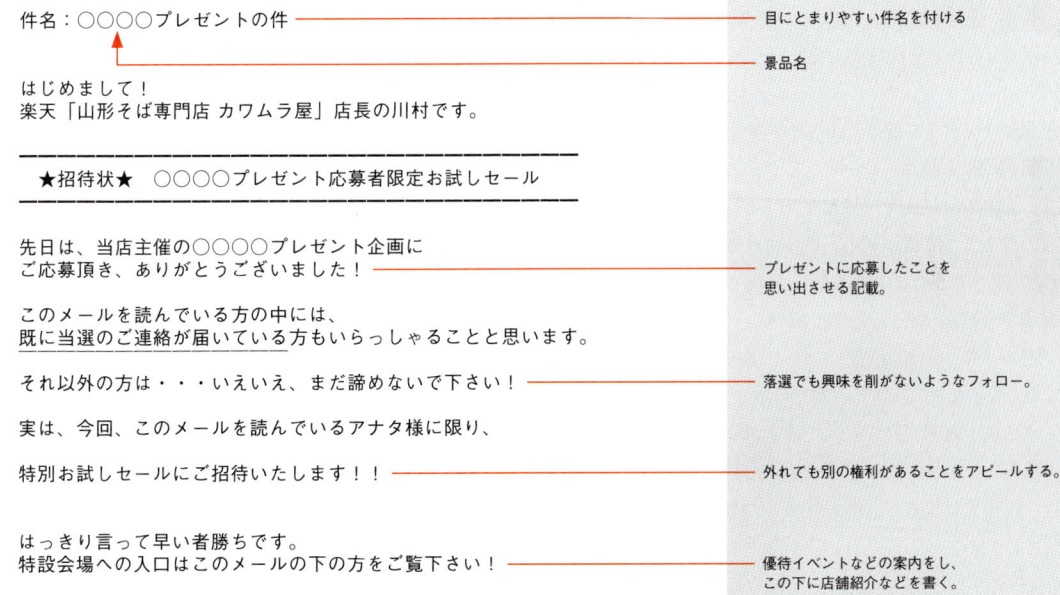

楽天内有名店がこだわる「大型懸賞企画」

　楽天内の有名店は「くじメール」「スピードくじ」などと呼ばれる大型懸賞企画をよくやります。これは、通販会社の単品通販系ネットショップがポータルサイトなどで純広を積極的に出すのと似ており、「もっと有名になる」ことを目指しているようです。彼らも最初はCPOを意識して広告を購入していましたが、大きくなるにつれて「モール内でのシェア」も同時に意識するようになっています。とにかく大量の楽天ユーザーのメールアドレスを青田買いし、ユーザーが競合店に接触する前に、どんどん先に唾を付けようとします。

　ただ、これを一般の店舗が真似るといくらお金があっても足りません。将来のお客を有名店が育ててくれていると思って、まずは接客・追客の腕を磨き、LTVを高めましょう。(坂本)

法則 33 ｜ マスコミ・クチコミで集客する

「第三者の紹介」で集客する

集客力の高い、「マスコミ」と「クチコミ」

これまで紹介してきたリスティング広告やSEO、懸賞などの集客施策は、店舗が自ら取り組む集客施策だった。ここからは第三者の力によって集客してもらう方法、紹介を促進する施策を解説する。

まず、注目すべきはマスコミへの露出だ。2004年頃から、テレビで露出した商品がネットで爆発的に売れるという現象が続いている。さらに昨今は、不況下での訳アリ商品ブームやネットモール各社の積極的な広報活動もあり、ネット上の人気商品がマスコミに取り上げられる機会がどんどん増えている。

同時に、一般ユーザーによるクチコミの重要性も上昇している。ブログやツイッターのようなWebサービスが広まるにつれ、インターネット上に、商品に関する無数のクチコミ情報が流れ、蓄積されるようになった。話題性やキッカケをうまく作れば、このクチコミを人為的に増幅できる。マスコミ露出とクチコミ増幅を同時に実現できれば、さらに効果は高い。

どちらも、かけた手間に対して得られる売上が予測しづらく、CPO算出は困難だが、広告などに比べると費用はかなり少なくて済む。

さらに、集客だけではなく購入率の向上にも貢献する。例えば、同じ商品への「美味しい」というコメントを、売り手本人でなく第三者が言うことによって、信頼性、説得力は高まり、購入動機につながるのだ。具体的な施策については下図を見てほしい。

■ 用語
アフィリエイト __P223
紹介促進 __P225
ツイッター __P225
プレスリリース __P226

■ TIPS

アフィリエイト
純粋なクチコミではないが、ユーザーに「報酬ありき」で商品を紹介してもらう「アフィリエイト」という方法もある。これには独特のノウハウがあるので通常のクチコミ施策と別に法則37で解説する。

クチコミによる品質管理
発生したクチコミの内容から、サービス改善のヒントが得られることも多い。これは集客とは別の話なので、法則99で説明する。

◆紹介促進施策の種類

対象	特徴	施策
マスコミ掲載	「掲載されるシーン」を想定した上で、プレスリリースで掲載依頼を行う。	話題性のあるプレスリリースで露出促進（法則35）
クチコミ促進	参加型イベントでクチコミを加速する。アフィリエイターには紹介報酬を提示する。	イベントを起こしてクチコミ促進（法則36）

紹介されやすい話題性（法則34）を作った上で施策を行う必要がある。
ただし、アフィリエイト（法則37）については、話題性は必須ではない。

「1対多」ではなく「多対多」の集客施策

リスティング広告やSEO、懸賞などの集客施策はいわば「1対多」の施策だ。つまり店舗自身が情報発信者として、商圏を越え、数多くのユーザーに効率的に接触することで、集客することができる。

これに対して、紹介促進は「多対多」の施策だと言える。つまり、共感者や賛同者を増やして、店舗を紹介してくれる「味方」になってもらい、この味方に集客してもらう施策なのだ。

下の図を参照してほしい。「多対多」である紹介促進施策は、ウイルスの感染拡大に似ていて、そう例えられることも多い。ただ、ここで広まっていくのは、ウイルスではなく「話題」だ。これには感染力のある……つまり、つい人に教えたくなるような「話題性のある商品・サービス」が必要だ。クチコミは店側の都合で発生するものではない。人に教えたくなる話題であれば、頼まなくても自然とある程度は広まっていくものだ。話題性の設計方法については、法則34で説明する。

これが成功すれば、自然と「味方」は増えてくれるはずだ。

自店の商品や店舗を紹介してくれる「味方」が世間に大勢いて、継続的に、ブログや日常生活のあちこちで話題にしてくれる状態は、実に心強く理想的ではないだろうか。

料金を払ってブログ記事を書いてもらうサービスもあるが、所詮は一時的なものだ。本当の味方を増やす方が、苦労はあっても、断然低コストなのは言うまでもない。

TIPS

ウイルス感染
実際、英語圏では、このようなクチコミ促進施策は、ウイルスに例えて「バイラル(=ウイルス的)マーケティング」と呼ばれることが多い。

重要度 ★★★☆☆
緊急度 ★★☆☆☆

◆「1対多の集客」と「多対多の集客」

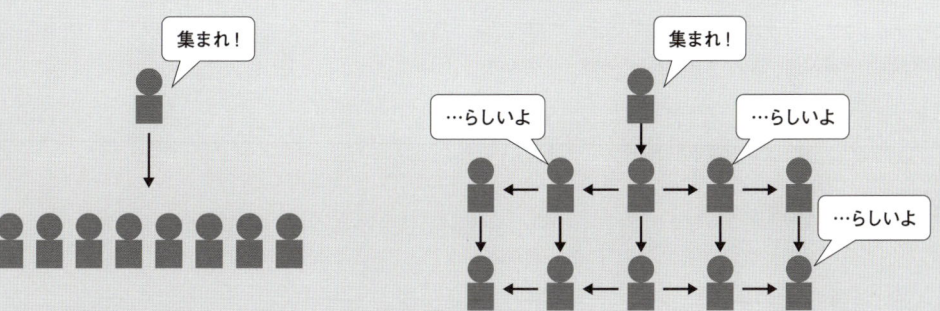

◎「1対多の集客」　　◎「多対多の集客」

一般的な集客施策は、店自身の力で、大勢のユーザーに向けて行うものだ。
しかしマスコミやクチコミを活用すると、ユーザーを巻き込んで山びこのように情報が伝播していく。
条件として、人に言いたくなるような話題性が欠かせない。

法則 **34** マスコミ・クチコミで集客する

紹介されやすい「話題性」を作る

分かりやすい商品やイベントを企画する

　何の変哲もない商品が話題になることはない。だが、ちょっとしたアイデアで、途端に「話題の商品」になる。画期的な技術や、有名人のお墨付きがなくても大丈夫。切り口を工夫すれば十分だ。

　例えば「訳アリ」「メガ盛り」など、そのときの話題や流行を盛り込んだ商品や、「バケツサイズのプリン」や「マンガに出てくる『マンモスの肉』を再現」など、子供時代の夢を現実に表現したような商品だ。このような「誰が見ても興味を持てる分かりやすさ」は、話題になりやすく、マスコミにも取り上げられやすい。事例のパターンを下記にまとめたので、いろいろ考えてみよう。

　なお、これらはすべて実在する商品なので、マネをすることは止めてほしい。マネをしたところで類似商品でしかない。今の時代、情報はすぐに伝播するので、マスコミはもちろんのこと、ユーザーも「元ネタを知っている可能性」は極めて高い。二番煎じでは話題になることもないだろう、本末転倒である。

◆「分かりやすい商品コンセプト」のパターン

先入観をくつがえす、ギャップのある商品
　意外な物がカレー味、洋風どら焼き、「スイーツ親方」のスイーツ

ごく一部にウケる「マニアックな商品」
　有名ゴルフ大会テーマ曲だけのCD、美少女キャラクターの萌え米

時流に乗った「トレンド型商品」
　訳アリ、メガ盛り、坂本龍馬・幕末関連（大河ドラマ）

大人が子供に戻る「子供の夢が実現」
　バケツサイズのプリン、マンガ的なハム、お台場ガンダム

技術を生かした「奇跡の商品」
　空調機能のある服、多機能な婚活用ブラ、超高級トイレットペーパー

関連する法則

43
店舗紹介ページで安心感とコンセプトを伝える __P104

62
「BEAFの法則」で売れるストーリーを作る __P140

用語

ツイッター __P225

TIPS

商品ページの全体構成
オリジナルブランドの注力商品であれば、商品ページ自体の構成は、もっと細かいアピールを大量に盛り込んだ「縦長商品ページ」が望ましい。詳しくは法則61以降を参照してほしい。

重要度 ★★★
緊急度 ★★★

企画商品が作れない場合

　既存商品のリニューアルでも、話題性のある商品を作れるかもしれない。「ウチは店も商品も普通で、特にそれらしいエピソードはないなぁ」という人ほど、深く掘り下げると面白い話が山のように出てくるものだ。

　例えば、筆者があるオリジナル化粧品の企画を相談された際、「正直あまり特徴がない」と言われたが、商品のエピソードを生かして「薬剤師が作った高品質・低価格のオールインワンスキンケア。その秘密は……」といった内容でまとめ直したところ、プレスリリースもしていないのに複数の美容雑誌で取り上げられた。今でも好調に売れているようだ。コンセプトのパターンで言うと「ギャップ感」や、トレンド型の「訳アリ」にあたる。簡単にあきらめず、商品の魅力について視点を変えて考えてみてほしい。

　商品以外の切り口としては「話題性のあるイベント」か「激安イベント」がいいだろう。例えば、最近だと「ツイッターを使っているお客さんは、フォロワー数（読者数）の分だけ値引きします」という寿司店が、ツイッターやネットニュースで話題になっている。商品コンセプトでいう「トレンド型」に近いし、フォロワー数が多いユーザーは、その分発信力があるので、店にとっても損はない。

　激安イベントの例としては、「100円サプリ」と称して、いろいろなサプリメントの100円セールを「常時開催」している店がある。常識をくつがえす安さなので、クチコミが発生する。マクドナルドで、期間限定で行われた「コーヒー無料」も同様。LTVを踏まえて採算が合うなら、検討してもいいだろう。

「端的な説明」も作り込んでおく

　ただし、いくら話題になったとしても、単なる物珍しさだけで、売上に結び付かずに終わる可能性もある。そこで、意図と違った形で紹介されないよう、「商品のアピールポイントを端的にまとめた文章」を用意しておこう。例えば「イタリア人シェフが作った和風トマト鍋セット」という商品があるとすれば、その長所を要約して「糖度の高い高知県産トマトと地鶏の組み合わせが最高。飽きないよう特製チーズで調味しながら食べられて、締めは細麺オーガニックパスタをスープと一緒に頂きます。ワインと合わせても最高。お手軽価格なのに冬のパーティに最適」という程度の長さにまとめておく。

　このような解説があると、ユーザーが買いやすくなるのはもちろんのこと、ブロガーの試食記事やテレビの体験レポートの「元原稿」としての役割も果たしてくれ、意図と違う紹介になりにくくなる。

　人づてに話題が広まっていくのは「伝言ゲーム」に似ており、端的で分かりやすくて短い方が、より遠くまで正確に伝わりやすいのだ。

> **TIPS**
>
> **役立つ情報コンテンツ**
> 商品利用のコツやメンテナンスなど「お役立ち情報」をまとめたコンテンツを用意するのもいい。例えば仏具店が法事のマナーなどを分かりやすく整理したコーナーを作るなど。ユーザーにとって便利なので、ツイッターやブログなどのクチコミを通じて比較的簡単に広まるようだ。SEOにも効果がある。
>
> **メルマガへの転用**
> 短い説明文はいろいろな個所に転用しやすい。例えば、例に挙げた程度の長さであれば字数制限の厳しいモバイルメルマガでも大丈夫だ。一度作っておけば、あちこちに貼り付ければいいだけなので便利である。

重要度 ★★☆
緊急度 ★☆☆

第2章　商品タイプを踏まえた集客の法則

法則 35 | マスコミ・クチコミで集客する

工夫したプレスリリースで
マスコミに接触する

プレスリリース配信サービスを使う

　一口にマスコミといっても、いろいろある。テレビ（キー局・地方局）、新聞（全国紙・地方紙・業界紙・スポーツ紙）、雑誌（情報誌、専門誌、タウン誌など）、大手サイトのネットニュースなどだ。掲載されると、集客効果はもちろんのこと、商品や店に箔が付くので、購入率アップ効果も期待できる。また、どこか1社で掲載されれば、続けて芋づる式に複数の媒体から取材が来ることも多い。マスコミ掲載というと難易度が高そうだが、地方紙や専門誌などであれば、比較的取り上げてくれやすい。また、ネットニュースは更新頻度が高いし、規模の割にアクセス数が跳ね上がりやすいようだ。

　上記のようなマスコミ各社に接触するためには「プレスリリース」を送る。昔はFAXで送っていたが、現在はオンラインで提供されているプレスリリース配信サービスを使う会社が多いようだ。低価格で1,000社近くに送信できる。

　しかも、オンラインでプレスリリースを行うと、情報がネット上に蓄積されるので一定のSEO効果も期待できる。他社のリリース内容も見えるので、参考にするといいだろう。

関連する法則
98
爆発的ヒット商品を作り次のステージを目指す __P212

用語
プレスリリース __P226

重要度 ★★★
緊急度 ★★★

◆プレスリリース配信サービス会社

バリュープレス　http://www.value-press.com/

ニューズ・ツー・ユー　http://info.news2u.net/

取り上げられるパターンを想定する

　プレスリリースを送った後、マスコミに紹介されるパターンは3通りが考えられる。「主役」「脇役」「オマケ」の3つだ。

　「主役」で紹介される場合とはつまり、その商品や店舗自体をテーマとしたドキュメンタリーや体験・試食レポートなどだが、これだけ大きく扱ってもらうのはなかなか難しい。

　大抵は、何かの特集の「脇役」として紹介される。例えば、「不景気で訳アリ商品が注目されています、例えば……」という形だ。ドラマの小道具として出演する場合も同じ。あなたの商品や店は、マスコミが作るストーリーの部品なのだ。

　脇役パターンで最も簡単なのは季節イベントとの組み合わせだ。「バレンタインにハート型のさつま揚げ」「受験シーズンに合格飴」「恵方巻ロールケーキ」などの掲載事例がある。季節イベントに限らず「今は○○なので、○○が売れてます」というストーリーに当てはめれば、マスコミ側の都合に沿ったリリースにできるだろう。

　また「オマケ」で紹介されるのは、読者・視聴者へのプレゼントなどだ。これはプレゼントパブリシティと呼ばれる手法で、プレスリリースを使わず情報誌などに直接提案する。掲載率が高いので積極的に行いたい。雑誌企画は3カ月ほど前から動いているそうなので、早めのアクションが重要だ。

　日々、テレビや雑誌で他社商品が紹介されている姿を見て、自分だったらどのような形で紹介されうるのかを想像してみてほしい。

楽天市場の広報窓口に情報提供する

　ネット通販関連情報の窓口として、楽天市場の広報は多くのマスコミから重宝されているようだ。楽天の商品だけで構成された特集も多く見かける。

　出店者は、店舗管理画面から楽天の広報に対して、新商品とプレゼント用商品に関して無料で情報提供ができる。広報がマスコミから打診されたときにピックアップしてくれるという。もちろん、無料だからといって適当な提案を上げてはいけない。プレスリリースと同様に、世の中の話題や時節などを考慮して提案する必要がある。

重要度 ★★★
緊急度 ★★☆

◆マスコミに取り上げられるパターン

扱い	取り上げられるケース
主役	番組や記事のメインテーマとなる場合。掲載は難しい。非常に大きなニュースバリューがあれば可能性はある。
脇役	季節イベントや、不景気など時代動向を伝えるニュースの「部品」として紹介される場合。成功率は高い。
オマケ	雑誌の読者プレゼントなど。毎月の定例企画なので、提案しやすいし、かなり成功率は高い。

法則 36 ｜ マスコミ・クチコミで集客する

イベントを開催してクチコミを増やす

コンテストを開催して記事を増やす

　クチコミ集客の基本は、店や商品の「紹介記事」をWeb上に増やすことだ。好意的な記事がブログやツイッターに多く書き込まれれば、来店客が増える。しかも、第三者評価を見た上での来店なので、購入率も高い傾向にある。商品に話題性があるだけでもクチコミは発生するが、ここではより人為的にクチコミ件数を増やす「コンテスト」形式を紹介したい。

　商品の体験レポート（レビュー）、ある食材を使ったレシピ、プラモデル完成写真などを競い、それらを各ユーザーのブログで発表してもらう。商品の良さもアピールでき、コンテスト参加者も愛着が深まって一石三鳥だ。マスコミではない一般人に参加してもらうので、賞品などの特典や、オープン○周年記念などとイベント性でも動機付けたい。

　ただ、コンテスト参加者が少ないと、まったく盛り上がらず、クチコミ効果も期待できないので、常連客の多い店舗に向いている施策と言える。回を重ねるたびに参加者は増えていくが、まだ常連の少ない、オープン後間もない店には適さない。

熟練ブロガーをスカウトする

　初めてコンテストを行う際は、他の参加者の「お手本」となれるようなブロガーがほしい。そこで、クチコミサイトで、熟練ブロガーを「スカウト」することを勧める。右のモニプラというサイトでは、400社以上がさまざまなモニター企画を提供し、多くのブロガーが体験レポートを多数寄せている。もらえる特典は商品サンプル程度だが、その賞品に興味を持って応募してくるので、真剣な記事が多くレベルが高い。ブロガーが有料で記事を請け負うサービスもあるが、「書きたくて書いた」記事とは濃さが違う。やはり熟練ブロガーに、自発的に書いてもらうのが理想だ。

　よくある流れは、（1）モニター企画ページを見てもらう、（2）参加表明の記事をブログに投稿してもらう、（3）記事を見て、信頼できるブロガーに商品サンプルを渡す、（4）体験レポートをブログに投稿してもらう、（5）適宜表彰を行う、という具合だ。詳しくはサイトを確認してほしい。

関連する法則

67
「追客」で、購入客との縁を維持する __P152

用語

購入客 __P224
ツイッター __P225
レビュー __P227

TIPS

購入後の満足度を高める
「商品を買って良かった」というクチコミをもらうには、当然、商品品質や接客力を高めておくのが重要だ。さらに、法則43で紹介する「店舗紹介ページ」などでユーザーからの共感を得られれば、応援の意味を込めて評価がアップすることも多い。

サクラ記事について
アメリカでは、報酬を貰ってブログ記事を書いた場合、それと分かるように書くことが2009年12月から義務付けられた。日本にも波及する可能性がある。

月5万円でブロガーキャンペーンが可能。システム付き。
◆ モニプラ http://monipla.jp/

既存購入客の中のブロガーをスカウトする

　楽天市場などのモール内では「レビューを書くと特典がもらえる」キャンペーンが盛んだが、外部ブログへの記事投稿はあまり行われていない。しかし、モールの外から集客したいなら、モールの外に紹介記事を増やさなければならない。

　試しに、自店舗の既存購入客に向けたメルマガで「ブロガーさんに体験レポートをお願いしたいのですが興味ありますか？　サンプルを差し上げます」などと呼びかけてみてはどうだろうか。どの程度返信が来るかで、コンテスト化するか、体験レポートだけにするかなどを判断すればいいだろう。メルマガ読者で、かつ購入客なのだから、ツボをおさえた記事を書いてもらえるはずだ。

　本来であれば、協力してくれたユーザーのブログに、自店舗からリンクを張ってあげたいところだが、楽天市場などのモールからは外部にリンクできない。代わりに、ユーザーの許可を取った上で、書いてもらった記事を店舗ページ内に転載すればいいだろう。店舗ページの購入率アップにもつながる。

◆購入客を巻き込んだコンテスト例

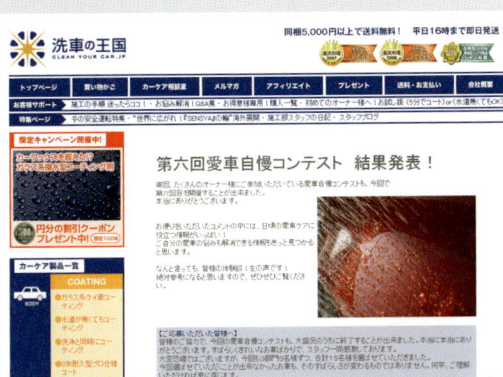

洗車用品専門店の、愛車自慢コンテスト。徹底的に洗車し、鏡のようにピカピカになった愛車の写真が並ぶ。
◆ 洗車の王国
http://www.rakuten.ne.jp/gold/sensya/gallery/6jiman/6-jiman.html

モール内限定のレビュー記事コンテスト。良いレビューを書くと、抽選でクーポン券がもらえる。
◆ オーガランド-ogaland-
http://www.rakuten.co.jp/oga/1924359/1924360/1907294/

クチコミ促進で低コストのブランディング

　大手企業や有名店舗は、広告を積極的に利用して自社商品の「有名ブランド化」を目指しているケースが多いです。今までは、規模の小さい店舗はこれにはなかなか太刀打ちできなかったものです。でも、ネットが生活に浸透し、クチコミが飛び交うようになりつつあるこれからは「広告を使わず、クチコミでブランド化」が可能になる時代と言えます。

　派手に広告を使う商品の中には、有名タレントや各媒体への広告費ばかりが高く、原価が安く品質はそれなり、というものもあります。圧倒的に利益率が高い分どんどん広告に投資し、それによって知名度を上げるわけです。しかし今までありがたがられていた、このような商品は、クチコミの力で簡単にメッキがはげてしまうでしょう。逆に、本当に品質の良い商品には、きっと時代の追い風が吹くと思いますよ。（坂本）

法則 **37** マスコミ・クチコミで集客する

アフィリエイトに幻想を持たない

アフィリエイトへの先入観を捨てる

　アフィリエイトとは、一般ユーザーに商品を紹介させ、報酬を支払う仕組みだ。ECでは売上の数%を支払う店が多い。これを「商品紹介は全部アフィリエイターがしてくれて、成果報酬型だから売れたときだけお金を払えばいい『成果報酬型の広告』」だと思われているようだ。しかし筆者は、これは「誤解」だと考えている。筆者はアフィリエイトで月額100万円以上の利益を上げていた時期があり、別の時期にはA8netの広告主として運用もしていた。何人かのASP担当者にも事例を聞き、導き出した結論である。

　ちなみに、アフィリエイト集客を行うためには、楽天市場などアフィリエイト機能のあるモールに入るか、独自ドメイン店でASPサービスに加盟するか、自社で独自にシステムを導入するかだ。自社システム導入はなかなか難しいので、ここでは、モールとASPでのアフィリエイトについて解説する。

モールアフィリエイトの場合

　モール内のアフィリエイターは、大きく2種類に分かれる。(1)プロ・セミプロと、(2)趣味のブログのついでに行う一般アフィリエイターの、2つだ。そして、アフィリエイト経由の売上のほとんどは(1)から発生している。

　プロ・セミプロのアフィリエイターは、プログラムを駆使して「楽天もどき」的な超大型サイトを作って商品を紹介しているケースが多い。あるいは企業サイトが楽天と提携し、アフィリエイターとして契約している。だから特定店舗が働きかけて紹介してもらうのはなかなか難しい。

　店からの働きかけで動くのは、一般アフィリエイターだ。売上は少ないが、第三者評価に近い形で、商品紹介を書いてくれることもある。つまり実態は、前の法則で述べたようなブロガー向け施策の一種なのだ。だから、報酬率を半端に上げるよりも、ブロガーとコミュニケーションし、共感を得る方が優先だ。

　ちなみに、多くの楽天出店者の売上のうち何割かがアフィリエイト経由になっている理由は「クッキーの有効期間」のせいだ。アフィリエイトリンクをクリックしたユーザーは、リンク先のページで購入しなくても「1カ月以内」に「どこかの楽天の店」で購入すれば、その店はアフィリエイト経由で購入されたことになり、アフィリエイターの利益になる。報酬率を上げてアフィリエイト経由の売上が増えたとしても、「紹介される数が増えた」とは言い切れない。よく見て判断しよう。

■ 用語

ASP __P223
LTV __P223
アフィリエイト __P223
独自ドメイン店 __P225

■ TIPS

ASPとは
ここでいうASPはアフィリエイトサービスプロバイダーの略。アフィリエイトシステムを提供するサービスを指す。

クッキーは「印」
クッキーとは、ユーザーのブラウザ上に保存される「印」である。この場合は、アフィリエイトリンクをクリックしたことと、クリックされた日時を保存している。

ランキングとの関係
楽天ランキングに上位入賞すると、アフィリエイターが貼っているブログパーツ(ブログの部品)に自動で掲載され、結果としてアフィリエイト経由の売上が伸びやすくなる。

重要度 ★★★
緊急度 ★★★

ASPアフィリエイトの場合

アフィリエイターのうち、月に1万円以上の利益を上げているのは全体の5%だといわれる。ASPでも、プロ級のアフィリエイターをどうつかむかが大切だ。彼らは、商品への思い入れはあまりなく、購入率と料率で商品を選ぶ。

ASPで人気があるのは、テレビ通販などで爆発的に売れている商品だ。すでに知名度が高く需要があるので、購入率が高い。アフィリエイターが持つサイトやブログに載せて、目立たせるだけで売れていく。つまり「売れているものが売れる」のだ。

次に人気なのは、単品通販系のトライアル商品だ。例えば某通販コスメのトライアルキット（1,000円・送料無料）で販売すると、料率100%、つまり1,000円の報酬がもらえる。逆に、報酬率たった数%の無名商品を紹介してくれるアフィリエイターはあまりいない。売りづらい上に報酬も少ないのだから、当然だ。

知名度の低い店がASPアフィリエイトを使って成功するには、LTVを睨みながら、料率の極めて高いトライアル商品を作り、なおかつ「アフィリエイト経由の購入客が他と同様にきちんとリピートするか」まで見極める必要がある。

こう書くと難しそうだが、LTVの高い店が現実を知った上で取り組むのであれば、アフィリエイトも大いに価値がある。前述のトライアル商品も、CPOが1,000円ちょっとで済むならかなり安上がりだ。報酬以外に、別途マージンや月額の固定料金も発生するが、件数がまとまれば十分ペイするだろう。いずれにせよ、ASP側の担当者と密に打ち合わせをしながら進めるのがいい。

また、ASPアフィリエイトで成果を出すには、一定数のアフィリエイターを確保しないと成果が発生しない。ASP内部であれば、アフィリエイターを集めるための広告を活用するケースが多い。しばらくアフィリエイターを増やしていくと、ある段階から安定して売上が立つようになるようだ。つまり、ASPアフィリエイトの実態は、成果報酬型とはまったく違う「投資回収型」なのである。

TIPS
ASPアフィリエイトの実態
ここで紹介した方法論は、複数のASP担当者からも話を聞いた上でまとめている。短絡的な理解でアフィリエイトを始めて失敗する広告主が少なくないようだが、担当者と密に打ち合わせをしながら取り組む広告主は、やはり一定の成果を上げている。

◆アフィリエイターの例（モール内アフィリエイトの場合）

ネットショップから、一般アフィリエイターに向けて、バナーの掲載を呼びかけている。
◆ フラコラ マーケット
http://item.rakuten.co.jp/kyowa-genki/c/0000000174/

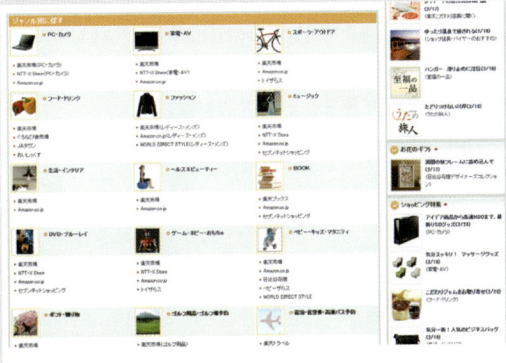

「プロアフィリエイター」の一例。asahi.comが楽天市場と契約し、アフィリエイター的な立場で商品を紹介している。
◆ asahi.com
http://www.asahi.com/shopping/

「集客できている」という落とし穴

普段コンサルティングをしていると、「ウチは、集客は問題ないです。気になるのは他のことでして……」という方が時々いらっしゃいます。「それは素晴らしいですね、なんでうまくいってるんですか？」と聞くと、大抵「特に何もしていませんが、あえて言うと、お客さんを大事にしているからです。商品の品質も良いし……」といったお返事を頂きます。

お気付きでしょうか？ 残念ながらこの方は、集客がうまくいっている理由を、自覚できていません。丁寧なメール返信や、商品の品質は、ユーザーにとっては「店に訪れて、商品を購入して初めて分かること」ですよね。つまり、集客の要素ではありません。追客の精度、つまりリピート率となって返ってきます。丁寧なメール返信や商品品質が集客に作用しているとすれば「クチコミ」でしょうが、「特に何もしていないのに、自然発生のクチコミだけで十分な集客が得られる」ことは、現在のEC環境ではあまり考えられません。

つまり、このネットショップの集客は、おそらく「検索経由」に依存しています。しかも、SEOを何もしていないようですから、幸運にも「たまたま競合が少ない」状況だと思われます。大変恵まれた状況ですね。

しかし、この幸運を自覚せず「自分が丁寧な接客をしているからだ」などと自惚れていると、大変危険です。SEOに慣れた競合店舗が現れるとどうなるでしょう。気付かないうちに、来店客が減ります。「なぜか最近売れなくなった」と思うことでしょう。「リピートは相変わらず多いから、もっと常連さんを大事にしよう」と、なんて、本来の解決すべき問題点とは違う方向に進んでしまうかもしれません（もちろん接客・追客も大切ですが……）。

結論。現在「集客できている」という方も、ユーザーがどこから来ているか、ちゃんと調べてみましょう。じゃないと、気付かないうちに売上がずるずる落ちてくるかもしれませんよ。

そういえば先日、コンサルティングの際に「理由は分からないけど偶然すごく売れた日がありました」と言われ、偶然で済ませるのはもったいないので、データから推論を重ね、調べていくうちに「ラジオで紹介されていた」ことが発覚しました。同じパターンでのラジオ紹介を増やすべく交渉し、無事OKをもらえたそうです。このように、集客経路をきっちり調べる姿勢は、店舗運営のリスクヘッジになるだけでなく、集客力アップにもつながります。

ということで、この「集客の章」を見返しながら、自店舗の集客経路を一度しっかり確認してください。ものすごいヒントが見つかるかもしれませんよ。（坂本）

第 3 章

店舗コンセプトを生かした接客の法則

来店客がページに滞在する時間は、とても短い。店と商品の魅力を端的にまとめ、分かりやすく伝えて、スムーズに購入へとつなげよう。

法則		
38	「接客4要素」で購入率を高める	94
39	接客戦略も「魚鱗」か「鶴翼」で考える	96
40	自店舗の強みを分析し、店舗コンセプトを考える	98
41	客層をイメージして、キャッチコピーを作る	100
42	店舗コンセプトをデザインに反映させる	102
43	店舗紹介ページで安心感とコンセプトを伝える	104
44	レイアウトは「普通」を心がける	106
45	「トップページに求められる役割」を果たす	108
46	需要の大きさから、商品カテゴリを決める	109
47	ナビゲーションを充実させ、小さな需要も拾う	110
48	簡単な方法でナビゲーションの自由度を高める	112
49	用がなくても見てしまう「特集ページ」を作る	114
50	「セールページ」で、利益を保ちつつ売上を作る	116
51	「値下げの種類」を増やして安売り中毒を防ぐ	118
52	分かりづらいニッチ商品は「選び方」も提案する	120
53	商品写真のレベルを高める	122
54	プチ動画・マンガで購入率を高める	124
55	できる範囲で商品数アップを検討する	126
56	型番商品・有名ブランド品を売るなら、価格競争とうまく付き合う	128
57	「入口商品」からリピート購入への流れを設計する	130
58	「ポテト提案」で満足度と客単価を高める	132
59	「グレードアップ商品」で満足度と客単価を高める	134
60	将来の「あるべき品揃え」を考える	136
61	オリジナル商品は売れなくて普通だと自覚する	138
62	「BEAFの法則」で売れるストーリーを作る	140
63	ユーザーを引き付ける「購入メリット」を作る	142
64	評判がいい「証拠」をたくさん集める	144
65	ライバルに対して「差別化」する	146
66	「さまざまな情報」の記載漏れに注意する	148

法則 **38** 「接客の考え方」を理解する

「接客4要素」で購入率を高める

店舗ページを磨いて接客力を高める

　この章からは、店舗ページ上での「接客」について紹介する。主には、店舗ページの改善により、購入率と客単価を高め、売上を伸ばす方法だ。手間と費用をかけて集めてきた来店客が少しでも多く利益につながるよう、店舗ページに磨きをかけよう。

　本書では、接客に欠かせない要素として「店舗コンセプト」「店構え」「品揃え」「看板商品」を、「接客4要素」として重視している。

　店舗ごとの特徴によって優先すべき要素は若干異なり、例えば商品数が多い店は分かりやすい「店構え」が優先で、商品数が少ない店は「看板商品」をまず磨く必要がある。ただし、どちらの場合も「店舗コンセプト」が最重要になる(下図参照)。これについては次の法則39で詳しく説明する。

　次ページでは、接客4要素それぞれについて解説する。

関連する法則
1
ネットで売るための3大施策「集客」「接客」「追客」を実行する __P18

用語
縦長商品ページ __P225
ナビゲーション __P225

TIPS
「接客」と「追客」で稼ぐ
「集客」はコストのかかる行為であり、「接客」と「追客」は利益を生む行為だ。だから、いかに集客の費用対効果が高くても、接客と追客が甘ければ利益は生まれない。腰を据えて取り組んでほしい。

◆店舗コンセプトは「扇の要」

◎店舗コンセプトがある場合
その店の何を見ても、その裏にあるコンセプトが伝わり、一貫性を感じる。

◎店舗コンセプトがない場合
店舗運営に軸がなく、店の意図が伝わってこない。行き当たりばったり感が出る。

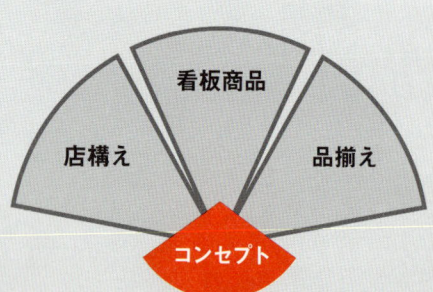
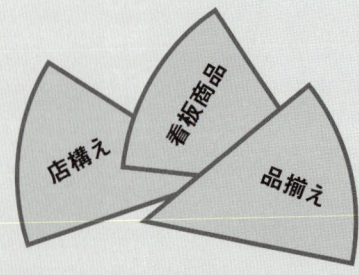

店舗コンセプトは、接客の各施策に一貫性を持たせるための要だ。
コンセプトがない接客は一貫性がなくバラバラ状態になってしまう。

❶競合店に埋もれない「店舗コンセプト」を打ち立てる

4要素の1つ目は「店舗コンセプト」だ。無数のネットショップの中で存在感を発揮するには、競合店に見劣りしないアピールポイント（店舗コンセプト）を決め、分かりやすく伝える必要がある。例えば「どんな工具でも必ず見つかる品揃え」「グルメコンテストで優勝した博多ラーメン店」「問屋直販だから出来る激安価格」など、店舗を一言で説明できるほど明確にしたい。

自店舗の客層を踏まえて店舗コンセプトを決め、それを店舗ページ、品揃え、メルマガなど、店舗内のあらゆる要素を通して表現しよう。そうすればユーザーの記憶に残る店になり、埋もれずに済む。詳しくは法則40以降で説明する。

❷指名買いと衝動買いを増やす「店構え」を作る

4要素の2つ目は「店構え」だ。

これは、ネットショップのページ構成のことで、商品のカテゴリ分けやナビゲーション、ついで買いの提案など「使い勝手」を左右する要素だ。例えば、目的買いユーザーのために、商品を探しやすいナビゲーションを用意する。同時に、なんとなくページを見ているユーザーの衝動買いを促進する。来店客の気持ちを想像しながら店構えを改善すれば、高い確率で売上が上がるはずだ。詳しくは法則44以降で紹介する。

❸さまざまなニーズに対応する「品揃え」を目指す

4要素の3つ目は「品揃え」。セット商品、お試し商品、ついで買い商品などを用意することで、仕入れを増やさずに品揃えのバリエーションを広げられる。これを適切な店構えと連動すれば、客単価や利益率アップを実現できるだろう。また、取扱商品数を拡大するときも、店舗コンセプトと関連付けて、戦略的に考えなければならない。詳しくは法則55以降で紹介する。

❹無名商品の魅力を引き出して「看板商品」にする

4要素の最後は「看板商品」だ。対面接客も試食もできないネットショップでは、「誰も知らない逸品」を売るのは大変難しい。しかし、商品の魅力を「じっくり語る」ことにより、定価販売の無名商品が、安売りの有名商品を凌駕することがある。これを実現するために、商品について詳しく語る「縦長商品ページ」を作ろう。詳しくは法則61以降で案内する。

この、無名商品を売れ筋商品へと育てるプロデュース力は、特にオリジナル商品を扱う店舗には必須だ。しかし、それ以外のタイプの店にも、利益率の向上、他店との差別化など、さまざまな効果をもたらしてくれる。今後のネットショップ運営において、特に重要なスキルだと言えるだろう。

重要度 ★★★
緊急度 ★★★

第3章 店舗コンセプトを生かした接客の法則

法則 **39** 「接客の考え方」を理解する

接客戦略も「魚鱗」か「鶴翼」で考える

来店経路と売れ筋商品から接客戦略が見える

　法則10、法則11で解説した「魚鱗・鶴翼の理論」を思い出してほしい。商品数が少ない場合は、入口商品への集客に重点を置いた「魚鱗の陣」、商品数が多い場合は、SEOやリスティング広告を重視する「鶴翼の陣」を取ることを勧めた。
　この魚鱗・鶴翼の分類は、必然的に、店舗ページの構成にも大きく影響を及ぼす。ここでは、それぞれの特性に応じた接客戦略を解説する。

「魚鱗の陣」は、優秀な店員以上の接客力を目指す

　魚鱗型の集客施策では、指名買いよりも「なんとなく気になって」来店するユーザーが多い。購入意欲がまだ高くないので、実際に買ってもらえるかどうかは、店舗ページでいかに商品や店をアピールするかにかかっている。実演販売のベテランが、絶妙な商品説明で「買うつもりのなかった通行人」を魅了して商品を売るようなイメージだ。それだけの力のある商品ページを作らねばならない。この方法論は、接客4要素の「看板商品」の項で案内する。
　また、魚鱗型の店で売る商品は大抵知名度が低いので、信頼性も同時に演出しなければならない。これは「店舗コンセプト」の項で案内する。
　サイト構成としては、まず入口商品の商品ページをしっかり作り込むのが最優先だ。トップページには大きく商品イメージを置き、来店客を入口商品へと強力に誘導する。
　これらの施策が済んだら、今度は「品揃え」を見直して、客単価向上を目指してほしい。LTVが高まるので、より積極的に集客投資ができるようになる。

関連する法則

10
商品数が少ない場合は「魚鱗の陣」で集客する __P38

11
商品数が多い場合は「鶴翼の陣」で集客する __P40

用語

LTV __P223
入口商品 __P223
魚鱗・鶴翼の理論 __P222

◆ 魚鱗型店舗のトップページ例

商品数が少なく、お勧め商品が明確。結果、トップページは「商品ページの要約」のような内容になる。
◆ 京都居酒屋やすだ 牛すじ本舗
http://www.rakuten.co.jp/gyusuji/

「鶴翼の陣」は、陳列の工夫で単価アップを目指す

　鶴翼型の集客施策では、検索経由での来店が多い。そして、来店客ごとに目当てとする商品が違うので、数多くの商品があっても迷わずに済むページ構成が重要だ。つまり実店舗で言うフロアガイドである。さらに、来店後に「当初予定と違う商品」を探し始めるケースも多いので、すぐに関連商品のページに移動できるスムーズさも必要だ。せっかく来店しても購入せずに流出するユーザーは少なくないが、このような施策により機会損失を減らせるはずだ。具体的な方法は接客4要素のうち「店構え」の項で案内する。

　サイト構成としては、ページの上部・左右に置かれたナビゲーション（各ページへのリンク）を整えて、来店者の滞在時間を引き延ばし、さまざまな商品を見てもらえる構成を心がけること。これにより店全体の購入率がアップする。

　次いで利益率の高い同梱商品や、まとめ買いを勧めるなど「品揃え」の施策を強化すれば利益率や客単価の向上も期待できる。特に、有名ブランド商品・型番商品を扱う店は利益率が低下しやすいので、この施策は必須である。

　また、ファッション・インテリア・雑貨ジャンルなどの総合タイプについては特に、法則49の特集ページや、法則50のセールページにも注力することを勧める。このページは特に購入率が高いので、広告やメルマガのリンク先にも最適だ。

状況に応じて組み合わせて使う

　分かりやすくするために、接客施策のパターンを魚鱗・鶴翼の2つに分けて紹介したが、もちろん二者択一ではない。この2つのやり方をうまく組み合わせて使ってほしい。

　例えば、本やCDを売る実店舗を想像してほしい。無数の商品が並んでいるが、単に並べるだけではなく、特に売りたい一部の商品にはPOPを貼っている。ネットショップも同じだ。鶴翼型の店でも、注力商品があれば、その商品ページは力を入れて作り込むべきだろう。

　このように、自店舗の状況に合わせて、適宜違うタイプのやり方も取り入れてみてほしい。

重要度 ★★★
緊急度 ★★★

◆鶴翼型店舗のトップページ例

食品から家電まで、あらゆる商品が揃う店。ヘッダー部分のナビボタンで、各商品カテゴリに移動できる構成。
◆ ネットディスカウントショップ キラット
http://www.rakuten.ne.jp/gold/onestep/

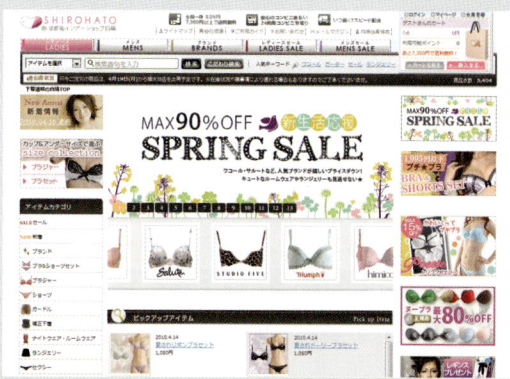

有名・無名のいろいろな下着が揃う店。ブランド名、商品カテゴリ、用途、客層別などさまざまなナビゲーションがある。
◆ 京都発インナーショップ白鳩
http://www.wakudoki.ne.jp/

法則 **40** 店舗コンセプトを決める

自店舗の強みを分析し、店舗コンセプトを考える

店舗コンセプトを定義する

　ユーザーは、一度にたくさんのネットショップを見比べるので、店の強みは「一瞬で」伝える必要がある。店舗ページを開いた瞬間に見えるよう、ページ上部に「強みを表すキャッチフレーズ」を掲載するのがお勧めだ。キャッチフレーズとは例えば、「革職人が作る皇室御用達の逸品」「問屋直販だから豊富な品揃えと激安価格」などだ。

　本書では、「他店より当店で買うべき理由（強み）」を端的にまとめたものを「店舗コンセプト」、店舗コンセプトを伝わりやすい1フレーズにしたものを「キャッチフレーズ」と呼んでいる。

　店舗ページを作り込む前にコンセプトやキャッチフレーズを決めておけば、試行錯誤の時間が短くて済み、統一感のあるネットショップが作れるだろう。

■ 用語
QPC分析 __P222

■ TIPS

コンセプトは必須
商圏内の実店舗商売と違い、ネット通販はいわば「商売の全国大会」なので、何かしらアピールできる特徴がなければ苦戦することになる。業界ナンバーワンの強みでなくてもいいので、何をウリにするかを考えてほしい。

キャッチフレーズも必須
ユーザーは、自分が探している「ちょうど良い店・商品」を見つけるために、猛スピードで数多くのネットショップに次々と訪れては、一瞬で見切りを付けて去っていく。キャッチフレーズは、「一瞬で伝わる自己紹介」であるべきだ。

店の存在意義
常連さんの顔やライバル店の姿をイメージしていると、「自分が何者か」「なぜ支持されているのか」がだんだん見えてくる。コンセプトとは、大げさに言えば「世の中における自店舗の存在意義」とも言えるだろう。

◆ページ上部にキャッチフレーズを載せている例

自店舗にとって一番大切な要素は何かを突き詰めた上で、必ず目に入るページ最上部に掲載している。
◆ ところてんの伊豆河童
http://www.rakuten.ne.jp/gold/i-kappa/

重要度 ★★★
緊急度 ★★★

本業での風景からコンセプトを想像する

　実店舗があるなら、常連さんの顔を思い出してみてほしい。その人は「どんな人」だろうか？「どんな商品」をよく買っているだろうか？ 似たような店が他にもあるだろうに、「なぜ」あなたの店で買ったのだろうか？ どんな人が、どんな商品を、なぜあなたの店で買ったのか。

　例えば、あなたのペット用品店に、わざわざ遠くから来る常連さんがいるとしよう。無添加で良質なペットフードを買っている。なぜ遠くから来るのかと聞いてみると……「ウチの犬は年を取って体調を崩しがちだ。近所に自然食を扱うペットショップがないから、この店に通っている。種類が多いし、相談すれば詳しく教えてくれて便利」といった感じで、お店の強みは、実は常連さんに聞くのが一番早かったりする。

QPC分析で自店舗の強みを見つける

　店舗の強みは「キューピーちゃん」で考えると分かりやすい。品質（Quality・クオリティー）、価格（Price・プライス）、利便性（Convenience・コンビニエンス）で、QPCだ。店舗の強みは、大抵このQPCのうちどれか1つ（もしくは2つ）になる。下の表を参考に、どの要素が一番強いかを考えてみよう。

　競合他店と比べると、必然的に自店舗がQPCの中のどれが一番強いかが見つかる。もちろん競合はネットショップに限らない。ユーザーの周囲にある実店舗も想定しよう。そして、強みの「論拠」を書き加えると、伝わりやすく説得力のある店舗コンセプトができる。詳しくは右下図を参照してほしい。

　また、店の強みとは決して絶対的なものではない。「大手メーカーの量産品が安い激安店」も「高価だが手作りの製造直販」も、それぞれ素晴らしいものだ。違うタイプの店の良さを認められれば、自店舗の強みも自然と見えるだろう。

◆店の強みを見つけるヒント

品質(Quality)の要素	
品質	手作り、天然、無添加
売り手・作り手	パティシエ、医者、世界チャンピオン、職人
人気	行列ができる、雑誌掲載、皇室御用達、○○受賞
伝統	老舗、明治○年創業、この道○年の店長
本場感	北海道、イタリア、代官山、南の島、オホーツク海
鮮度	水揚げしたその日に発送、注文を受けてから職人が手作り
価格(Price)の要素	
仕入れ	問屋直販だから安い、産地直送、現地買い付け
裏事情	アウトレット、規格外サイズ、業務用品だから安い
利便性(Convenience)の要素	
納期	即納、翌日発送
品揃え	全○品の品揃え
専門性	卓球用品なら何でも揃う店

◆QPCを踏まえたキャッチフレーズ例
※ QPCいずれかに絞らなければいけないわけではない。

- **品質をアピールする例**
  - 人気パティシエが作る、雑誌で話題の北海道スイーツ専門店
  - ノルウェー在住○年の店長が選んだ、北欧家具＆雑貨の店

- **価格をアピールする例**
  - 問屋直販で中間マージンカット！テレビで話題の生活応援ショップ

- **利便性をアピールする例**
  - メーカー直販だから出来る即日配送！厨房機器が全○品の品揃え

重要度 ★★★
緊急度 ★★★

法則 **41** 店舗コンセプトを決める

客層をイメージして、キャッチコピーを作る

自店舗の「客層」と「購入動機」をイメージする

　法則40で固めた店舗コンセプトを踏まえて、今度は自店舗の潜在客、つまり「客層」を何種類かイメージし、具体的なキャッチコピーを作ろう。これは、店舗のキャッチフレーズよりも一歩踏み込んだ「売り文句」で、商品ページやメルマガなど、あちこちに掲載する。

　客層は、年齢・性別だけではなく、もっと踏み込んで考える。「その人が、自店舗の商品を『買ったとしたら』それはどんな動機だったか」と想像を膨らませるのだ。例えば「忙しいお母さん」が、自店舗で扱う「美味しい冷凍ピザ」を買ったとする。動機としては「子供が喜ぶし、手軽に作れるから」というものが考えられる。「単身者」が買ったとすれば「忙しくてもすぐ食べられて、保存が利くし美味しいから」、「ホームパーティー好きの人」が買ったとすれば「宅配ピザより安上がりで美味しいから」など。これらはあくまで仮説だが「同じ商品でも、客層によって購入動機がまったく違う」のが実感できるだろう。

　考えられるパターンを、できるだけ多く書き出してみよう。自店舗の客層と、その気持ちを理解できれば、より購入したくなるページを作れるはずだ。逆に、客層の気持ちを理解せずに価格訴求や差別化ばかりしていては、苦労の割に、得られる利益は少ないだろう。

関連する法則

63
ユーザーを引き付ける「購入メリット」を作る __P142

73
メルマガの件名を工夫し、開封率を高める __P164

用語

QPC分析 __P222
潜在客 __P225

TIPS

客層を踏まえて店舗運営
客層を明確化するメリットは、ページ制作に限らない。メルマガも書きやすくなるし、お母さん方の夏休み需要を見越した「お子様向け夏野菜カレーピザ」など、新商品開発も的確にできるようになる。集客施策を考えるヒントにもなるだろう。

◆客層をイメージしてから、キャッチコピーを作る

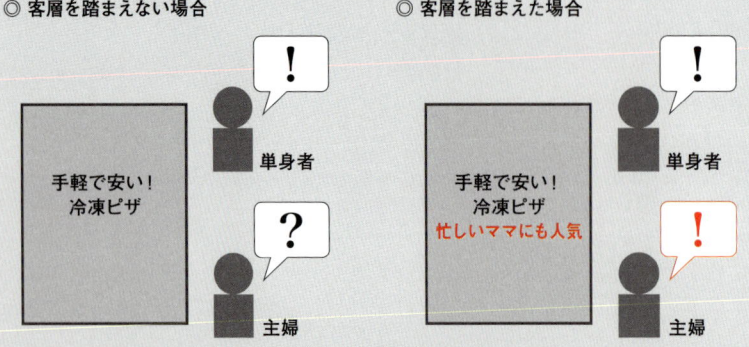

アピールポイントを漫然と書くだけでは、熱い支持は得られない。
自店舗の「客層」をイメージし、それぞれに向けた言葉を書いていく必要がある。

QPC分析で、客層に沿ったキャッチコピーを作る

　客層と購入動機のイメージができたら、次にキャッチコピーを作る。ここでも、法則40で紹介した「QPC分析」を使う。品質（Quality）、価格（Price）、利便性（Convenience）の観点から、その客層に支持されそうな強みを探し、キャッチコピー化しよう。

　例えば、客層が「敏感肌の子供を持つ母親」で、商品が「肌に優しいコットンの肌着」なら、キャッチコピーは、品質面では「大切なお子様の肌を守ります」、価格面では「高価なコットン肌着を、マージンカットでお手頃価格」、利便性では「従来品よりほつれにくく長持ち」などが考えられる。QPC分析を使えば、さまざまな角度から強みを探し、キャッチコピーへと反映させることができるのだ。

　以下の表では、QPCに沿った「強みを見つけるヒント」を列挙している。個別商品のキャッチコピーを考える際にも便利なので、ぜひ使いこなしてほしい。

◆キャッチコピーを見つけるヒント

品質（Quality）重視の客層に響く言葉	
自然	天然成分、無添加、自然の中で生まれた
伝統	手作り、ヨーロッパで昔から使われている
流行	○○ランキング1位、友達も使ってる
権威	ハリウッドセレブ、有名ブランド
癒し	ストレス解消、自分にご褒美
価格（Price）重視の客層に響く言葉	
低価格	安い、量の割に安い
合理性	無名だけど高品質、訳アリ、アウトレット
利便性（Convenience）重視の客層に響く言葉	
簡易性	押すだけ、初心者向け、誰でもできる
利便性	短納期、品揃え、低額でも送料無料
専門性	○○用品なら何でも揃う店
投資	自分磨き、キャリアアップ、資格
法人	法人用途に使える

重要度 ★★★

緊急度 ★★★

潜在客の「不満」を想像する

　客層のイメージを明確にしていくと、彼らが「業界」に対して感じている不満・物足りなさが見つかることがあります。これは、大きなチャンスです。
　例えば「朝カレー」の事例。世の中には「朝食にカレーを食べる」客層が一定数存在します。従来、彼らは「普通のレトルトは大きすぎる」「温める時間がもったいない」という不満を持っていました。そこで某社が「温めなくていい、茶碗サイズの朝食用レトルトカレー」を開発し、ヒット商品になりました。「納豆のたれをゼリー化」した事例も有名ですね。新商品の開発に限りません。接客や梱包など、改善の余地はいろいろあります。
　必要は発明の母。あなたの客層をよく観察すれば、ライバルに差を付けるスゴいヒントが見つかるかもしれませんよ。（川村）

法則 **42** 　店舗コンセプトを決める

店舗コンセプトを
デザインに反映させる

店頭接客の雰囲気を、デザインで表現する

　ネットショップを構築する際、美しさを求めてしまう人が少なくないが、デザインはあくまでも「店舗コンセプトを体現する手段」だと理解してほしい。

　これは、実店舗の接客態度で考えると分かりやすい。例えば下町の居酒屋に入ったのに、うやうやしく「お客様、こちらは上質なホッピーでございます」などと言われたり、逆に、高級宝石店に入ったのに「おぉ兄ちゃん、今日はイイ指輪が入ってるよ～」などと接客されたりしても困る。

　ネットショップのデザインもこれと同じで、商品によっては、格式張らないページの方が望ましい。逆に、高級商材のページが安っぽいデザインだと、来店客の不安感を煽ってしまうだろう。だから、店舗ページをデザインする前には、法則40で考えた店舗コンセプトを、どんな「ノリ」で表現するかを考えてほしい。

　方向性としては、2つに大別される。親しみやすくエモーショナルなデザインと、高級感のあるクールなデザインだ。右ページに示すとおり、同じ食品でも、生産者の朴訥さをアピールするのと、京都の伝統をアピールするのでは、ページのデザイントーンだけでなく、言葉の使い方などもまったく変わってくる。他店をチェックしながら、自店舗の立ち位置をじっくり考えてほしい。

雑誌や他店舗を参考に、デザイントーンを詰める

　デザインの方向性が決まったら、色使いや、フォント（字体）など、デザイントーンの細かい部分を詰めていこう。これは、雑誌を参考にするのが手っ取り早い。特にファッション系の店舗なら、客層にぴったりはまる雑誌があるはずだ。その雑誌の色使いや言葉使いを参考にするといい。

　自分のジャンルでちょうど良い雑誌がない場合は、違うジャンルの雑誌やネットショップからお手本を探してみよう。雑貨店が女性ファッション誌を参考にしてもいいし、惣菜店が高級ホテルのサイトを参考にしてもいい。

　なお、店舗ページのレイアウトは、ネットショップとしての使い勝手に関わる部分なので「普通」が一番だ。変にひねらない方がいい。レイアウト例については、法則44を参照してほしい。

関連する法則

44
レイアウトは「普通」を心がける __P106

45
「トップページに求められる役割」を果たす __P108

94
ネットショップ制作会社にすべてを委ねない __P205

TIPS
デザインの優先順位
型番商品・有名ブランド商品を価格訴求で売る場合は、それなりのデザインでも問題なく売れる。デザインに凝るのは、しばらく経ってからでもいいだろう。

重要度 ★★★
緊急度 ★★★

◆クールなデザイン例

「実店舗なら、丁寧に接客していそうな店」に向く。食品なら「素材にこだわった逸品」、雑貨なら「人と違うハイセンスな家電」など、伝統、高級感、ブランド性などを強く打ち出すデザイン。

「由緒ある革製品」にふさわしい、格式あるデザイン。
◆ 土屋鞄製造所
http://www.tsuchiya-kaban.jp/menstop.html

激安家電店とは一線を画す、スタイリッシュなデザイン。
◆ amadana ONLINE STORE
http://amadanastore.com/

◆エモーショナルなデザイン例

「実店舗なら、親近感のある接客をしていそうな店」に向く。食品なら「素朴な地元の温かさ」、雑貨なら「好きなモノに囲まれたい」など、優しさ、可愛さ、懐かしさなどの感情を引き起こすデザイン。

田舎の風景写真に手書き文字を重ねた、朴訥感のあるデザイン。
◆ 馬路村農協
https://www.shop.yuzu.or.jp/goods/goodslist.htm?num=01

可愛いモノに囲まれたい気持ちを刺激するデザイン。
◆ 夢展望 公式通販サイト
http://www.dreamvs.jp/

重要度 ★★★
緊急度 ★★★★

技術力・デザイン力がない場合

不慣れな人がネットショップを手作りすると「怪しい」イメージを持たれる恐れがあります。かといって外注も難しい場合は「あえてシンプルにした」ように見えるデザインがお勧めです。無印良品などのように、色の数を絞るのも大事なポイントです。ごちゃごちゃさせず、色に統一感を持たせる。インパクトを出したければ写真を工夫しましょう。文章は、読みやすい書き方で「人一倍丁寧」な案内を心がけること。

まれに、素人丸出しのページで、安くないし、検索で売れる商品でもないのによく売れている……という店がありますが、大抵、文章と写真が秀逸です。(川村)

第3章 店舗コンセプトを生かした接客の法則

法則 **43** 店舗コンセプトを決める

店舗紹介ページで
安心感とコンセプトを伝える

店舗紹介ページで熱心さと安心感を伝える

　売り手の顔が見えないネットショッピングには不安が伴う。実際、購入直前に、会社案内や店舗紹介のページを確認するユーザーは意外と多いものだ。

　だから、少しでも安心感が高まるようページを工夫しよう。スタッフの熱心さや安心感、商品の製造・仕入れ風景などを、1枚の「店舗紹介ページ」にまとめることを勧める。最近ではスーパーマーケットの青果コーナーなどで「生産者の顔写真」をよく見かけるが、考え方としては似たようなものだ。

　特に、無名ブランドの商品を扱う場合は、安心感を演出する必要がある。逆に、有名ブランド品を価格訴求で売る場合でも「安かろう悪かろう」というイメージを払拭するために、やはり店舗紹介ページが有効に作用する。

スタッフと店の写真を見せつつ、
店舗コンセプトを伝える

　店舗コンセプトを、より説得力溢れる形で伝えるためにも、店舗紹介ページを活用したい。店の強みを字面だけで説明するよりも、臨場感のある写真や、感情を持った人物を置くことでより説得力が増すからだ。ユーザーの記憶にも残りやすくなる。

　店舗紹介ページに載せるべき写真は、店舗コンセプトによって違う。単に店長の顔写真を載せれば良いという問題ではない。

　例えば「人気パティシエが作る、雑誌で話題の北海道スイーツ専門店」というコンセプトなら、紹介された雑誌の表紙、工房の風景、熱心に働くパティシエ、美味しそうなスイーツ、小奇麗な実店舗の写真がほしいところだ。

　「メーカー直販だから出来る即日配送！厨房機器が全○品の品揃え」というコンセプトなら、巨大な倉庫、大量の商品、丁寧な梱包や発送シーン、笑顔の受付担当スタッフの写真を並べ、実店舗での実績も適度に並べてアピールしたい。メーカーの営業マンなど、関わっている人を紹介してもいい。

　なお、ここで掲載する写真も店のイメージに影響するので、演出したいブランドイメージによってはあえて露出を控えた方がいい場合もある。例えばゴージャスなイメージで海外ブランド品を扱う店は、薄暗くて雑然とした倉庫の写真は載せない方がいいだろう。

関連する法則

52
分かりづらいニッチ商品は「選び方」も提案する __P120

77
「裏話」と「人間味」で、プロらしさを演出する __P172

個人的な思いも、遠慮なく伝える

より深く自店舗を紹介したいなら、自分の心の底から出てくる、自然な言葉を書き連ねてみよう。商売抜きの単なる自己紹介でもかまわない。店にどこかしら「商売抜き」の部分があれば、一部のユーザーも商売抜きで反応してくれるものだ。「商品や店ではなくあなた自身」に向けられたユーザーからのコメントは、直接的に売上につながらなくても、店舗運営への大きな自信になる。

ユーザーは、いわゆる「カタい経営理念」は求めていない。あなた自身の噛み砕いた言葉で、普段から思っている、ごく当たり前のことを少し語ればいい。あなた自身はわざわざ語るまでもないと思っているような、「商売に対するごく個人的な思い入れ」に共感してくれるケースも多い。対面接客ならわざわざ語らないようなことも、ネットショップではたくさん書ける。ちょっと気恥ずかしいかもしれないが、試してみてほしい。ただし、これはテクニックではないので、思ってもいないことは書かないようにしてほしい。

なお、何人かで店を運営している場合は、店長だけ突っ走って思いを掲げるのは良くない。メンバーとの距離が広がるだけだ。ここで語る思いは店としての価値基準にもなるので、みんなで話し合って決めよう。全員が納得できる思いを掲げ、ユーザーからの共感が得られれば、メンバーの一体感にもつながるはずだ。

▎TIPS

単なる自己顕示は控える
プライベートを語るのも大いに結構だが、あくまで中心には「プロとしての自分」「商売やお客さんに向けた思い」を置いていてほしい。素の自分語りに夢中になりすぎると、自己満足になりかねないので注意しよう。

店舗紹介ページを要約する
自信の持てる店舗紹介が作れたら、その内容を要約して全ページのフッター部分に掲載し、「詳しくはこちら」と店舗紹介ページにリンクするといいだろう。

重要度 ★★★
緊急度 ★★

◆ あなたの「思い」を見つけるヒント

- なぜその仕事（店）を始めたか？
- その仕事（店）をしていて、自分が楽しい・うれしいと思うのはどんなときか？
- 周りのスタッフや関係者が楽しい・うれしいと思うのはどんなときか？
- その仕事（店）が、世の中に役に立ったと思うのはどういうときか？
- お客さんから感謝されたり褒められたりするのは、どんなときか？

◆ 店舗紹介ページの例

店長とスタッフの、商売に対する思いが綴られたページ。
◆ 水郷のとりやさん
http://www.suigo.co.jp/info/firsttime.html

第3章 店舗コンセプトを生かした接客の法則

法則 **44** 店構えを作る

レイアウトは「普通」を心がける

ユーザーが慣れたレイアウトが一番

　思い入れのある自分のネットショップだから、独創的なレイアウトを追求したくなるかもしれない。だが、結局は、ユーザーが一番慣れている「定番」なレイアウトが一番使い勝手がいい。

　変にひねらずに、業界内の主要店舗などを見て「周りに合わせる」くらいの気持ちで臨もう。よく言われているとおり、Flashを使った複雑な演出はナビゲーションなどが分かりにくくなることが多いので、ショップ運営に慣れるまでは控えた方がいいだろう。

　見栄えの良いページにしようとしてレイアウトに悩む人も多いが、その必要はない。写真を使えばカンタンだ。サイズの大きい「ドアップの商品写真」をトップページの中心や、商品ページの上部などに置くだけでイメージが変わる。

一般的なレイアウト例を把握する

　まず背景は白が基本。その方が商品写真が映えるからだ。ページの最上部には看板（タイトル）画像を置く。看板には、商品に関連する写真やイラストを載せれば直感的に何を売っているか分かりやすい。さらに店舗のコンセプトを表すキャッチフレーズも載せる（法則40参照）。「いくら以上買えば送料無料になるか」も明示しよう。

　次に、看板画像のすぐ下の上部ナビゲーションには、基本情報と主要カテゴリを示す。基本情報とは、注文方法、決済／配送、買い物かご、よくあるお問い合わせ（法則95参照）、店舗紹介（法則43参照）といった必須要素だ。主要カテゴリとは、来店客の属性（メンズ、レディース、キッズ）で分けるなど、最も大きな分類を指す。この上部ナビで主要カテゴリやお勧め商品を並べると、品揃えの幅広さをアピールできる。

　ページ左のナビゲーション（レフトナビ）には、上から検索ボックス、ユーザーの「購入動機別」のリンクと、細かい商品カテゴリを並べる。特に動機別のナビゲーションは、ユーザーにとっても使い勝手が良く、売上につながりやすい。法則47で解説する。なお、このレフトナビは、商品数が少ない場合はなくてもいい。

　ページ下部（フッター）には、決済配送と店舗情報の要約を載せる。衝動クリックを狙うようなバナーをここに置くと、ページを見終わった来店客がまた別のページを見ることになり、滞在時間の向上につながる。

関連する法則

39
接客戦略も「魚鱗」か「鶴翼」で考える __P96

42
店舗コンセプトをデザインに反映させる __P102

用語

ナビゲーション __P225
来店客 __P226

TIPS

人気店を参考にする
自分のジャンルに近いお手本は、楽天市場の「ショップ・オブ・ザ・イヤー」（http://event.rakuten.co.jp/campaign/shop/soy/）店舗を参考にするといいだろう。

検索フォームは重要
ユーザーは探している商品が決まってる場合、直接商品名やキーワードを入力するので、検索フォームがないとストレスになる。取扱商品に詳しい常連客も同様。検索フォームはできるだけ掲載すること。

商品数が少ない場合
ナビゲーションではなく、店舗内広告のつもりでキャッチコピーを付けた商品を並べるといい。

ナビゲーションは日本語表記が基本

　バナーやボタン、リンクテキストは、日本語表記が基本だ。「店舗紹介」や「こんなお店です」と書くべきところを「information」「about us」などと書いてしまうと、来店客は気づかずに通り過ぎてしまう。海外のブランド名など、どうしても日本語にできない場合も、カタカナにするか、アルファベットとカタカナを併記するのが望ましい。複雑な英単語は視認性が低い（ぱっと見てすぐ分からない）からだ。

　特にバナーに関しては、日本語なら文字数が少なくて済むので、その分1文字あたりのサイズが大きくなって見やすくなるのだ。ただ、漢字については、うまく使えば文字数が少なくて済むが、難しい漢字は逆に読みづらくなってしまう。適度にひらがなを混ぜるなど「視認性」を意識しつつ調整してほしい。

◆基本的なページレイアウト

●看板画像
・キャッチフレーズを載せる（法則40参照）
・商品に関連する写真やイラストを載せることで直感的に何を売っているか分かりやすい

●ページ左のナビゲーション（レフトナビ）
・検索ボックス
・ユーザーの「購入動機別」のリンク（法則47参照）
・細かい商品カテゴリ
・商品が少ない店ならなくても可

●上部ナビゲーション
・基本情報
注文方法、決済／配送、買い物かご、よくあるお問い合わせ（法則95参照）、店舗紹介（法則43参照）
・主要カテゴリ
来店客の属性（メンズ、レディース、キッズ）で分けるなど大きな分類
・お勧めの商品や特集ページ

●ページ下部（フッター）
・決済配送と店舗情報の要約
・衝動クリックを狙うようなバナーを配置すると、滞在時間の向上につながる

重要度 ★★★
緊急度 ★★★

法則 45 ｜ 店構えを作る

「トップページに求められる役割」を果たす

ネットショップの入り口は「商品ページ」

特にモールでは、ネットショップへの入り口はトップページではない。大抵、検索やメルマガや広告を経由して、いきなり商品ページに入ってくる。購入するかどうかの判断も、商品ページ上の情報で決める。だからトップページを「わざわざ」見に来る場合は、何か理由があるのだ。ここでは、ユーザーの行動を踏まえて、トップページに求められる役割について紹介する。

TIPS

独自ドメイン店の場合
検索エンジン経由の来店は、約半分がトップページに来る。モールよりも、トップページに力を入れる必要がある。ただ、果たす役割はこの法則で説明しているのと同じである。

◆他にどんな商品があるか把握するため

ユーザーは、目当ての商品を買い物かごに入れ、「ついで買いできる商品を探す」場合にトップページに来る。だから、店舗の「目次」としての機能を持たせ、「もう1品」を探しやすい構成にしたい。

◆まともな店かどうか確認するため

商品ページだけでは安心感を得られず、トップページを見に来るユーザーもいる。店舗紹介ページ（法則43）の内容を、抜粋し、トップページに転載すると良い。マスコミ掲載やランキング入賞実績も、安心感の演出に有効だろう。

◆SEOで重要な「店舗内リンク」のリンク元として

店舗内の各ページでリンクを張り合うのは、SEOの定番手法だ。特にトップページから各ページへのリンクは、非常に重要である。詳しくは法則21を参照してほしい。

売れている店はトップページがキレイ？

売上の高い有名店のトップページは作り込んであって、みんなキレイです。でもそれはトップページがキレイだから売れたのではなく、売れて、スタッフも育って、商品数も増えて、いろいろな情報を伝える必要が出てきて、資金的にも余裕があるのでトップページを作り込んでいるわけです。

「トップページがキレイだから買う」というお客さんはいません。「商品がいいし、トップページも怪しくなくて大丈夫そうだから買う」というのが正確なところ。デザインではなく、買う理由があるから買うのです。つまり、優先順位を考えると、トップページを作り込むのは最後でも良いくらいなのです。（坂本）

法則 **46** 店構えを作る

需要の大きさから、商品カテゴリを決める

ユーザーに優しい商品カテゴリを作る

　ネットショップにおける商品のカテゴリ分けは、単なる分類ではない。「ユーザーが最も必要とする切り口」からカテゴリを決めよう。

　例えば、あなたが風邪を引いて薬局（実店舗）に入ったとする。商品コーナーが「錠剤」「粉薬」や、「武田薬品」「ファイザー」で分かれていたら、恐らくあなたは「風邪薬はどれだ？」と混乱することだろう。この場合は、明らかに「風邪薬」「頭痛薬」などの「用途別」（病気別）の分類が最も求められていたというわけだ。

　このように、ショップで扱っている商品が最も求められる切り口で商品カテゴリを決めつつ、それ以外の切り口も網羅するのが理想だ。需要の切り口の見つけ方については、次の法則47を確認してほしい。

◆商品カテゴリ分けの基本パターン

- **メーカー・ブランド別**
  海外ブランドファッションなど、ブランドありきで商品を探す店に多い。
- **購入動機別**
  「お歳暮」「母の日」など、ギフト専門店に多い。「悩み別」も同じ。
- **商品分類別**
  最も多い。「ソファー」「デスク」など一般的な商品分類をそのまま使う。

■ 関連する法則

39
接客戦略も「魚鱗」か「鶴翼」で考える __P96

41
客層をイメージして、キャッチコピーを作る __P100

重要度 ★★★

緊急度 ★★★

お客さんとしての経験が店を育てる

　あなたはどれくらいネットで買い物をしていますか？
　同じネットショップを出店するにしても、ネットショッピングのヘビーユーザーが出店すると、比較的早く売れる傾向にあります。なぜなら、日ごろから自分がお客さんの立場となっているため、感覚がつかみやすいんですね。一方、プライベートでインターネットを使う習慣がない人は、なかなか勘所が分からずに苦戦します。だから、お客さんの気持ちになるために、普段からできるだけネットショッピングすることをお勧めします。
　「店を見ているときの自分の気持ち」を、自分で分析しながら買い物するといいですよ。「いま、衝動買いしそうになった」「安い店だけど不安になったな」「あやうく勘違いするところだった」などなど。それがそのままお客さんの心理につながりますから、ネットショッピングの経験を増やすと、間違いなく売上にも良い影響が出ます。（川村）

法則 **47** | 店構えを作る

ナビゲーションを充実させ、小さな需要も拾う

「需要の取りこぼし」に気を付ける

　法則46で説明したように、ネットショップの商品カテゴリは、ナビゲーションの主軸になる。しかし、基本の商品カテゴリだけでは取りこぼしも多い。

　例えば、ワインショップの来店客が「生まれ年のワイン」を探しているのに、ナビゲーションが「産地別」だけだったらどうなるだろうか。サッカーショップの来店客が、「子供用のスパイク」を探しているのに、ナビゲーションが大人向けを前提にした商品カテゴリだけだったらどうなるだろうか。他の店に移られてしまい、購入率が下がる。実店舗と違い、違う店に移動するのは一瞬だ。ユーザーは他にも店がたくさんあることを知っているので、よほどのことがない限り問い合わせたりしないものだ。

　取り扱っている商品なのに「見つけられなかった」という理由で売り逃すのは、絶対に避けたい事態である。だから、あらゆる需要（探し方）をカバーできるように、商品から連想されるさまざまな角度からナビゲーションを構築する必要がある。来店客は自分の興味にぴったりくるナビゲーションを見つけられれば、しばらく滞在して商品を探してくれるはずだ。

関連する法則

41
客層をイメージして、キャッチコピーを作る __P100

58
「ポテト提案」で満足度と客単価を高める __P132

59
「グレードアップ商品」で満足度と客単価を高める __P134

用語

PV __P223
回遊性 __P224
ナビゲーション __P225

◆需要を拾うナビゲーションの実例

ベビー・キッズ用品の月齢・年齢別ナビ。
◆ 赤すぐnet
http://akasugu.fcart.jp/shop/c/c20/

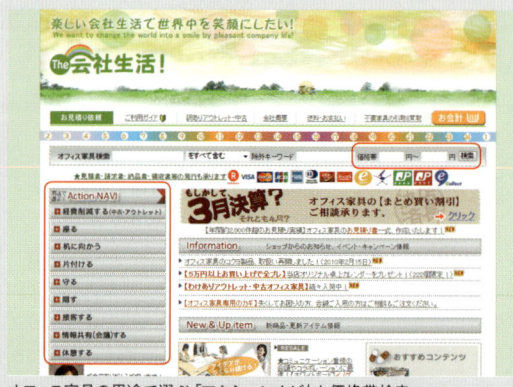

オフィス家具の用途で選ぶ「アクションナビ」と価格帯検索。
◆ The・会社生活！
http://www.rakuten.ne.jp/gold/tskagu/

ユーザーの気持ちを先回りして
ナビゲーションを作る

　ユーザー側の需要をよく理解していれば、「気の利いた」ナビゲーションを作れる。例えば、アクセス解析を見て、どんな検索キーワードで来店しているかを確認してみよう。例えば「初心者用」というキーワードでの来店が多ければ、そこから想像を膨らませてナビゲーションを作れば良い。

　あるいは、法則41「客層をイメージして、キャッチコピーを作る」で案内した「自店舗の客層」を思い浮かべてみよう。例えば、客層の1つに「単身者の社会人」があれば、「忙しい朝」「たくさんあっても食べきれない」などのシーンが想像できる。どんなナビゲーションが有効か自然と答えが出るはずだ。

　また、下図に典型的なナビゲーション例を掲載した。これら以外にも無数にやり方はある。まずは、ユーザーの生活を想像することから始めてみよう。

> **TIPS**
>
> **ナビの完成度をチェックする**
> ナビゲーションが一通りできあがったら、最後に確認が必要だ。どのページからでも、行きたいページにスムーズに移動できるか？ 自分で試すのはもちろん、人に頼んで、実際に目の前で商品を探してもらい、ちゃんとたどり着けるかどうかを確認してみよう。
>
> **1人あたりPVで効果検証**
> 滞在時間・回遊性が向上したかどうかは、アクセス解析の「1人あたりPV（ページ閲覧数）」の変動で確認できる。正しく施策を打てば、5割増することも珍しくない。

重要度 ★★★☆
緊急度 ★★★★

◆ナビゲーションの切り口の例

カテゴライズの主軸になる切り口
商品分類で探す
ブランド／メーカーで探す
購入動機で探す

より細かい需要を拾う切り口	
用途で探す	「業務用」「ホームパーティー用」「朝食用」など
容量で探す	「大容量」「まとめ買い」「単身者用」など
経験レベル	「初心者向け」「入門用」「ベテラン用」など
難易度	「お手軽メニュー」「腕によりを掛けるメニュー」など
年齢別	「お子様用」「シニア用」「子猫用」など
性別	「メンズ」「レディース」など
身長・体重別	「大きいサイズ」「小さいサイズ」など
価格帯検索	「1000円以下」「5000円均一」など
ランキング	「当店おすすめベスト3」「現在の売れ筋」など
店舗内検索	任意のキーワードで検索

法則 **48** 店構えを作る

簡単な方法で
ナビゲーションの自由度を高める

複雑なナビゲーションを簡単に作る方法

　法則46でも述べたとおり、例えばサッカー用品店の来店客は、ユニフォームやスパイクなどという「商品カテゴリ」で探したり、アディダスやナイキという「メーカー名」で探したり、有名チームのレプリカであれば「国やクラブチーム名」など、実にさまざまな切り口から商品を探そうとするものだ。

　もし仮に「限定モデル」というナビゲーションが作れなかったら、その商品を探すには、ユーザーに「検索」してもらうことになる。商品説明文の中に「限定モデル」という言葉が含まれていれば、該当商品が検索に引っかかる。

　さて、ここで説明するのは、わざわざキーワードを入力して検索しなくても、ワンクリックで「『限定モデル』の商品検索結果」を表示するという方法である。実際どのように使われているかは、下記の画面を見てほしい。細かいナビゲーションを増やすには限界があるが、この方法ならいくらでも増やせる。商品説明文の中に「初心者向け」「女性向け」など何でもキーワードを入力しておいて、検索結果に直接リンクすればいいだけだ。実際、商品点数も多いネットショップやモールでは、このようなナビゲーションが多用されている。

　ただし、これはあくまでも簡易手段だ。特に重要なページは、法則49で述べる「特集ページ」を参考にして、きちんと作り込んでほしい。

■ 関連する法則

26
リンク先ページを使い分ける __P70

47
ナビゲーションを充実させ、小さな需要も拾う __P110

■ 用語

独自ドメイン店 __P225
ナビゲーション __P225

◆ ページ上部の「気になるキーワード」

一部の店舗は、看板直下に「気になるキーワード」として、このリンクキーワードを使っている。
◆ オーガニックサイバーストア楽天グルメ天国店
http://www.rakuten.ne.jp/gold/ocs/

楽天市場でも同じように使われている。こういったリンクキーワードを見越して商品説明文に含めることも、モール内SEOの1つである。
◆ 楽天市場「メンズファッション市場」
http://directory.rakuten.co.jp/rms/sd/directory/vc/s1tz100372/

◆検索結果URLを取得してリンクする手順

下記では、ゴルフ雑貨店で、「ゴルフコンペ 賞品」の検索結果ページにリンクする手順を説明している。

❶店舗内検索で、「ゴルフコンペ 賞品」を検索する

❷「ゴルフコンペ 賞品」の検索結果が表示される

❸表示されたURLをコピーする

```
<a href="http://search.rakuten.co.jp/search/inshopmall?
f1&v2&sid217404&uwd1&s1&sitem%E3%82%B4%E3%8
3%AB%E3%83%95%E3%82%B3%E3%83%B3%E3%83%
9A+%E8%B3%9E%E5%93%81&stA&nitem&min&max&
p0"> ゴルフコンペ 賞品 </a>
```

❹<a>タグでリンクを貼ってナビゲーションにする

重要度 ★★★
緊急度 ★★★

店舗内検索が備わっていない場合

　独自ドメイン店でも、利用しているシステムにサイト内検索機能が備わっていれば、この法則で紹介した方法が使えます。機能がない場合は、サイト内検索機能を別途手配する必要があります。筆者がお勧めするのは「Googleカスタム検索」です。無料でサイト内検索が設置できます。広告が表示されることがありますが、有料版（年間100ドルから）を使えば広告が表示されず、細かいカスタマイズも可能です。有料版であれば、Google以外にも何社かがサイト内検索機能を提供していますので、必要があれば調べてみることをお勧めします。（坂本）

第3章 店舗コンセプトを生かした接客の法則

法則 **49** 店構えを作る

用がなくても見てしまう「特集ページ」を作る

需要が多ければ「特集ページ化」する

　例えば楽器店でアクセス解析を見ていたら、特に工夫をしていない「入門用楽器」のカテゴリページへの訪問が多かったとしよう。これは潜在的な需要がある証拠だ。このように力を入れたいカテゴリがあった場合は、それを強化して「特集ページ」を作るといい。

　特集ページとは、店舗からの提案として「1つのテーマで商品を揃えた」ページを指す。企画ページとも呼ばれる。実店舗で言えば、スーパーマーケットやコンビニの一角で行われる「北海道グルメフェア」のような店舗内イベントに近い。

　メリットとしては、たくさん並べることによる「下手な鉄砲効果＝どれか当たる」や、掲げたテーマが魅力的であれば「単体では売れない商品」も露出強化できる点がある。もちろん、単に並べるだけではなく、個々の商品をしっかり説明するのが条件だ。

特集ページは使い勝手がいい

　ファッション、インテリア、雑貨など、商品を選ぶ楽しみが重視されるような店は、特にこの特集企画は重要だ。ユーザーは通常、モールや検索エンジンの検索結果画面を見ながら「この中で一番良い店を選ぼう」と考えるわけだが、「検索よりも、この特集ページの中で探す方が楽だ」と思ってもらえれば、他店への流出を防ぐ効果も期待できる。

　特集ページができたら、積極的にユーザーを送り込もう。店舗ページの中で、空いたスペースや、ちょっとした隙間があれば、そこに特集ページに誘導するバナーを複数置くといい。レフトナビの下の方やフッター部分には、たくさん空きスペースがあるはずだ。メルマガでも、特集ページを積極的に露出しよう。HTMLメールであれば、ページの内容をそのまま流用してもいい。広告のリンク先ページとして使っても効果的だ。

　このように、特集ページは、一度作っておけばあらゆる用途に使い回せる。大型商戦に限らず、比較的小さな需要でも、どんどん特集ページ化することを勧める。

関連する法則

26
リンク先ページを使い分ける __P70

87
「提案型イベント」で企画の幅を広げる __P192

用語

HTMLメール __P223

TIPS

メルマガへの転用
「春の楽器入門特集」などと期限付きイベントにすると、メルマガとの相性が良くなる。法則87「『提案型イベント』で企画の幅を広げる」を併せて参考にしてほしい。

特集テーマと「書き出し」にこだわる

特集ページのテーマは、売れ筋商品を集めた「いま当店で人気の商品を揃えました」、用途に合わせた商品選定で「パーティー必須アイテム特集」、客層に応じた「50代に人気の美容特集」、商品カテゴリに応じた「バイヤーイチ押しのシャンパン特集」など、さまざまな企画が考えられる。

なお、特集テーマと、HTML上のページタイトルはまったく同じにする必要はない。法則16、17で紹介したSEOの方法論を参考に、キーワードを意識したページタイトルにしてほしい。

また、特集ページの見出し（特集テーマ）の下に、特集内容を解説するテキストを置いて、その中で「欲しい気持ち」を喚起するのも大切だ。例えばエチケット商品特集なら、「忘年会・パーティーシーズンでは異性と接近する機会も多いもの。肌荒れや体臭・口臭、しっかりケアしていますか？ 食べすぎでボディラインが緩んでいませんか？ でも大丈夫！ 今回は、通販で人気のエチケット商品特集です！」というような文章を特集ページの冒頭に載せるだけで、来店客の「特集ページを見るモチベーション」は上がり、購入率アップにつながる。

◆テーマ性のある「特集ページ」の例

キッチンマットを、いろいろな角度から選べる形で提案している。
◆ ディノス オンラインショップ
http://www.dinos.co.jp/special/hou/kitchenmat/

カテゴリページの上に案内を追加した、簡易特集ページ。
◆ イシバシ楽器WEB SHOP
http://item.rakuten.co.jp/ishibashi/c/0000001599/

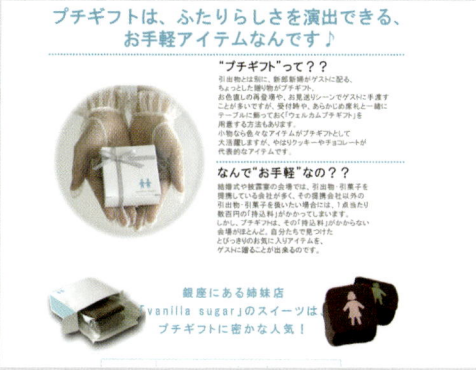

「ウェディングプチギフト」の価値を説明しながら提案している。
◆ 横浜チョコレートのバニラビーンズ
http://item.rakuten.co.jp/vanilla/c/0000000229/

地域限定商品を揃えているだけでなく、お土産提案もしている。
◆ ネスレeショップ
http://www.rakuten.ne.jp/gold/e-nestle/kitkat2.html

法則 50 ｜ 店構えを作る

「セールページ」で、利益を保ちつつ売上を作る

最強の特集ページ「ワゴンセール」を作る

法則49で述べた特集ページはいろいろなテーマで作るのがいいが、ここで紹介する「セールページ」は特価品を多数混ぜたノンジャンルのセールである。商品は少なくとも20点以上掲載するのが望ましい。なお、セールページは1店舗に1つが基本だ。1ページにユーザーを集中させた方が売れやすいからだ。

用途としては、広告のリンク先や、まだ購入に至っていない懸賞応募者に送るメルマガと連動させるのがいい。つまり、まだ店舗に対する興味が薄いユーザーに対して、最も分かりやすい「セール」で強烈なインパクトを与えるのだ。

これは実店舗で言うと、1カ所に色んなセール品を集中させた「ワゴンセール」に例えられる。大量に新規購入客を獲得するための強力な手段だが、あまりにも安さだけをアピールすると、店に「安売りイメージ」がついてしまう可能性もある。自店舗で使うべきかどうかは、各自で判断してほしい。

見出しの力で来店客を吸い込む

アクセス解析を見ているとよく分かるが、よくできたセールページは、まるで掃除機のように来店客を次々と吸い込んでいく。特徴として、ページのタイトルや見出しが優れていることが多い。例えば「最大90％オフ！ヴィトンなど有名ブランドバーゲン会場」のように、「値頃感」（90％オフ）と「気になる言葉」（ヴィトンなど）の2つを使って見出しを構成するのだ。値頃感だけでは具体性に欠け購入意欲がわかないので、後者と合わせるのが必須となる。

このタイトルを見た来店客は「掘り出し物があるかも」と思ってクリックし、セールページに入ってくる。この時点ですでに「探す」気持ちが強くなっているので、いろいろ探すうちに、たくさん置いてある商品の中から欲しいものを見つけ、そのまま購入するという流れができるわけだ。

この際、利益率の高い（あまり値下げしていない）商品を混ぜておくことで、全体としての利益率アップにもつながる。アパレルの実店舗が、バーゲンや福袋の時期に、原価の安いバーゲン用商品を用意するのと理屈は同じだ。

最大値引率以外では、「クロックス1,500円」など、目玉商品をフックにしてもいい。これはスーパーマーケットが「タマゴ特売50円！先着○名様」と、チラシを配って集客し、店内で「今夜はすき焼き」を提案して、牛肉や焼き豆腐を売るのと同じ仕組みだ。

関連する法則

56
型番商品・有名ブランド品を売るなら、価格競争とうまく付き合う __P128

76
用途と商品特性によって、うまくHTMLメールを使う __P170

用語

来店客 __P226

TIPS

ネーミングは要調整
セールページの名前は取扱商品に合わせよう。例えば、生鮮食品を「ワゴンセール」で買うのは気が引ける。「大漁激安祭」など適宜調整すること。

安売りイメージ
あまりに安さを前面に押し出すと、ユーザーの心理としては「安い分、きっと品質はそうでもないんだろう」と思ってしまいがちだ。これが安売りイメージである。セールは派手な色使いで盛り上げるのが定番だが、取扱商品によっては、避けた方がいいだろう。

重要度 ★★★☆
緊急度 ★★★☆

「棚替え」で精度を高める

セールページのレイアウトには特に規則はないが「王道のレイアウト」はある。

たくさんのマス目を作って商品を並べていく形だ。マス目の例としては、横4マス・縦10マスなどが一般的だ。そのマスの枠中に商品の写真・短い解説・赤文字の価格を並べていくのである。この枠を「棚」と呼ぶ。

売れ行きによって棚の中の商品を上げ下げする、いわゆる「棚替え」を行うと、よりセールページ全体の購入率が高まるだろう。例えば、セールページからのクリック数（アクセス）が多いがあまり売れなかった商品は、商品ページを見直す。クリック数が少なかった商品は下げるか、セールページ内の商品説明文を見直す。クリックが多くよく売れた商品は、ページ上部に移して、より重点的に紹介することでさらに売上を伸ばす。このような「棚替え」は、実験としても便利だ。どの商品に人気があるか、どう表現すればより売れるかなどを研究できる。店舗運営全体へのヒントになるので、積極的に取り組んでほしい。

▶ TIPS

使い回すと便利

このセールページは一度作っておけば、ページ内容を変化させながら何度も使い回せる。ページ上部の見出しや書き出しだけを変えるだけで「別企画」にできるからだ。作業の効率化にも有効だと言える。

◆ 吸引力の高い「セールページ」の例

価格訴求しつつ棚状に商品を並べ、回遊性を高めている。
◆ アイリスプラザ
http://www.irisplaza.co.jp/

アウトレット＝キズモノという不安を払拭する説明で安心感を高めている。
◆ タンスのゲン
http://www.rakuten.co.jp/tansu/652247/

重要度 ★★★
緊急度 ★★★

第3章　店舗コンセプトを生かした接客の法則　117

法則 **51** | 店構えを作る

「値下げの種類」を増やして安売り中毒を防ぐ

セール企画・ポイント倍付けには中毒性がある

　ネットショップにとって、セール企画や、モール内の「ポイント倍付け」企画は、諸刃の剣だ。うまく使えば有用だが、中毒性があるからだ。

　店から店へと移動しやすいインターネットの特性上、安い店には実店舗以上に人が集まるので、購入客を一気に増やすことも可能だ。しかし、連発していると「中毒」になる恐れがある。

　これらの企画にユーザーが慣れてしまうと、「お得な時だけ買えばいい」と、通常価格に戻ったときに「買い控え」が発生する。平常時の売上が落ち込んでしまい、それを取り戻すためにまたセールやポイント倍付けを行って、差し引きで見れば結局損をしているという中毒症状は、多くの店で見られる。しかも、価格のインパクトは徐々に薄れ、マンネリ化していくので、安売りの際の反応もだんだん落ちてくる。かといって急に安売りを止めると売上が落ちてしまうので、現状をズルズル続けることになる。これが中毒症状だ。

　この法則では、この「安売り中毒」を防ぐための工夫を紹介する。

同じ値下げ幅でも「違うイベント」に見せる

　ユーザーに買い控えが発生する理由は、安く買ううれしさよりも「安く買えない悔しさ」の方が強いという心理にある。頻繁にセールを開催する店を見ると、誰でも「(安くなるものを) 普通に買うのはもったいない」と思ってしまうものだ。

　この状況を打開するには、真新しさとお得感を提示して、買い控えユーザーを動かす必要がある。具体的には「『値引きの種類』を細かく変えて、毎回違うイベントのように見せる」ことを勧める。そして、各イベントの「今だけ感」を演出することにより、「せっかくだから今買おう」と認識してもらうのだ。

　例えば「10人に1人がタダになる」イベントを開催すれば、店側の値下げ幅は基本、10%オフと同じだ。しかしこれを期間限定にして、タダになった購入客の喜びのコメントを交えて、メルマガと連動させながら展開すれば、イベント感が強く出るので「せっかくだからイベント期間中に買おう」という心理も働く。

　「ひなまつり企画！女性限定○%オフ」「ボーナス出たからまとめ買い祭！1万円以上買えば1000円引き」など、企画内容や見せ方は何でもいい。毎回毎回の理由付けや演出をきっちりやれば、わずかな値引きでも十分購入動機になるのだ。右ページでは、値下げの例を解説する。

関連する法則

59
「グレードアップ商品」で満足度と客単価を高める __P134

84
イベントを成功させる「企画3パターン」を把握する __P186

用語
購入客 __P224

TIPS

セールの理由付け
理由付けのあるイベントの方が説得力があり、盛り上がる。常に「開店○周年記念」「29日は肉の日」などと開催理由を作る癖を付けよう。具体的な理由付けのパターンについては、法則84「イベントを成功させる『企画3パターン』を把握する」を参照してほしい。

ネットショップの福袋
ネットショップの福袋企画は、中身が見える・見えない場合の2パターンがある。また、「夏袋」などと称して年間通して販売されている。他店を見ながら、自店舗に合う方法を見つけてほしい。

セット商品の値引き
「セット商品にしたら必ず値引きしなければいけない」わけではない。単に「セットで買えば送料無料」という程度でも十分購入動機になる。要は理由付けなのだ。

「対象者を限定」と「購入商品を限定」

例えば、前ページで説明した「10人に1人がタダ」や「女性限定○％オフ」は対象者を限定して値下げする形だ。逆に「惣菜だけ半額」「1万円以上買えば1000円引き」など、購入商品や購入額を限定して値下げする形もある。セールの「期間限定」はよく見かけるが、このような形での限定は、売りたい商品や客層に絞ってセールを仕掛けられるので、大変使い勝手がいい。

その時々で限定対象を変えていけば、毎回違うイベントをとして演出できる。

「均一セール」と「予算提案型」

100円ショップで「どれでも100円」というとついつい買ってしまう人が多いように、例えば「3000円均一セール」など「分かりやすい価格」は、不思議とお得感が出る上、商品選びが楽になるので購入率が上がる。均一価格が難しい場合は「1万円以下で買えるお洒落インテリア特集」「8000円以下のプチプラジュエリー特集」などの「規定額の予算の中で選べますよ」という提案でもいい。価格は分かりやすいし、安心感を与えることもできる。応用パターンとしては、「選べるセット」と称して、「この中から自由に選べます、どれでも3つで1万円」という形もある。単価も上がるし、高粗利商品を混ぜておけば利益率も上がるだろう。

「ついで買い」と「まとめ買い促進」

「まとめて買えば安いですよ」という提案は、値下げしつつも客単価が上がるので、粗利額を減らさずに済む。例えば「2パックの価格で3パック買える」「2着目1円」「2個買えば送料無料」などだ。在庫処分にも最適だろう。

在庫を増やさずに高単価商品を作るなら「当店自慢のランキング入賞賞品がすべて入って○円」というセット企画を勧める。福袋もこの一種だ。このゲーム機を買ったらソフトが必要になることから、あらかじめ「ゲーム機本体＋ソフト」のセットを作るなど、「ついで買い」型の商品提案もいい。「ご飯と漬物」「ワインとチーズ」など、この商品にはコレ！と、商品選びを代行したセット商品もいいだろう。

重要度 ★★★
緊急度 ★★★

◆「週替わり」の100円セール

購入商品を限定したセールの例。週替わりで、毎回違うサプリメントを100円で特売している。「買ったことのない商品を試す」ユーザーを増やす効果も期待できる。
◆ オーガランド-ogaland-
http://www.rakuten.co.jp/oga/1008410/1012071/#1011967

第3章　店舗コンセプトを生かした接客の法則

法則 **52** | 店構えを作る

分かりづらいニッチ商品は「選び方」も提案する

ニッチ商品を探すユーザーは「不安」

　ニッチ商品を扱う店舗への来店経路を調べると、商品検索だけでなく「情報検索」も少なくない。「ランドセル 比較」「ランドセル 選び方」など、商品選びの情報収集をきっかけとして来店するユーザーが、意外と多いのだ。

　家電にはカカクコム、化粧品にはアットコスメなどのクチコミサイトがあるが、ニッチ商品では大抵情報が不足している。だから、予算に応じた商品選び、商品ごとの特徴、購入後の活用方法などの情報を掲載してあげよう。

　情報不足で「どの商品を買えば失敗しないだろうか」と悩みながら見比べているユーザーを想像してほしい。彼らは、価格よりも「安心」を重視する傾向にあるので、不安が解消されれば購入につながるケースが多い。カカクコムで発生するような、激しい価格競争にも巻き込まれずに済む。積極的に情報を提供してユーザーの不安を払拭しよう。一見手間だが、売上として返ってくる。

不安なユーザーに「選び方」を教える

　このようなユーザー像を踏まえれば、商品を勧めるより前に「判断基準を教える」のが、安心感を得て、購入率を高める近道だと分かるだろう。

　以下、「表札として使われる陶板（陶器の板）」を販売する店を例に説明する。まず、初めて表札を買うユーザーのための基本情報を充実させる。例えば「表札の種類」や「良い表札とは」などだ。ユーザーは、この情報を基準として商品の善し悪しを判断することになる。そして、購入率を高めるために「陶板の表札は長く使っても色褪せません。暖かな風合いはご自宅の格を高めます」などと、「表札を買うなら陶板がいいな」と思われるようなことを書く。ここまで語れば「陶板＝良い表札」であることが伝わる。

　次に「陶器の表札の選び方」を語る。つまり同業者への差別化だ。国宝など何百年も持つ陶器の土の種類や、工程などを紹介し、当店も同様の良質なものを使い、古くからの技法を忠実に1つ1つご家族の繁栄を祈りつつ焼いていますなどと続ける。これで、量産品でないことが伝わる。

　最後に「お客様の声」や「頂いた玄関写真」を掲載し、具体的な喜びの声や満足感を提示する。ここまで見せれば商品の良さが伝わる。単純に価格のみで判断されることも減り、店舗への信頼感も高めることができるはずだ。

重要度 ★★★
緊急度 ★★★

関連する法則

7
ニッチ商品は、数少ない潜在客と深く付き合う __P30

77
「裏話」と「人間味」で、プロらしさを演出する __P172

用語

潜在客 __P225
ニッチ商品 __P226

TIPS

分かりやすい説明を心がける
ニッチ商品の説明は、比較的専門的な話になりがちだが、教科書や役所の文書ではないので、分かりやすく、読みやすく書くのが前提だ。陶器の土の成分表などを載せても素人には関係のない話。でも、その土の効果で「要はあなたにこういうメリットがあります」と伝えるわけだ。

積極的に「無料相談」や「問い合わせ」を勧める

　ニッチ商品の中でも、高額商品や事業者向け商品、日常生活で買い慣れないような商品を扱うなら、ページ上で「無料相談受付中！お気軽にどうぞ」などとアピールしよう。ニッチ商品は潜在客が少なく貴重なので、個別メールや電話で手間をかけてでも、1人1人とじっくり会話する価値がある。そして、いったん信頼が得られれば、ライバル店舗が少ない分、常連になってくれる可能性も高い。

　この「無料相談」を推進するには、まず「初めての方、ご事情がおありの方、まずはご相談ください」というバナーを、ページ上部に目立つように配置するといいだろう。笑顔の店員・接客担当者の写真も一緒に載せるとなお良い。通販保険の雑誌広告やテレビCMをイメージしてほしい。担当者の顔が見えることで、親しみを持たせ、不安解消を図るわけだ。

　問い合わせへの対応は、電話でもメールでも、事務的な返事では意味がない。しっかり名前を名乗って、誠実さや親近感を伝えること。満足な回答を得て店舗を信頼したユーザーは、価格と関係なく成約する傾向にあるようだ。

　一度信頼関係を築ければ、購入後も、メンテナンスや買い換えなどの相談がきたり、家族や知人に「良い店」として紹介してくれたりと、息の長い付き合いが可能となるだろう。

▌TIPS

売り込み過ぎに注意
問い合わせに対応する際は、あまり商品を売り込まない方がいい。商品のプロとして真摯にアドバイスをすれば、自然と信頼が得られ、気が付けば注文を貰っているはずだ。

重要度 ★★★
緊急度 ★★★

◆ニッチ商品の選び方を提案している例

素材の違いや機能性を説明し、「価格以外の基準」を提示している。
◆ ララヤ
http://www.raraya.co.jp/kiso04/

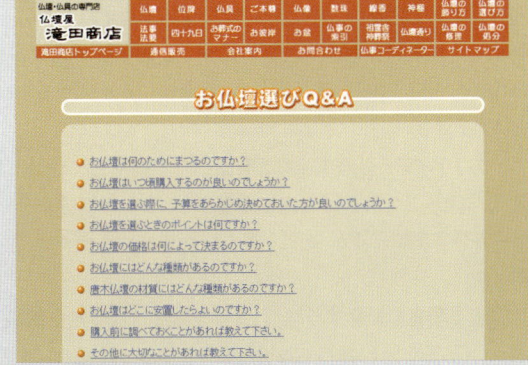

仏壇の、購入後の管理方法など詳しく説明している。
◆ 仏壇屋 滝田商店
http://www.butsudanya.co.jp/QandA_butsudan.html

法則 53 | 店構えを作る

商品写真のレベルを高める

暗い・汚い写真は致命的

　ユーザーが商品を直接手に取れないネットショップにおいて、写真は大変重要である。実店舗ではクリンリネス（清潔感）は最低限の要素の1つだが、写真がまずいネットショップは、どうしても「清潔感のない印象」を与える。「怪しい」「古そう」「痛んでそう」「手を抜いてそう」などと、写真1枚でマイナスイメージを持たれてしまうのだ。

　実際、まったく売れないネットショップの多くは、写真が暗くて印象を悪くしていることが多い。「ただの素人写真」と「商品写真」は違うのに、普段の感覚で撮影して、そのまま掲載しているのが原因だ。応急処置としては「Photoshop」や「Fireworks」などの画像加工ソフトで明度を上げ、コントラストをはっきりめにすれば、少しマシになる。もちろん、早めに商品写真を撮り直すのが理想ではある。

2種類の写真を使い分ける

　写真の明度や美しさなど、最低限のレベルをクリアした上で、購入率を上げるためには「2種類の写真」を使い分けよう。「イメージ写真」と「ディテール写真」の2種類である。

　「イメージ写真」は、購入するとこういう『いい思い』をできますよ、という具体的なシーンの描写だ。商品ページの冒頭などに掲載する。ワンピースであれば屋外でのモデル着用写真。タラバガニであれば、もうもうとした湯気の中の、箸でつまんだ茹でたての脚。心をつかむのが目的で、必ずしも商品そのものとは限らない。商品を手に取れない点を通販の短所だと思っている人は多いが、手に取れないからこそイメージ写真で夢が膨らみ、買う楽しみが広がるという側面もある。ぜひ力を入れてほしい。

　一方「ディテール写真」は、商品ページ後半部に位置し、購入検討に用いられる。ワンピースであれば着丈や縫製など、細かい部分が分かるような写真だ。ユーザーが何を気にするか、どこを見たいか想像力を働かせ、各方面から気を使って撮影したい。

　自分で写真を撮影する場合、1枚2枚ではなく光や構図を変えて数多く撮影しよう。「下手な鉄砲数打ちゃ当たる」で、たくさん撮ればその中に1枚ぐらいは良い写真があるはずだ。

用語
画像加工ソフト＿P224

TIPS

過剰な修正や演出はNG
購入客の期待値を上げすぎると現物に落胆され、レビューが荒れることになる。

画像の調整
画像加工ソフトで調整しすぎると、実際の色と違ってしまう恐れがある。どの程度いじるかは、自店舗の商品特性を踏まえて考えよう。

◆イメージ写真の例

鞄や靴とコーディネートした屋外の写真で、実際の着用シーンをイメージさせている。
◆ イーザッカマニアストアーズ
http://item.rakuten.co.jp/e-zakkamania/32187-0813020/

商品自体は「小袋に入った入浴剤」だが、イメージとして女性の写真を使っている。
◆ くすりの勉強堂
http://item.rakuten.co.jp/benkyo/c/0000002211/

◆ディテール写真の例

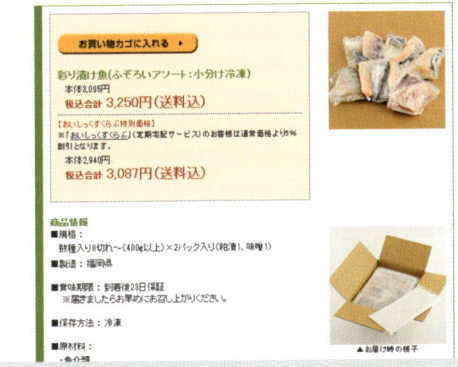

どのような形でどのくらいの量が届く、という情報を伝えている。
◆ Oisix産直おとりよせ市場
http://www.oisix.com/shop.gift--Wsh1-5646__html.htm

手にとって確かめたい情報を、細かい部分まで伝えている。
◆ ワールドダイレクトスタイル
http://directstyle.world.co.jp/webshop/item/W010152314418.html

重要度 ★★★

緊急度 ★★★

写真撮影のサポート情報

　写真で悩む店長さんは少なくないので、商品撮影に関しては、書籍や、さまざまな外注サービスが整っています。まずお勧めしたいのは、ネットショップ向けの商品撮影本。「標準デジカメ撮影講座」「カメラマンになるな、演出家になれ！」などが人気のようです。撮影機材もいろいろありますが、まずは本で勉強するのが良いでしょう。

　また、撮影代行サービスもあります。1カット数百円から依頼できます。商品を撮るだけでなく、モデルの手配をして着用した写真を撮影したり、指定サイズに切り抜いたりしてくれるところもあるようです。お金はかかりますが、プロが撮影するためそれなりのクオリティーが確保できます。「商品点数が多すぎて物理的に追い着かない！」「撮影する時間がない！」という方によく利用されているようです。（川村）

法則 54　店構えを作る

プチ動画・マンガで購入率を高める

動画は分かりやすい

　良い商品であっても、画期的すぎたり、珍しすぎたり、専門的すぎたりすると、ユーザーが「買っても、自分には使いこなせないんじゃないか」と思ってしまい尻込みして買わないという現象がよくある。例えば、調理を必要とする珍しい食材などだ。難易度が高そうに見えて「購入後に自分が使っているイメージが湧かない」のが原因だ。

　そのような商品は、短時間のちょっとした動画「プチ動画」で分かりやすさを高めるのがいいだろう。百聞は一見にしかずというとおり、文章や写真で説明するよりも、やって見せた方が早いこともあるのだ。動画で商品説明というと難しそうだが、別に通販番組を作るわけではない。10秒くらいの長さで、それなりの品質の映像でかまわない。

　商品案内の大部分は写真とテキストで説明し、部分的に「プチ動画」を使えば十分だ。

　例えば、バランスボールなどエクササイズ器具の使い方、犬に服を着せる方法、家具の組み立て方、クリスマスツリーのイルミネーション点灯シーンなど、実際に使っているところを映すだけでもいい。キャプションやBGMはなくても構わないが、必要な場合は無料でダウンロードできる「Windows Live ムービーメーカー」などのツールを使うといいだろう。

TIPS

撮影機材について
現在は、デジタルビデオカメラがかなり買いやすくなっている。例えばサンヨーの「Xacti」は、ハイビジョン対応なのに3万円以下で買える。

重要度 ★★★★
緊急度 ★★★★

◆ 分かりやすい動画で、不安を解消する

犬の服の着せ方を動画で説明している。
◆ 犬の服 i Dog
http://www.rakuten.ne.jp/gold/idog/beginners.html

「Windows Live ムービーメーカー」はマイクロソフトが無料で提供している。
◆ Windows Live ムービーメーカー
http://windowslive.jp.msn.com/guide/moviemaker/step1.htm

マンガは伝わりやすい

　最近はマンガを使ったネットショップも増えてきた。ペン習字やエクササイズマシン、通信講座などのマンガ広告を見た経験は誰にでも思い当たるだろう。かなり古くから紙媒体通販でも行われてきた手法なので、ネット通販とも相性がいいのは明らかだ。やはりマンガは親しみやすく、購入目的がなくても気軽に読んでもらえるのが利点だ。堅くなりがちな説明文も、会話調のセリフや絵で表現することにより分かりやすくなり、伝わりやすい。

　使いどころとしては、動画と違って通販番組や再現ドラマ的に使うシーンが多い。店長とスタッフの掛け合いをマンガで演出しているタイプもある。すべてをマンガで表現するのではなく、要所で使うといいだろう。コマ割りのマンガでなくとも、イラストと吹き出しを使うだけでもかなり使い勝手がいい。

　イラストレーターやマンガ家は、アマチュアの人数もかなり多い。知人にそのような人がいれば、そこに頼むのが早いだろう。また、絵心のあるスタッフがいれば、商品や店舗の内情を分かっているので、任せるのも得策だ。

◆商品が生きるシチュエーションをマンガで表現

店舗の紹介をマンガにすることによってスムーズに伝えている。
◆ 伊勢海老のワールドシー ヤマカ
http://www.worldsea.co.jp/shopping/beginners.html

スタッフや店長の掛け合いをコミカルに表現している。
◆ くすりの勉強堂
http://item.rakuten.co.jp/benkyo/c/0000002554/

ユーザーのレビューをそのまま4コマ漫画で再現している。
◆ オーガランド-ogaland-
http://www.rakuten.co.jp/oga/1924359/1924360/1907294/

資格の勉強をして結果が出るまでを、マンガで追体験できる。
◆ ユーキャン
http://www.u-can.co.jp/manga/u-can/

法則 **55** | 品揃えを増やす

できる範囲で商品数アップを検討する

商品を増やせば確実に売上が伸びる

　型番商品など、ある程度検索されるような商品は、登録商品数を増やせば増やすほど検索からの入口が増え、特に何もしなくても売上が伸びる。SEOを行っていればなおさらで、目に見えて売上が伸びるはずだ。在庫を持たなくてもいい「取り寄せ商品」を増やすのもいいだろう。インターネットは売り場面積が無限大なので、実店舗と比べれば、ネットショップは商品数を増やしやすいのだ。

　実際、商品数の少ないオリジナル商品タイプと、商品数の多い総合タイプや有名ブランドタイプを比較すると、筆者の経験上、平均値では後者の方が明らかに売上が高い。EC4タイプ理論でも述べたとおり、オリジナル商品は商品説明がうまくなければまったく売れないが、総合タイプはそれなりの運営でも、検索経由である程度売れてしまうのだ。利益や業務効率ではなく「売上」だけを見るならば、商品数アップは売上を伸ばす最も確実な方法であろう。

商品数を増やすリスクを知る

　ただし、とにかく商品数を増やせばいいというわけではない。

　あなたの店の戦略が、単品通販路線（魚鱗戦略）に定まっているのなら、無理に商品数を増やすべきではない。せっかく特定商品に集中していた販促やオペレーションも、散らしてしまうことで逆に競争力が低下してしまいかねない。また、取扱商品の中で共食い（カブリ）が発生する場合は、商品を増やした数ほどには売上が伸びない可能性もある。

　さらに、無計画な商品数アップは店舗のコンセプトを崩す。小さいながらもブランド力があった専門店を、平凡などにでもある店に変えてしまう危険性がある。目先の売上は伸びても、独自性を失った店舗は競争力が落ち、事業の先行きにおいても不安が生じる。

　その店らしさを出すには、商品カテゴリもしくは選定基準に「一貫性」を持って、品揃えを増やしてほしい。例えば「自社ブランドのゴルフ練習器具」を売る店が商品を増やすなら、「他のゴルフ雑貨」を増やすのが妥当だろう。

　「店のコンセプト・ブランドを崩さないように取り扱いを増やしていく考え方」については、法則60「将来の『あるべき品揃え』を考える」を参照してほしい。

　次のページでは、商品数アップのよくあるパターンを紹介する。

関連する法則

11
商品数が多い場合は「鶴翼の陣」で集客する __P40

60
将来の「あるべき品揃え」を考える __P136

用語

型番商品 __P224
単品通販 __P225

重要度 ★★★
緊急度 ★★★

「未登録商品」をアップする

　時々、本業が量販店でたくさんの商品を取り扱っているのに、「ネットではこのカテゴリだけを扱う」というスタンスで、限られた商品だけでネットショップをやっているケースがある。これはもったいない。本業で取り扱っている商品の中でまだ登録していない商品、つまり「未登録商品」がある店は、ぜひそれらをアップしてほしい。

　このようなケースでは、「乗り気じゃなかったけど、他の商品も扱ってみたら売上が大幅に伸びた」というパターンが少なくない。例えば自転車本体を売りたい店が、当初売る気のなかったパーツや付属品類を登録すると、それによって来店客が増え、結果、自転車本体の売上が伸びたりする。

　検索経由の来店客が、検索に引っかかったページから他ページに移動して他の商品を購入する……というパターンは珍しくない。すぐ購入しないまでもプレゼントに応募したり、メルマガ購読を申し込んだりすることも多い。

　単品通販やニッチタイプの専門店のように、「あえて商品を絞り込む」明確な戦略がない場合は、本業で扱っている商品は基本的にすべてアップすべきだろう。

ネット独自ルートから仕入れる

　独自の仕入れ先を持っていなくても、最近はネット経由で商品を仕入れられるルートがいろいろ整ってきている。特に、さまざまなメーカーが参加する卸のマッチングサイトが人気だ。手元に在庫を持たなくてもいいというネットショップの特性から、注文が発生した時点で卸元に連絡すればいい商品（受注発注商品）もかなり増えてきているようだ。

　また、ネットショップへの卸を意識して商品開発しているメーカーも多い。小規模なネットショップ向けに、直接小ロットで卸してくれたり、「商品ページや販促メルマガ付き」で仕入れられたりする商品もある。

　ただし、受注発注商品は「問屋に問い合わせたら在庫切れだった」というケースも少なくない。ライフサイクル（売れる期間）が短く、あっという間に販売終了になってしまう商品もある。オペレーションとユーザー対応が煩雑になるので、安易に仕入れず、注意して検討すること。

重要度 ★★★
緊急度 ★★★

◆ネット経由の卸ルート例

ネット卸のマッチングサイト。
◆ 仕入れ・卸問屋のネッシー [NETSEA]
http://www.netsea.jp/

ネットショップ向け卸に対応しているメーカー（ゴルフ雑貨）。
◆ アンバリッド
http://www.anbalid.co.jp/

法則 **56** | 品揃えを増やす

型番商品・有名ブランド品を売るなら、価格競争とうまく付き合う

価格競争に「対症療法」と「原因療法」で対処する

法則5でも解説したが、有名ブランド商品・型番商品を扱う店には、価格競争が付きものだ。欲しい商品が決まっていて、しかもどの店で買っても同じなら、当然一番安い店が売れるものだ。ここではそんな現実を踏まえて、モール内の価格競争にどう対処するかについて解説する。目先の施策である「対症療法」と、価格に振り回されない状態を目指す「原因療法」の2つを紹介したい。

最安値にできない場合は「価格以外で差別化」

まず対症療法から説明しよう。例えば「3番目に安い店だったけど『欲しかった商品がついでに買えた』し、『ちゃんとした店っぽい』からその店を選んだ」という購入パターンは意外と多い。実際、無理に最安価格で売る店はページの接客力が低いケースも多い。「安かろう悪かろう」という言葉のとおり、安すぎる店や商品を見ると、うれしい一方で不安になり、粗探ししてしまうのが顧客心理だ。

だから、まず安心感の演出を心がけよう。店長や実店舗の写真、モールからの受賞実績を見せ、仕入れルート・検品体制・返品や交換など「万が一の対応」の信頼性などをアピールする。ほんの些細なことのようだが、失敗したくない買い物では、少し割高でも安心できる店で買おうとするものだ。「よく分からない秋葉原のパソコン専門店より、有名な家電量販店で買う方が安心」という人の方が一般的に多いのと同様だ。

さらに、「価格以外のアピールポイント」を探す。納期の早さや、送料無料ライン（いくら購入なら送料無料か）の低さ、家電の設置サービス、鑑定書の提供、「ついでに買うと便利な商品」の案内、「この商品と一緒に買えば1,000円引き」などのセット割引、同封するオマケなど。ユーザーが価格以外にどこに注目しているかは人それぞれである。極端な話、コストがかからないことなら、どんな悪あがきと思われることでも積極的にやるべきだろう。

また、「ロングテール商品」を増やすことも検討したい。例えば、人気家電は激しい価格競争が発生するが、その換えのパックなどの消耗品や部品についてはあまり価格競争が起こらない。法則55でも紹介したとおり、細かい商品を増やす施策は集客にも効果的だ。在庫を持たず「取り寄せ商品」として増やす選択肢もある。

重要度 ★★★
緊急度 ★★★

関連する法則

5
有名ブランド商品・型番商品は効率を重視する __P26

51
「値下げの種類」を増やして安売り中毒を防ぐ __P118

用語

粗利 __P223
型番商品 __P224
ロングテール __P227

無名商品を売る「提案力」を磨く

次に、原因療法を解説する。そもそも、型番商品主体の店が売れやすい理由は「商品に魅力があるから」なのだが、言い換えると、価格に振り回されるのは「店に魅力がない」からとも言える。つまり、根本的には「あまり価格競争が発生しない商品」も、店の魅力・提案力で売れる状態にするのが一番いい。

こう書くと理想論のようだが、決して無理な話ではない。実際、健康食品などのオリジナルブランド商品を扱う店では、粗利5割以上をキープしたまま月に何千万円も売り上げている店が少なくない。

もし、従来の型番商品とオリジナル商品・無名商品を同時に売れるようになれば、かなり強力な体制を取れるのではないだろうか。

他ジャンルの店舗に学んで、無名商品の品揃えやメルマガ配信を増やそう。要は、法則8で紹介した「総合タイプ」を目指すのだ。実際、競争は激しくなり、コストカットの波が押し寄せる時流も相まって、実店舗の世界でも多くの量販店が、自社ブランド（PB）商品の比率を高めてきている。

しかし残念ながら、型番商品を検索経由で購入した場合、多くのユーザーは店の名前すら覚えていない。だから、まずメルマガを出して「思い出してもらう」ことから始めよう。メルマガ経由の来店なら、検索経由の購入に比べて価格競争も緩和される。目玉商品につられて来店した顧客が、店内を回遊するうちに、必要だった商品や欲しかった商品を「思い出して」購入するパターンも少なくない。とくに1回きりの来店になりがちなこれらの商品の購入客に、できるだけたくさん足を運んでもらうことが重要だ。

メルマガに限らず、本書で紹介しているような他ジャンルの方法論にも注目し、積極的に実践してみてほしい。

重要度 ★★★

緊急度 ★★★

◆「価格以外の要素」でアピールする

検索結果（価格が安い順）
❶価格は最安だが、ページが怪しい
❷2番目に安く、安心感がある
❸3番目に安く、送料無料
❹そこそこ安く、納期が早い

どこがいいかな？

ユーザーの基準は価格だけではない。
商品価格を最安にできなくても、違う観点からのアピールを心がけよう。

アリとキリギリスの法則

「アリとキリギリス」の童話をご存じでしょうか。いつも遊んで努力しなかったキリギリスが、冬の訪れと共にエサがなくなって苦労する。その一方でコツコツ働いていたアリはため込んだ食料で裕福に冬を過ごす、というお話ですよね。

実は、EC4タイプ理論は「アリとキリギリス理論」とも呼ばれています。最初苦労するオリジナル商品タイプがアリ。検索で順調に売れるけど、安いライバル店が現れるといっぺんに売上が下がる型番商品タイプがキリギリスです。

生き残るためには、普段から利益率向上を目指して努力する必要がある、というわけです。「まじめなキリギリス」になると、たぶん大成功を収めると思いますよ。（坂本）

法則 **57** | 品揃えを増やす

「入口商品」から
リピート購入への流れを設計する

リピート率を高める「入口商品」

　「入口商品」とは、安価、送料無料など、購入のハードルを低く設定した「とにかく買ってもらう」ための商品のことを指す。当たり前の話だが、どんなに優れた商品でも、とにかく一度は買ってもらわないと決してリピートしてもらえない。

　オリジナルタイプなど、魚鱗戦略を取る店にとって「入口商品」の購入率は、店の成否を分けるほど大切なものだ。そして、それらの購入客がリピートしてくれなければ継続的な運営はなかなか見込めない。

　では、リピート率を高める「入口商品」はどのように設計すればいいか。

　まず買いやすくするために、単価を低めに設定し、送料込みにするのが基本となる。例え1,000円の商品を安価だと感じても、送料が500円かかるとしたら、途端に割高に感じ買うのを躊躇してしまうだろう。

　「入口商品」を無事購入してもらえたとしても、よほどの商品でない限り、少し試しただけのものを自発的にリピートするケースはまれである。だからこそ、同封チラシやメルマガなど、商品本体以外の「仕掛け」が大切だ。入口商品は単なる商品ではなく、「当店についての案内」という側面を持つのである。ページ上の工夫と違い、他店からは見えづらく、表層的に真似することも難しいので、試行錯誤してオリジナルの方法を見つければ大変な競争力にもなる。

「シリーズ第1話」タイプで"続き"を売る

　まず、さわりだけ試してもらうことにより、「続きに手を出したくなるような設計」の入口商品を指す。シリーズ物の教材やレンタルDVDに1話のみ収録されている海外ドラマなどが典型だ。値下げしてでも1回目を体験してもらえれば、続きが気になり手を伸ばす人は多く、自然と売れる。適した商品ジャンルは、化粧品、健康食品、ダイエット、教材など「続けることで意味が出てくる商品」である。

　入口商品販売後に、フォローメールや同封チラシなどで、続ける意義をうまく伝えリピートを促すことが重要だ。

　この際、入口商品は「効果を体感しやすい商品」であることが望ましいが、例えば、食品で「天然の味付けと化学調味料の、風味の違い」を購入客に知ってほしい場合は、リピーターの感想などを引用し、「味覚の鋭い人の感覚」を追体験させることで、一般の購入客も気づきやすくなり満足度が上がる。

関連する法則

10
商品数が少ない場合は「魚鱗の陣」で集客する __P38

15
収益性を高めて集客への投資を増やす __P48

61
オリジナル商品は売れなくて普通だと自覚する __P138

83
リピーターの心理を把握する __P184

用語

入口商品 __P223
購入客 __P224
ニッチ商品 __P226
リピート率 __P227

重要度 ★★★
緊急度 ★★★

「いいとこ取りセット」タイプで
どれか1つでも気に入ってもらう

　いくつかの商品が少しずつ入った「お試しセット」も入口商品の王道だ。いろいろな商品を比べて試せるということで、どれか1つでも気に入ったものがあれば、その商品を改めて購入してもらえる。お酒の小瓶や梅干しなど、小分けできる商品が特に適している。「当店のランキング受賞商品だけ集めました」などと、「いいとこ取り」をアピールするようなコピーがあればなおいい。本購入への布石なので、1つ1つの分量は少ししか入っていなくても、手を抜かずにすべての商品についてしっかり案内しよう。これについてもフォローメールや同封チラシでのリピート訴求は重要だ。

オークション入札から、本購入へと誘導する

　「激安で落札できるかも」という売り文句でオークションを開催し、多数の入札を得てから、入札客に対して通常購入を勧めるという手法がある。これは、楽天市場出店者の中でも、特にメルマガを得意とする店によく用いられる。オークションへの入札客のメールアドレスを多数確保できるので、落札者を知らせる「結果発表」と同時に「入札客限定の敗者復活セール」などをメールで案内して購入へと誘導するのだ。

　「懸賞の景品に使うと応募数が多い商品」をオークションに出品すると、入札が多く集まるようだ。だから、家電や自転車などの比較的高額な商品か、無名商品なら「比較的誰もが欲しがるもの」を多数出品するのが定番だと言える。逆に、無名のニッチ商品などは、たとえ1円でもまったく入札されないこともあるので気を付けたい。Yahoo!オークションであればニッチ気味な商品でも入札があるようだが、いずれにせよ商品特性や出品先を十分考えて開催しよう。

重要度 ★★★

緊急度 ★★★

◆入口商品の例

スキンケア化粧品のお試しセットは、典型的な「シリーズ第1話タイプ」。
◆「RJスキンケアお試しセット」（山田養蜂場）
http://www.yamada-bee-farm.com/cosme_rj/

地酒の小瓶を詰め合わせたセットは「いいとこ取りセット」タイプの典型。
◆「赤城山 春夏秋冬四季の酒 飲み比べ180mlセット」（地酒の加登屋）
http://item.rakuten.co.jp/sake-kadoya/1061145/

法則 58 ｜ 品揃えを増やす

「ポテト提案」で満足度と客単価を高める

「ポテトも一緒にいかがですか？」

　ファーストフード店でハンバーガーを買う際、「ご一緒にポテトもいかがですか？」と勧められ、もともと買うつもりがなくてもつい買ってしまったことはないだろうか。実はここに、大きなヒントがある。

　ファーストフード店では、定番のハンバーガーは割安だが、ポテトやドリンクなどの利益商品を一緒に買ってもらうことにより、利益を確保している。牛丼屋でも同様だ。牛丼そのものは価格競争が激しいが、卵や味噌汁など、粗利の高いサイドメニューで利益を稼ぐ。ネットショップでも同様に、ついで買い商品を提案して、客単価・利益率を高めよう。この提案は、「この商品も、同じ段ボールに梱包しませんか？」という意味で「同梱提案」と呼ばれる。

　もちろん、自店舗のためだけに同梱を提案してはいけない。ユーザーがその商品を買う必然性がなければ、売れるはずがない。ハンバーガーとポテト、牛丼と卵が一緒に売れるのは、一緒に食べると美味しいからだ。だから「なぜ一緒に買った方がいいか」についても、分かりやすく説明する必要がある。当たり前のようだが、つい忘れがちな視点なので注意しよう。

「送料無料金額」を使って同梱を勧める

　「○円以上お買い上げの場合は送料無料」という条件を付けているネットショップは少なくない。これはかなり有効な施策で、ユーザーは、できるだけその金額を目指そうとする。この点からも、同梱提案を充実させるのは、大変重要だ。

　多くのユーザーが、できるだけ送料を払わずに済ませたいと思っている。だから「○円以上お買い上げで送料無料！一緒にこちらもいかがですか？」と提案すれば、多くのユーザーが同梱を検討してくれるだろう。この際、送料無料金額に「足りない額」はさまざまなので、同梱商品の価格帯もこれを考慮する必要がある。「1000円以下の商品はこちら」というような「価格帯検索」を設置するのもいいだろう。作り方は、法則48を参考にしてほしい。

関連する法則
47
ナビゲーションを充実させ、小さな需要も拾う __P110

51
「値下げの種類」を増やして安売り中毒を防ぐ __P118

用語
粗利 __P223
同梱 __P225

TIPS
送料無料商品の同梱提案
入口商品など、もともと送料無料の商品の購入客に対し、さらに同梱を勧める場合は、「他の商品を一緒に買っても送料無料！まとめ買いがお得です」と案内するのがいい。

同梱提案に向く「小分け商品」

　同梱提案用にちょうどいい商品がない場合は、現在ある商品の小分けバージョンを作ってみてはどうだろうか。おひとり様用、子供用、一口サイズ、ミニお試し商品、なんでもいい。

　例えば「ご自宅で焼き肉セット」の購入客に、「馬刺し1人前」を同梱してもらったとしよう。馬刺しに満足してくれれば、次回、そのユーザーが「馬刺し4人前セット」を購入する可能性は高い。つまり、同梱商品も、次回リピートのキッカケとなりうるわけだ。特に、初回購入のユーザーを対象とするような「お試しセット」の商品ページでは、このような「小分け商品」を使った同梱提案を行いたい。

　ただし、あまりにも同梱提案が多すぎると、本商品を買う気すら失せてしまう危険性があるので、程度問題だ。前のページでも説明したとおり、店の都合を押し付けず、「同梱する必然性」を意識しながら提案するようにしよう。

◆ポテト提案（同梱提案）の例

ワインセットの購入客に対して、ボトル単品の追加購入を勧めている。
◆ タカムラ ワイン ハウス
http://item.rakuten.co.jp/wine-takamura/936719/

もつ鍋セットの購入客に、ホルモン焼きの追加購入も提案している。
◆ 健康美食 博多もつ鍋と炭火ホルモン焼き 黄金屋
http://item.rakuten.co.jp/motunabe/c/0000000105

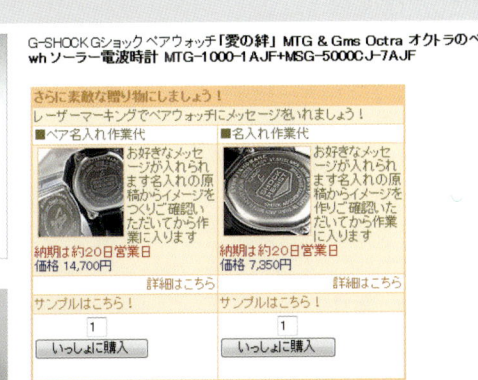

ギフト用時計の購入客に、名入れを勧めている。
◆ Bless You
http://item.rakuten.co.jp/blessyou/mtg-1000-1ajf-msg-5000cj-7ajf/

ギフト商品の購入客に、プチギフトの追加購入を勧めている。
◆ お米プラザ新潟
http://item.rakuten.co.jp/imagi/printpac-uonuma/

法則 **59** | 品揃えを増やす

「グレードアップ商品」で満足度と客単価を高める

「新作バーガーがお勧めです」

前の法則58では、ハンバーガー店に例えて「利益率が低めのハンバーガーをカバーするために、利益率の高いポテトやドリンクのついで買いを提案する」という方法論を紹介した。ここでは、同じシチュエーションで「より単価や利益率の高いハンバーガーへの『グレードアップ』を提案する」方法論について説明する。マーケティング用語では「アップセル」と呼ばれる手法だ。

例えばマクドナルドの場合は、「期間限定の新作バーガー」を使ってこれを行っているようだ。店頭の立て看板やポスター、メニュー表などでも新作バーガーを強く勧めている。何を頼むか迷ってる時点で、このような案内を目にするわけだ。すると「期間限定だし、せっかくだから……」とついつい注文してしまう。

これと同じ現象をネットショップで起こそう。魅力的なグレードアップ商品を作り、できるだけ多くのユーザーにそっちを購入してもらえれば、少ない労力で大幅に利益率を高められる。

グレードアップ商品とは「納得できる提案」

単に「グレードアップ商品を作って、メニュー表に載せただけ」の状態では、なかなかアップセルは発生しない。儲かる高額商品を買ってほしいのは単に売り手の都合だからだ。グレードアップ商品を多く売るには、新作バーガーの例のように「ユーザーにとっての『購入する必然性』」を作る必要がある。前述した「期間限定」も購入動機を作る方法の1つだが、他にもいろいろな方法がある。

個別の方法論は右ページで紹介しているが、共通して言えるのは「せっかく買うんだから、こっちにした方がいいな」と素直にユーザーが思えるだけの「納得感」だ。例えば、正月用のおせちセットを販売するなら「小さなお子様がいらっしゃる方には、『お子様おせち』付きのセットもあります」、アクセサリーなら「記念日に最適、ワンランク上の商品が今なら◯％オフ」といった感じで、気遣いの延長線上にある提案が望ましい。

売り手の都合で強引に高額商品を買わせるような接客はすべきではない。売り手と買い手が互いに満足できるような提案を考えてみよう。右ページでは、典型的な「グレードアップ商品」の例を紹介する。

■ 関連する法則
51
「値下げの種類」を増やして安売り中毒を防ぐ __P118

■ 用語
定期購入 __P225

■ TIPS
無名ブランドを勧める
ドラッグストアなどの量販店では、人気ブランド商品の隣に、類似する無名ブランド品を並べ、「同じ内容なのに割安です」と案内しているケースが多い。大抵、無名ブランド品の利益率は、有名ブランド品の倍以上だ。これもグレードアップの一種だと言える。

重要度 ★★★
緊急度 ★★★

セット商品のキモは「商品選びの代行」

例えば「このセットには防災用品が全部入っていて安心」とか「○○の入門に必要な商品がすべて入っています」とか「OL100人が選んだワイシャツとネクタイのセット」など、商品選びを楽にする提案は受け入れられやすい。迷ったり悩んだりしなくて済むからだ。「当店自慢のランキング入賞賞品がすべて入ったセット」のように、店からのお勧め商品をすべて詰め込むのも有効である。

グレードアップ品のキモは「どうせ買うなら良い物を」

牛肉やダイヤモンドの等級などが典型だ。「○円プラスするだけで、こんなに良い商品が買えます」などと、「単価は上がるがコストパフォーマンスが高い」ことをアピールしたい。他に、定番の施策として「松竹梅作戦」がよく使われている。松10,000円、竹5,000円、梅3,000円と3種類の商品を並べると、竹を選んでしまうという心理を突くわけだ。特に、ギフトや記念日の買い物では梅はなかなか選びづらいものである。

まとめ買い・大容量商品のキモは「お得」

「どうせまた買うし、あっても困らないから、まとめて買おう」という心理を刺激する。法則51でも紹介した「2パックの価格で3パック買える」「2着目1円」「2個買えば送料無料」という表現が典型だ。通常価格（1個あたり単価など）と比較して見せると、よりお得感を出せる。類似商品と比べる場合は、例えば「この粉末洗剤を水に溶かすと、なんとボトル200本分になります」などという表現が多い。業務用商品を一般向けに売る場合に使いやすい表現だ。

定期購入のキモは「続けられるよう応援」

一度注文すれば、毎月自動的に商品が届き、料金が引き落とされる販売形態だ。健康食品、ダイエット食品、化粧品、調味料、教材など「継続して使い続ける商品」を売る際の定番手法である。売り手としては「確実なリピート売上」が魅力だが、ユーザーに対しては「注文忘れがなくなり、自然とダイエットが継続できます」とか「わざわざ注文する手間を省けます」などと利便性を打ち出して提案するといいだろう。もちろん、通常購入よりもお得な価格設定にしたい。

> **TIPS**
> **定期購入はシステムが必要**
> 定期購入は注文の管理や決済など、普通の買い物かごとは違うシステムが必要になる。自店舗のシステムが対応しているか確認しよう。

重要度 ★★★
緊急度 ★★★

法則 60 ｜ 品揃えを増やす

将来の「あるべき品揃え」を考える

ネットショップは成長しつつ品揃えを増やす

　多くの場合、ネットショップは成長するにつれて取扱商品が増えるものだ。同時に購入客や継続客も増えて、相乗効果で売上が伸びていくケースが多い。そして、あるときから「うちは今後、どんな商品構成を目指すべきだろうか」と悩み始めるのである。これは、店のコンセプトやオペレーションやブランドイメージだけでなく、ビジネスモデルの根幹に関わってくる問題だ。

　難しい問題ではあるが、商品特性を踏まえて考えれば、ある程度の基本パターンが見えてくる。パターンを踏まえて考えれば、随分気が楽になるはずだ。

　ここでは、店舗の商品特性から導かれる「将来の品揃え」の考え方について解説する。

「商品カテゴリ」を固定して、「客層」を広げる

　まず、「専門店」として品揃えを拡充する方向性について紹介する。これは「商品カテゴリ」を軸に品揃えを増やすという考え方だ。

　例えば文房具の専門店が、学生向け、ビジネス向け、子供向け、書道用品、結婚式の招待状などあらゆる商品を揃えるスタンスである。入浴剤専門店が「子供が喜ぶ入浴剤」「ビジネスマンのための入浴剤」「世界の入浴剤」などと商品を増やすのも同じ。あるいは健康用途で売っていたサプリメントを、トレーニング後の疲労や休養に着目した「スポーツ用サプリメント」として販売するパターンも考えられる。

　つまり、まず、店で扱う商品カテゴリを明確に定めて、「石鹸を買うならこの店」「すべての人に自転車の楽しさを」というコンセプトを打ち立てる。次に「石鹸を買う可能性があるさまざまな客層」「自転車を買う可能性があるさまざまな客層」を開拓していくのだ。

　このパターンを踏襲するのは、恐らく、古くからの専門店やメーカーの直営店、産直品の生産者、腕利きの職人を抱える店など、特定商品の生産・仕入れにもともと強い基盤を持っている店だろう。本業にもともと備わっている長所を生かそうとするので、必然的にこのような商品カテゴリありきの方向性になる。

　ただ、商品カテゴリを固定したままで店を大きくするには、今までの常識にとらわれず、新しい使われ方・新しい客層を求めて、外に視野を広げていく必要があるだろう。

関連する法則
40
自店舗の強みを分析し、店舗コンセプトを考える __P98

用語
継続客 __P224

TIPS
無計画な商品数アップは危険
法則55でも解説したとおり、無計画な商品数アップは店のコンセプトを崩し、小さいながらもブランド力があった専門店を平凡な店にしてしまう危険がある。

重要度 ★★★
緊急度 ★★★

「客層」を固定して、「商品カテゴリ」を広げる

次に、「セレクトショップ」としての方向性を紹介する。これは「同じ価値観・センスを持つ客層」を対象に、その客層のために「さまざまな商品カテゴリを開拓する」という考え方だ。

例えば無印良品を想像してほしい。彼らが掲げている価値観は「シンプルな暮らし」だ。だから、この価値観を好む客層が集まる。華美な装飾を好まず、家中をシンプルな無印商品で埋め尽くすファンも少なくない。そんな客層のために、無印良品は菓子類から住宅まで揃えている。

品揃えは幅広いのだが、かといって「何でも揃う」わけではない。あくまでも、店舗の持つ価値観に沿った品揃えのみを置かなければならない。ネオンカラーのゴテゴテした雑貨を置いてしまったら、無印良品ではなくなるからだ。

このパターンを踏襲するのは、店長や経営者の「こんな生活を勧めたい」という思いが強い店だろう。当初から独特の世界観があり、常連客からの支持を受けて「ウチの店らしさ」を追求することで成長していく。

この世界観がそのままブランドイメージになるわけだが、店を大きくするためには、この世界観を他者に伝えるコミュニケーション能力が欠かせない。つまり、例えば世界観を一瞬で伝わるようなキャッチフレーズや、デザイン力だ。

前述したパターンとは反対で、今までの店舗運営を振り返ることで「自分と常連客の思いがどこにあるのか」を内省的に掘り下げた上で、なおかつ「多くの人に分かりやすく伝える」という姿勢が大切になる。

品揃えは店舗コンセプトと連動する

これらの方向性は、法則40で述べた店舗コンセプトと密接に関連している。店舗の強みを自覚し、伸ばしていこうとすると、大体上記の2パターンに当てはまるケースが多い。もちろんこれらは分かりやすく説明するための例であり、取るべき方向性は2択ではない。しかし、この2パターンを出発点として検討を深めていけば、漠然としていた自店舗の将来像が、より明確になってくるはずだ。

自店舗の方向性がいまいち定まらない場合は「特定の商品カテゴリをあらゆる人に勧める」のか「特定の価値観を元にあらゆる商品を選ぶ」のか、どちらが得意なのかについて考えてみるといいだろう。

重要度 ★★★
緊急度 ★★★

◆店の個性を維持しつつ、品揃えを増やす

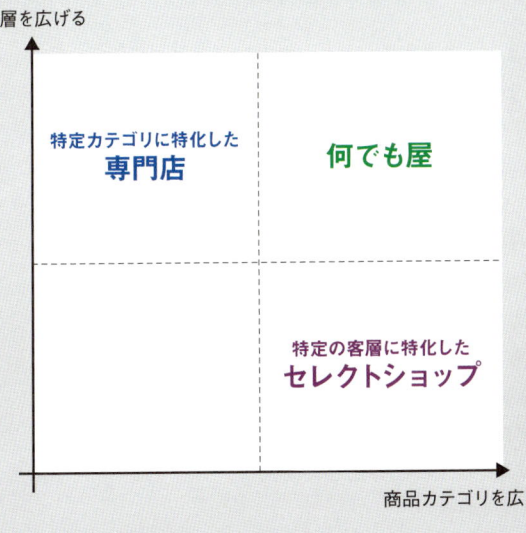

あらゆるカテゴリを揃えた「何でも屋」的な、個性のない巨大店舗は、規模の競争に陥りやすい。
店の個性を維持しつつ品揃えを増やすには、専門店かセレクトショップを目指すといいだろう。

第3章 店舗コンセプトを生かした接客の法則

法則 **61** 看板商品を育てる

オリジナル商品は売れなくて普通だと自覚する

商品ページの「購入率ゼロ％」は珍しくない

ここからは、実績のないオリジナル商品や無名ブランド商品を、ネットで売れる「看板商品」へと生まれ変わらせる方法について説明する。特に、EC４タイプ理論における、オリジナルブランド商品を扱う店（法則6参照）にとっては、最も重要な情報だ。

しかし、現実は甘くない。オリジナル商品はかなり売りづらいため、購入率0％という商品ページも珍しくない。1日に何百人来店しようが売れない。なぜ、そこまで売れないのか？ 例えば「無名ブランドの納豆」を売っているネットショップを想像してほしい。納豆はスーパーやコンビニなど、近所のどこででも安く買える物だ。何か特段の理由がない限りは、わざわざ通販で買う人はそういない。購入率も、0％で当然なのだ。

近所で似たような商品を売っているのに、なぜわざわざ通販でマイナー商品を買わなければならないのか？ この問いに答えられない限りは、どれだけ検索エンジンで上位表示されていても、何百人集客しても、売れないだろう。

ユーザーに「あえて」ネットで買ってもらうには、「近所では買えない特別感」を演出する必要がある。そこで必要になるのが、縦長商品ページだ。

オリジナルブランド商品には「縦長商品ページ」が必須

楽天市場の売れ筋商品ランキング「ランキング市場」で、自店と同じジャンルのページを開き、上位入賞商品のページを見てみよう。激安の有名ブランド品ではなく、オリジナルブランドの商品ページに注目すること。特に、商品価格がさほど安くないのに売れている商品があったら、そのページは要チェックだ。これらの商品ページのほとんどが「縦長」になっているはずだ。その特徴として、まず見出しがあり、画像とうんちくが多く、スクロールしてもなかなか最後までたどり着かない。素人目には「長すぎるのではないか」というほど、情報の多いページだ。

オリジナルブランドの商品は、有名ブランドやメーカーの商品とは違い、一般的には知られてない商品だからこそ、少しでも理解してもらえるように、あますことなく魅力をたっぷり語る必要がある。結果、内容量が多くなりページが縦長になるというわけだ。この縦長商品ページは、商品の情報を網羅しているため、一度作ってしまえば、非常に効率よく使うことができる。要約したものを印刷して商品に同封してもいいし、マスコミなどに対する取材前の資料としても使える。

関連する法則

6
オリジナルブランド商品は徹底的に魅力を伝える __P28

10
商品数が少ない場合は「魚鱗の陣」で集客する __P38

26
リンク先ページを使い分ける __P70

57
「入口商品」からリピート購入への流れを設計する __P130

用語

型番商品 __P224
縦長商品ページ __P225

オリジナル商品は、ゆっくり成長する

　型番商品・有名ブランド商品の安売りは、ちょっと集客すればすぐに売れる。なぜなら「もともと知っている商品」が「相場より安い」からだ。買うべきかどうか、ユーザーは一瞬で判断できる。

　一方、オリジナル商品の場合は、良い縦長商品ページができたとしても、すぐに売れ始めるわけではない。「まったく知らない会社の商品」が「安いかどうかよく分からない」価格なので、ユーザーは買うべきかどうか、なかなか確信が持てないのだ。

　そんなユーザーの背中を押してくれるのは「お客様の声」や「ランキング入賞実績」や「マスコミ掲載実績」だ。これらがだんだん増えるとともに、商品力も上がってくる。無名だった商品が徐々に認知され、いつの間にか「ネットならではのお取り寄せ商品」に化け、競合に埋もれなくなるだろう。有名ブランド商品のように価格競争に巻き込まれることもない。

　オリジナル商品とは、まるで炭火のようなもので、火が付くのに時間がかかるが、いったん火が付けばなかなか消えないのだ。将来への投資だと思って、じっくりと腰を据えて取り組もう。

　次のページからは、縦長商品ページの具体的な作り方を紹介する。

◆楽天市場の売れ筋ランキング「ランキング市場」

さまざまな商品カテゴリの、6,000種以上のランキングがある。
◆【楽天市場】ランキング市場
http://ranking.rakuten.co.jp/

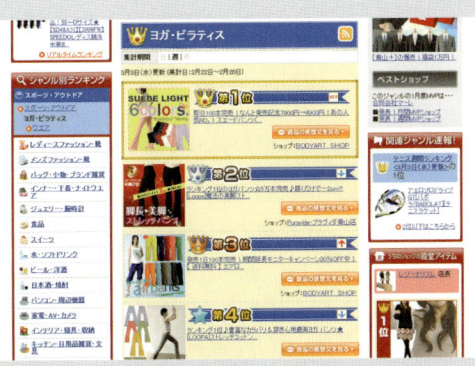

「ヨガ用品ランキング」など、かなり細かく分かれている。
◆ヨガ・ピラティスのランキングページ
http://ranking.rakuten.co.jp/rnk/navi/g407916/

重要度 ★★★
緊急度 ★★★

まず店舗コンセプトと客層を明確化しよう

　法則40で述べた「店舗コンセプト」や、法則41の「客層の明確化」はもう済みましたか？ 縦長商品ページには、店舗コンセプトに関する情報も必要です。ですから、あらかじめ「店舗コンセプト」や「店舗紹介ページ」を作り込んでおいて、その内容を要約して掲載しましょう。同様に、客層のイメージが明確なら、必然的に各商品のコンセプトも明確になるはずです。例えば、同じ「梅酒」でも、客層が若い女性の場合はおしゃれ感を演出したいですが、お酒の好きな中年男性が客層なら、健康効果を語りたいところ。

　もし、店舗コンセプトと客層が明確でなければ、縦長商品ページにとりかかる前に、そちらを先に済ませてください。

（坂本）

法則 **62** 看板商品を育てる

「BEAFの法則」で売れるストーリーを作る

縦長商品ページは「BEAF」で作る

無名商品の魅力を語り、購入まで誘導する「縦長商品ページ」の構成について説明する。テレビ通販と同じで「話す順番」が大事だ。例えば、価格がウリでないのなら、冒頭で価格の話をしてはいけない。「今ならセットでこれも付いてきます」という話も、最後の方だ。売れる商品ページにするためには、単に「情報を詰め込んで長いページにすればいい」わけではなく、適切な情報を、適切な順番で提供しなければならない。

商品ページのあるべき構成・適切な順番は「BEAF」で表現できる。(1) Benefit (購入メリット)、(2) Evidence (論拠)、(3) Advantage (競合優位性)、(4) Feature (さまざまな特徴) この4要素を順番に並べればいい。これを、構成要素それぞれの頭文字を取って「BEAFの法則」と言う。

ページ冒頭の「B」では、商品の購入メリットを、商品利用シーンの描写や、端的なキャッチコピーで表現する。例えば牛肉を売るなら、生肉ではなく焼けている写真が必要。これに「箸で切れる柔らかさ、芳醇な肉汁」などと併記する。

続く「E」は、マスコミ掲載実績など「人気の論拠」を示す。「A」で類似商品との違いを明示し、最後に「F」で賞味期限などの詳細情報を詳しく提示しよう。なぜこの流れがいいのかは、次ページで説明する。

関連する法則

40
自店舗の強みを分析し、店舗コンセプトを考える __P98

41
客層をイメージして、キャッチコピーを作る __P100

用語

BEAFの法則 __P222
縦長商品ページ __P225

TIPS

BEAFは「FABE」の変形
BEAFの構成は、セールストークやマーケティングの用語で頻出する「FABE分析」を変形させたものだ。本文で述べているとおり、来店客の心理に即して提案するために、各要素の順番が並び変わっている。

◆BEAFの法則

掲載順序	掲載内容	掲載ページ
❶ Benefit 購入メリット	商品利用シーンの描写、魅力的な写真など	法則63
❷ Evidence 論拠	マスコミ実績、ランキング、「お客様の声」の引用など	法則64
❸ Advantage 競合優位性	品質、価格、利便性など世間の相場と比べてアピール	法則65
❹ Feature さまざまな特徴	色、サイズ、賞味期限、内容量、素材、成分など	法則66

縦長商品ページを構成する際は、商品の魅力を分かりやすく伝えるため上記の順序でストーリーを構成することを勧める。具体的な内容は次の法則以降を参照。

まず「右脳にアピール」し、次に「左脳を説得」する

BEAFの構成は、右脳・左脳で考えると分かりやすい。

まず最初の「Benefit（購入メリット）」の段階では、前述のとおり、写真とキャッチコピーを使った「イメージ」でアピールする。来店客の右脳に働きかけ「欲しいかも」という直感を引き起こすのだ。3秒で理解できるイメージを目指したい（具体的な方法は次の法則で説明する）。

しかし、人は欲しいと思った物をすべて買うわけではない。ここから理性、つまり左脳が動き始める。まず「そんなに良い商品なのだろうか」と疑う。そこで、人気の証明として「Evidence（論拠）」を見せる。「美味しい牛肉だから、グルメ雑誌で何度も紹介され、人気レストランにも卸していて、ランキングにも何度も入賞していますよ」などだ。これらの要素が、前述の購入メリットに現実味をもたらす。

しかしユーザーは次に「他にも似たような商品はあるだろう」と考える。そこで、類似商品に対しての優位性を主張する。例えば「この和牛は最高品質ですが、まだ無名なので松阪牛より断然手頃」など。ここまで読み進むと、かなり購入への意志は強まってくる。最後に「本当に買っても大丈夫だろうか」という気持ちに対して、賞味期限などの詳細情報を詳しく提示しよう。決断のために必要な情報を漏らさず伝えるのだ。

つまり、このBEAF構成では、ユーザーが反射的に考えることを予測し、先回りして情報を伝えているわけだ。これは商品ページに限らない。各要素をうまく要約できれば、モバイルページやメルマガ、広告原稿など、より短い文でも応用できるだろう。

商品ページを作成する際には、制作に入る前に、まずBEAFそれぞれの要素についてじっくり検討し、いったん文章で書いてみてから、制作作業に入ることを勧める。

◆ユーザーの「反射的な感想」を踏まえて、ページを構成する

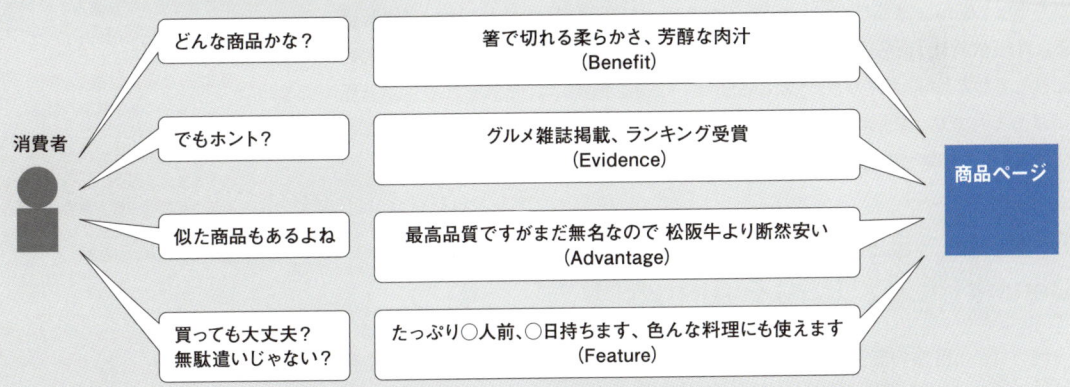

来店客の「反射的な感想」を予測し、その感想への返答をあらかじめ書いておく。すると、あたかも来店客と対話しているような展開になる。

テレビ通販と縦長商品ページの大きな違い

縦長商品ページはテレビ通販の構成と似ていますが、一部分が決定的に違います。それは「商品ページは見比べられている」という点。テレビは受動的にその画面を見続けます。ネットでは、自発的にいくつものページを見比べていきます。必然的に、他店舗を意識した比較広告的表現が増える一方で、「牛肉って美味しいですよね」というテレビ通販の冒頭にありがちなセリフはあまりいらなくなります。

そして、できるだけ早い段階で「端的に魅力」を伝える必要が生まれます。「BEAFの法則」における、Benefit（購入メリット）に続けてEvidence（論拠）が来る構成も、これを意識しています。テレビ通販事業者にとって「チャンネルを変えられる」のは怖いことですが、ネットショップの場合は「ユーザーが同時に複数のチャンネルを見ている」と思ってください。（坂本）

法則 **63** 看板商品を育てる

ユーザーを引き付ける「購入メリット」を作る

冒頭で購入メリットを伝え、ユーザーをつかむ

　縦長商品ページで一番最初に掲載すべき要素「Benefit（購入メリット）」について説明する。法則62でも述べたとおり、右脳に対して瞬間的に働きかける役割を担っているので、写真とキャッチコピーを使って分かりやすく構成しよう。しかし、それらを作る前にまず「どんな購入メリットを訴求するか」を考えねばならない。

　客層によって「商品を購入する理由」はさまざまだ。法則41で解説したように、「商品が、そのユーザーにとってどんなメリットをもたらすか」を突き詰めて考えないと、購入メリットはなかなか見えてこない。

　例えばギフト商品であれば、「贈られた側の笑顔」や「贈った自分の株が上がること」が考えられる。食品なら、「美味しいものを食べたい」だけでなく「いつもよりちょっと豪華な家族団らん」や「外で食べるより断然安い」なども大いにあり得る。資格教材は「自分の可能性を広げる」、ビデオカメラは「子供の思い出を大切に残しておきたい」などなど、「単なる商品」の向こう側には、それぞれの生活と思いがあるものだ。さまざまな客層の生活を具体的にイメージすると、よりリアルな購入メリットが見つかるはずだ。

Feature（さまざまな特徴）とBenefit（購入メリット）を混同しない

　例えば、化粧水の商品ページの冒頭で「高知県特産の海洋深層水で作った化粧水」などとうたってしまっているケースは典型的な失敗例だ。化粧水を購入するユーザーが求めているのは、「他よりも良い化粧水」であり「高知特産の海洋深層水」ではないからである。この場合、Benefit（購入メリット）を「年齢肌のための化粧水」、Evidence（論拠）を「人気コスメ雑誌でも紹介」、Advantage（競合優位性）を「海の豊かなミネラルと浸透力」「海外コスメの半額以下」などと設定し、Feature（さまざまな特徴）の時点で「その秘密は海洋深層水」「安心の高知県産」と構成するべきだろう。どんなに「良い商品」だとしても、ユーザー目線を無視した商品自慢は、売る側のエゴでしかない。順番を間違えないようにしよう。

　同様に、価格の安さや、内容量の多さも、それだけでは購入メリットにはならない。「価格が安いから毎日使える」「内容量が多いから家族で使える」などと、具体的なシーン描写にまで落とし込んで訴求する必要がある。

関連する法則

41
客層をイメージして、キャッチコピーを作る __P100

TIPS

薬事法に注意
美容・健康関連の商品は「医薬品のような効能」を書くと「薬事法」に抵触する。代わりに「ぽっこりお腹にお悩みの方へ」など特定の悩みを持つ客層に呼びかけたり、「レタス3個分の食物繊維」などと成分量をアピールしたりするなど、効能自体を書かずに購入メリットを伝えるよう工夫しよう。

画期的な商品は難しい
「これまでにない画期的な商品」を売るのは難しい。ユーザーがその商品を使っているイメージや、購入する意味を感じにくいからだ。そのような商品を売る場合は、購入メリットの描写方法について特に検討した方がいいだろう。

購入メリットと並べて「BEAFの要約」も掲載

以下に、縦長商品ページ冒頭部分の例を掲載する。ここでは、前述のBenefit（購入メリット）はもちろんのこと、BEAF全体の「要約」も同時に載せてほしい。というのは、ネット通販はテレビ通販と違って同時に複数ページを見比べているため、要点が分からないページは読み飛ばされてしまう恐れがあるからだ。冒頭に要約を掲載しないと、商品ページが長い分、せっかくのアピールポイントが気づかれない可能性もある。

映画の予告編のように、魅力的なフレーズをつなげて「いいとこどり」で要約してみよう。考え方としては法則25「『マグロの大トロ』的な広告テキストを作る」とほぼ同じだ。写真は、法則53で紹介した「イメージ写真」を使うこと。

◆「お母さんに喜ばれる母の日」を訴求

実際に受け取ったユーザーレビューを転載して、「購入後の風景・満足感」をバーチャルに体験させている。

値頃感や、「関東の有名農園」「直送」など、特にアピールしたいポイントを端的に書いている。

◆ 激安花屋さんゲキハナ
http://item.rakuten.co.jp/gekihana/10001493/

◆ 高級テーブルだというだけでなく、さまざまなメリットを訴求

商品の素材や高級感だけでなく「木のぬくもりと過ごす」などユーザーに提案したい「気分」についても演出している。

木材のグレード、職人、伝統技法、どんな部屋にも似合う、ぬくもり、天然無垢材、木工所直営、お手頃な価格、などなど「縦長商品ページ全体の要約」も盛り込んでいる。

◆ ヤクモ家具製作所
http://yakumo.jp/simpletable.html

重要度 ★★★
緊急度 ★★★

法則 **64** 看板商品を育てる

評判がいい「証拠」をたくさん集める

「人気の証拠」で、購入メリットの信憑性を高める

　Benefit（購入メリット）の次は、Evidence（証拠）でその信憑性を高めよう。例えば「グルメ記者も唸った伝説のつけ麺をご自宅で」という購入メリットを打ち出したら、その後に続けて、雑誌やテレビで紹介された実績や、実店舗に並ぶ行列写真を証拠として掲載する。これで、購入メリットの真実味を高めることができる。

　Evidence（証拠）に使える要素は、マスコミで紹介された実績、購入客・モニターや卸先の業者から寄せられたコメント（レビュー）や、実店舗の評判、商品販売数、モール内のランキング入賞実績などの情報やデータだ。

　実際にどのような形で掲載するかは右ページの例を参照してほしい。

「モール内ランキング1位」は簡単に取れる

　特に、楽天市場やYahoo!ショッピングなど、モール内のランキング入賞実績を使うことを勧めたい。例えば、楽天市場の場合は、6,000種類のランキングが毎週更新されている。このどれかで1位を取れば「ランキング1位」の実績になる。

　例えば商品が豚足なら、豚足部門の1位を狙う。場所は「食品ランキング」の下の「肉・肉加工品」の下の「豚肉」の下に位置するランキングである。何千万商品の中から総合ランキングに入賞するのは非常に難しいが、階層が深い部門での入賞は、オープン早々でも、やり方次第で1位を狙える。

　楽天市場は、実際の規模以上に、世間一般の知名度や評価が高い。マスコミからも注目されている。だから、楽天市場内の細かいランキングで1位を取るのは、その労力と比べて、大変費用対効果の大きい実績になるわけだ。

　ちなみに、総合ランキングに入賞すれば、楽天市場が配信するメルマガに掲載され、アフィリエイターからの紹介も増える。マスコミで取り上げられるチャンスも増えるだろう。有望な商品があれば、積極的に狙っていきたい。

関連する法則

43
店舗紹介ページで安心感とコンセプトを伝える __P104

82
リピートしにくい商品でも、購入者の感想を集める __P182

用語

レビュー __P227

TIPS

1位と2位では雲泥の差
できるだけランキング1位を狙おう。日本一高い山、と言えば富士山と誰もが知っているが、2番目に高い山を知っている人はそうそういない。1位と2位では注目度、認知度が断然違うのだ。

Evidenceはエビデンス
Evidenceはエビデンスと読む。証拠や根拠という意味だ。医療業界では「科学的な実験で証明された治療・薬品の有効性」という意味で使われる。

ランキング受賞自慢だけでは売れない

　商品ページ冒頭で、「とにかく売れてます！」と、ランキング実績をアピールする店が少なくない。受賞自慢がモニター2画面分続き、それからようやく何を売っているか分かるという構成だ。筆者としては、この構成は勧められない。

　テレビ通販であれば有効なツカミかもしれないが、ネット通販ではそうはいかない。ユーザーは、自店舗だけではなく、複数の商品ページを見比べている。長すぎる受賞自慢は、ツカミが冗長になってしまうのだ。

　「とにかく売れているものであれば何でも買う」というユーザーは存在しない。商品に興味を持った上で、「たくさん売れていて、満足している人も多いようだから安心だ」と思って購入に至るのが普通の心理だ。商品ページ冒頭には、ユーザーのBenefit（購入メリット）を載せよう。「BEAFの法則」のとおりである。

◆Evidence（証拠）の例

「お客様の声」をアピールしている。
◆ 家具通販のロウヤ
http://item.rakuten.co.jp/low-ya/vg-pola/

「ランキング入賞」をアピールしている。
◆ 紀伊国屋文左衛門本舗
http://item.rakuten.co.jp/bunza/c/0000000654/

「実店舗の評判」をアピールしている。
◆ 横浜中華街おみやげ専門店西遊記
http://item.rakuten.co.jp/saiyuki/1980/

「マスコミへの露出」をアピールしている。
◆ わたしのお菓子箱 果子乃季
http://item.rakuten.co.jp/kasinoki/howari15-ichigo/

法則 **65** ｜ 看板商品を育てる

ライバルに対して「差別化」する

従来品と違うアピールを行う

BEAF構成要素の3番目、Advantage（競合優位性）について解説する。

これまでの縦長商品ページの構成は、まずユーザー目線の「購入メリット」（Benefit）を提示し、次に商品の評判がいい「証拠」（Evidence）を見せた。ここまでくれば来店客の心理は「なるほど、そんなにイイ商品なのか。でも、他にも同じような商品があるんじゃないか？ そんなにすごいのか？」と思うはずだ。

ここで、競合優位性をアピールする。例えば「人気の秘密は生麺。従来の通販うどんは乾麺が多く、どうしても店で食べる味が再現できませんでした」というような表現だ。これを見せれば、ユーザーも「なるほど、だからそんなに人気があるのか」と納得してくれる。無事疑いが晴れて、購入を検討する段階へと進んでくれるはずだ。

競合優位性とは「ライバルに勝てる個所」

このような話をすると、多くの人が「自分の商品には、そんな競合優位性はない」などと思ってしまうようだ。しかしこれは、競合商品と比べての相対的な話なので、くまなく探せばほとんどの商品に競合優位性が見つかるはずだ。

例えば、世の中にはたくさんの種類の缶コーヒーがあるが「無糖」「微糖」の商品で宣伝競争が激しくなると、必ず「朝専用コーヒー」「食後の余韻」など、新しい切り口の商品が出てくるものだ。無理にナンバー1を目指す必要はまったくない。知名度や価格で対抗せず、自分が有利に戦える強みを見つけて主張しよう。

むしろ、背伸びをして誇大表現をすると、看板に偽りありと悪いクチコミが広がってしまう可能性がある。購入客からのレビュー評価が悪くなれば、どんなにページ構成で頑張っても購入率は下がってしまうものだ。だから、サイズが小さい、などのデメリットまで先に伝えておくこと。そうすれば、「量が少なくてがっかり」というマイナスの感想は防げるし、逆に「飲みきりサイズでちょうど良かった」などと良い評価につながることもある。

▌関連する法則

40
自店舗の強みを分析し、店舗コンセプトを考える __P98

79
商品数が少ない場合は、さまざまな角度から商品を紹介する __P175

▌用語

QPC分析 __P222
レビュー __P227

▌TIPS

QPC分析から競合優位性を検討する
法則40「自店舗の強みを分析し、店舗コンセプトを考える」で紹介したQPC分析は、ここでも使える。品質（Quality）、価格（Price）、利便性（Convenience）の観点から競合優位性を探すと手っ取り早い。見つからなければ、他の切り口を探してみよう。

「安さ」や「人気」だけの差別化は行わない

ユーザーは、単に「安い」というだけでは商品を購入しない。「欲しい物が安い」から買うのだ。「ランキング1位」や「300個完売」などの販売実績も同様である。欲しくないし必要でもない商品は、どんなに人気があっても、安くしても、購買対象にはならない。

安さや人気に自信がありすぎて、商品ページの中で「安い」「売れてます」を連呼し、何を売っているのかよく分からないという商品ページは珍しくない。これでは本末転倒である。

安さや人気をウリにするときには、「安いから安心してガンガン使えます」という安さの意義や、「リピーターさんに愛されてランキング1位」のような人気の理由も同時に説明するようにしよう。

◆ 競合商品に対して「常識を破る特長」で差別化

差別化できる要素を調査。競合の大手店舗が乾麺主体だったので、「生麺」である点を強く打ち出した。
◆ なかむらうどん
http://item.rakuten.co.jp/nakamura-udon/hajimete/

◆ 競合商品に対して「全く別物です」と差別化

天然岩塩を粉末化しただけの入浴剤。競合として激安の入浴剤が多かったため「成分無添加」で差別化した。
◆ くすりの勉強堂
http://item.rakuten.co.jp/benkyo/10018897/

法則 **66** | 看板商品を育てる

「さまざまな情報」の記載漏れに注意する

詳細情報で、購入の決断をサポートする

BEAF要素の4つ目、Feature（さまざまな情報）の見せ方について紹介する。

縦長商品ページを上から読み進めてきたユーザーは、Benefit（購入メリット）や、Evidence（証拠）、Advantage（競合優位性）まで見て、いよいよ購入検討の最終段階に入る。最後にFeature（さまざまな情報）を確認して、実際に購入して問題がないかどうかを確認するのだ。

記載漏れは致命的

ユーザーの最終検討に答えられるよう、商品ページには漏れなく情報を掲載しなければならない。例えば、家具なら「組み立ては難しくないか」「重すぎないか、独りでも設置できるか」、入浴剤であれば「追い炊きできるか」「24時間風呂でも大丈夫か」、干物であれば「家庭用コンロに収まるか」といった細かい観点だ。

このような情報が載っていないと、大変致命的だ。実店舗であれば、商品を見れば分かることや店員に聞けば済むような簡単なことでも、ネットショップでは分からないからだ。「確認が取れなければ不安だから買わない」ので、せっかくこれまで作り込んだ縦長商品ページも無駄になってしまう。

わざわざ問い合わせしてくるユーザーはごく一部で、不明点があれば簡単に去っていってしまう。例えば「大きさをアピールしている干物が、家庭用コンロに入るかどうか書いていない」という致命的な状態のまま1年以上放置されているケースも決して珍しくはない。

もっとひどい場合は、ユーザーが早合点して商品を購入し、後からクレームが付いたり、悪いレビューが付いて、購入率が下がったりしてしまうことも珍しくない。

◆さまざまな情報の「記載漏れ防止」はなぜ重要か？

- ネットショップは、商品を手に取って確認できない
- わざわざ店員に聞くのが面倒だから、ユーザーは黙って去ってしまう
- 商品購入後に、クレームや悪いレビューが付く可能性がある
- 最後の記載漏れで、作り込んだ商品ページが無駄になってしまう

関連する法則

52
分かりづらいニッチ商品は「選び方」も提案する __P120

53
商品写真のレベルを高める __P122

54
プチ動画・マンガで購入率を高める __P124

TIPS

第三者による記載漏れチェック
記載漏れを見落とすのが不安な場合は、第三者に頼んで、購入するつもりで商品ページを見てもらい、分からない点を質問してもらうといいだろう。

重要度 ★★★★
緊急度 ★★★

◆商品の調理法まで詳しく示して、不安を解消

使い方は『混ぜてから炊く』だけ。冷凍保存もOK！

炊き方はカンタン。乾燥された「石井さんのこんにゃく米」を、
お米2合に対して、1袋追加して、炊くだけ！
水は3合分入れてくださいね。

こんにゃく米の炊き方

1. 2合のお米を普通に研いで、水に30分浸します。
   水は3合分入れて下さい。
2. こんにゃく米1袋を注ぎます。
   乾燥しているので水に浮きます。
3. こんにゃく米が沈むよう、軽く混ぜて下さい。少し浮いていてもOK。
   炊飯器のスイッチを入れます。
4. 3合分のご飯が炊けました。
   炊飯器のふたを開けると少しこんにゃくの匂いがします。
   こんにゃく米は比較的上の方に集まるので、よく混ぜて下さい。
   ご飯によそうと、もう匂いません。

 こんにゃく米を注ぎます。
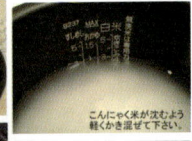 こんにゃく米が沈むよう軽くかき混ぜて下さい。
3合分のご飯が炊けました。
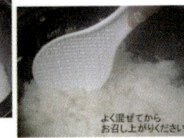 よく混ぜてからお召し上がりください。

3合炊きじゃない場合はどうするの？
お米と本品を、2：1か3：1に近い割合で配分してください。
以下はおおよその目安です。

食べる量（一本の量）	お米	こんにゃく米
2合	1合半	半袋
4合	3合	1袋
5合	3合半	1袋

冷凍保存OK！多く炊いても大丈夫。
従来のこんにゃく米は、冷凍できませんでした。
解凍時に水が出て、べしゃべしゃになっちゃうんです。
でもこれなら冷凍保存OK！まとめて炊けるからとっても経済的。
一人暮らしのダイエットも応援します！

小さなお子様など、ダイエットの必要が無い方がいる場合は？
こんにゃく米は炊き上がった時、上に浮いてきます。
それをいったん脇によけて、下の白米部分をお子様に出して下さい。

乾燥済のスリムなパックだから全く場所を取りません！
ちょうど文庫本くらいの大きさ。
厚さは、その半分くらいです。
勿論生モノじゃないので常温保存できます。
まとめ買って貯めておけます。
 かなりコンパクト。12cm×17cm

「小さなお子様がいる場合は」「かさばるんじゃないか」など想定できるあらゆる懸念を解消するように努めている。

◆ ところてんの伊豆河童
http://item.rakuten.co.jp/i-kappa/c/0000000558/

◆組み立てや設置について詳しく示して不安を解消

どなたでも簡単に組立てられます。ただ、運ぶのは大変です。

 ①
 ②
 ③

組立ては、①天板裏面（配達伝票貼付面）を上にして開梱し、②脚材のボルトを隅金具の穴に併せ、③付属のワッシャー・ナットをスパナ（付属）で締めて完成です。

※ 組立てに必要な工具類は全て商品に同梱。隅金具、脚材のボルトは予め取付けております。
※ 傷防止のため、商品を箱から出さずに組立作業を行うことを推奨しております。
※ テーブルは2人以上で起こしてください。脚を支点にして起こすと、金具が変形する可能性があります。ご注意ください。
※ ナットは力いっぱい締める必要はありません。脚の下部分を持ちグラツキが無い程度まで、締まればOKです。

注意！このテーブル、かなり重いです。
一般的な組立て家具と同様、運送会社が玄関まで運びますが、そこからの設置はご自身でお願いしています。実はこのテーブル、重厚感たっぷりでお部屋まで運ぶのが大変！
標準サイズの場合は、元気な成人男性が1人、またはご夫婦で運ぶ必要があります。テーブルが到着する際は、大変恐れ入りますが、人手を揃えてお迎えください。

なお、別途料金はかかりますが、設置代行も可能です。詳しくはお問合せ下さい。

低価格・高品質の秘密
伝統工法を使った家具は高価なものになりがちです。なぜ、これだけのテーブルを低価格で提供できるのか。そこには職人の志と試行錯誤がありました。

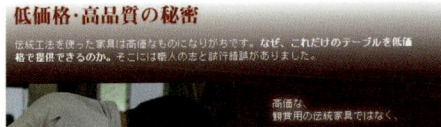

トラブルになりがちな「重すぎる」という懸念についても、あらかじめ説明。これによって購入後のクレームや悪いレビューを防いでいる。

◆ ヤクモ家具製作所
http://yakumo.jp/simpletable.html

ページ接客の失敗パターン

　接客を頑張るあまり、「残念な店舗ページ」になってしまう例は意外と多いもの。ここでは、個人的な買い物経験を踏まえて、ありがちな「ページ接客の失敗パターン」について紹介します。

❶ページ数を増やしたら、迷路になった

確かに、取扱商品数やコンテンツ（記事）は、多い方が売上アップにつながります。しかし、見せたいものが多すぎて何がどこにあるか分からない、迷路状態になると問題です。目的の商品を見つけ、送料無料にするために「あと1品」を探そうとしたら道に迷い、くたびれてしまい、もともとの商品すら買わずに出て行った……という経験が多々あります。

❷思いを詰め込んだら、見づらくなった

ホームページビルダーで何とか作りましたという印象のページ。法則42で説明したとおり、デザインに自信がない場合は、シンプルな色使い・構成にするべき。しかし、自分の技術の限界に挑戦した結果、ケバケバしい色使いで、文字が点滅し、レイアウトも崩れている状態に。熱意は大事ですが、客としては安心してお買い物できません……。ぜひ「使いやすさ」を第一にお考えください。

❸写真を載せすぎて、家族アルバム状態

お店の親しみやすさや商品のイメージを伝えるために、顔写真を掲載すること自体は有効です。しかし、使いすぎると逆効果。食品のページで「おいしい〜」「おかわり〜」などと何枚も子供の写真が続き「商品よりも子供の方が明らかに目立っている」ようなページがそれ。子供は可愛いものですが、お客さんが知りたいのはあくまでも商品情報であることを忘れないようにしましょう。

❹品揃えを広げたら、売り切れだらけ

想像してみてください。店舗内の「お勧め商品」リンクをクリックし、縦長商品ページをじっくり読んで、欲しい気持ちが高まり、最後の買い物かごボタンを見たら「売り切れ」だったときの落胆を……。検索対策として売り切れ商品を引っ込めないのはよくあることですが、度が過ぎると「欲しさあまって憎さ百倍」。縦長ページを多用するお店の方は、ぜひ注意して頂きたいところです！

飲食店なら、ふらっと店に入って「これは失敗した……」と思っても、店員さんの手前、すぐに何も頼まずに店を出るのは難しいです。しかし、ネットショップなら誰の目も気にならないので、「違う」と思えばその時点でブラウザの「戻る」ボタンをクリックできます。ネットショップのお客さんは、実店舗のときよりも評価が厳しくなっていると言えますね。

こだわった店舗ページを作る前に、まず「お客さんが快適かどうか」を考えてみてください。ぜひ、日ごろから「自分がお客さんだったら嫌だと思うこと」を意識して、居心地の良い、買いやすいお店作りを目指しましょう。（川村）

第 4 章

「長く売れる」ための追客の法則

集客・接客に成功して獲得した購入客を継続客へと育てる施策をしっかり講じて、長く愛される店を目指そう。

法則		
67	「追客」で、購入客との縁を維持する	152
68	「メルマガ」の特徴を把握する	154
69	メルマガ施策は3段階で考える	156
70	メルマガも、EC4タイプ理論で使い分ける	158
71	メルマガ購読前から読みたくなるように宣伝する	160
72	ステップに分けて数値管理する	162
73	メルマガの件名を工夫し、開封率を高める	164
74	メルマガの読みやすいレイアウト、読みにくいレイアウトを知る	166
75	筆が進まない場合は、人の言葉から糸口をつかむ	168
76	用途と商品特性によって、うまくHTMLメールを使う	170
77	「裏話」と「人間味」で、プロらしさを演出する	172
78	絵はがきのような「季節の挨拶」的HTMLメールを活用する	174
79	商品数が少ない場合は、さまざまな角度から商品を紹介する	175
80	商品購入後こそ、積極的にコミュニケーションを取る	176
81	開封率100%の「同封チラシ」を活用する	180
82	リピートしにくい商品でも、購入者の感想を集める	182
83	リピーターの心理を把握する	184
84	イベントを成功させる「企画3パターン」を把握する	186
85	「内輪型イベント」で閑散期を盛り上げる	188
86	「トレンド型イベント」で世間の波に乗る	190
87	「提案型イベント」で企画の幅を広げる	192
88	人気商品の購入者には、絞り込んだ文面でリピートを促進する	193
89	ギフトイベントは早く始めて遅く終わる	194
90	メルマガクーポンで、自由自在に売上をコントロールする	196
91	「実況中継メルマガ」で盛り上がりを伝える	198

法則 **67** 「追客の考え方」を理解する

「追客」で、購入客との縁を維持する

継続的なアプローチで、リピート率アップを目指す

　ネットショップの運営において、集客・接客以上に大切なのが追客による「リピート購入」の促進である。

　メルマガや、商品に同封するチラシなどを使って、商品購入後のユーザー（購入客）と継続的に接触。店が忘れられないよう縁を維持しながら、リピーター（継続客）へと育ててもらうのだ。あるいは、サンプル請求や懸賞応募などで店と関わりは持っているものの、いまだ購入には至っていない「見込客」を、購入客へと育てる。

　実店舗と違い、ネットショップは一瞬で購入できるため、店のことが記憶に残りづらい。当然、そのままではリピート率は低くなる。だから追客が重要なのだ。手間と時間は掛かるが、欠かせない施策だと言える。

　法則13で説明したように、新規購入客を増やすための「集客」の施策は結構費用がかかる。しかし既存の購入客に「もう1回」「もう1品」を買ってもらう追客施策には、前述のようにメルマガや同封チラシを利用するため、あまり費用がかからない。結果、LTVが向上し、店全体の収益性が上がる。収益性が上がれば、より積極的な投資も可能になり、店全体が良いサイクルに入る。

　追客は、Web上の集客や接客と違い、裏で行われる施策なので、一見外から見ただけでは分からない。しかし、実は「追客に最も力を入れている」という有名店は少なくないのだ。

◆「忘却」されないよう「追客」する

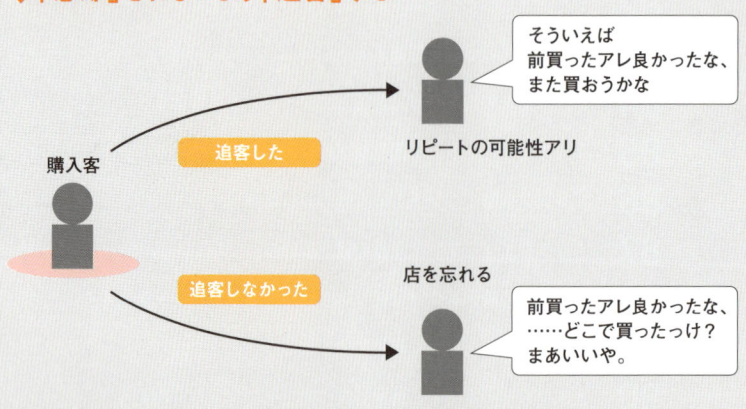

実店舗と違い、ネットショップは一瞬で購入できるため、店のことが記憶に残りづらい。購入後のユーザーにも積極的にアプローチ（追客）して、忘れられないようにしよう。

関連する法則

10
商品数が少ない場合は「魚鱗の陣」で集客する __P38

15
収益性を高めて集客への投資を増やす __P48

用語

LTV __P223
継続客 __P224
購入客 __P224
ツイッター __P225
独自ドメイン店 __P225
リピート率 __P227

TIPS

追客の読み方
追客は「ついきゃく」と読む。購入後、そのままでは離れて行ってしまうユーザーを追いかけ、声をかけて、継続的なお付き合いをお願いするイメージだ。

リピート購入のない商品
主にリピートしない商品を中心に扱う店も、購入後のユーザーに接触すべきだ。そしてレビューの獲得を目指そう。この種の商品は高額なものが多く「失敗したくない」というユーザー心理から、レビューや知人からのクチコミの影響が強い。詳しくは法則82を参照してほしい。

独自ドメイン店は意識的に追客を強化する

　同じネットショップでも、運営場所（モールか独自店か）によって追客の実施度合いは大きく異なる。小規模な独自ドメイン店を運営している店長は、大抵SEOとリスティング広告のことで頭がいっぱいで、購入者のリピート促進まで気が回っていないケースが多い。一方でモール（特に楽天市場）の出店者は当たり前のようにメルマガを中心に店舗運営を考えている。せっかくの購入客をモール出店者に取られないためにも、独自ドメイン店はぜひ追客施策に取り組んでほしい。

追客ツールはいろいろある

　現在、ネットショップの追客ツールとして最も使われるのはメルマガだ。一方、古くからあるチラシ通販やテレビ通販では、ダイレクトメールや電話など、さまざまな追客施策も使われており、これはこれで効果がある。

　本書ではメルマガによる追客に多く紙面を割いているが、重要なのは「購入客や継続客との縁を続けながら次第に関係性を深めていく」ことであり、メルマガ自体は手段にすぎない。漫然と配信するのではなく、その意味を考えながら使ってほしい。

　以下に追客ツールの例を示す。多くの場合はメルマガと個別メールで事足りるので、慣れないツールを無理に使う必要はない。ベテラン店舗になった後に、自店舗との相性を見極めながら研究してほしい。

◆追客ツールの例

ユーザーとの関係性	主な追客ツール
「一対多」の情報発信	メルマガ、ダイレクトメール
双方向のやり取り	メルマガ、個別メール、電話、ツイッター
より深い情報発信	ブログ、店のこだわりをまとめた小冊子
ユーザー間の交流	掲示板、ツイッター、メーリングリスト、オフ会

下に行くほど関係性が深くなる。なお、法則7で紹介した「ニッチタイプ」は同好の士が集うような店が多いため、特にユーザー間の交流需要があるだろう。

まずは購入客数を増やすこと

　人気のあるネットショップと普通の店とで一番違うのは「購入客の人数」です。ページの購入率なども大切ですが、購入率に10倍差が付くはずはないですよね。圧倒的に差が付いているのは「その店で商品を買ったことがある人の数」。月商1000万円以上の店なら大抵「万単位」です。これだけあれば、当然、継続客にまでレベルアップする人は大勢生まれますよね。

　だから、追客の施策をうまくしかけられれば、たった1通のメルマガで100万円売り上げることができます。通販は実店舗と違い、立地による優位性がない分、お客さんとの継続的なお付き合いがより重要になるわけです。だから、購入客数がまだ少ない店は、集客・接客に重点を置いてください。（坂本）

法則 **68** 「追客の考え方」を理解する

「メルマガ」の特徴を把握する

メルマガの販促はDMと比べて「安い」「早い」「深い」

　ネットショップ運営におけるメルマガは、実店舗にとってのチラシや通信販売におけるDMに当たるが、それを上回る圧倒的な利点がたくさんある。

　まずなんといっても「安い」こと。DMと比べると印刷費用や配送料がかからないし、メールが書ければ誰でも手軽に作成できて、その上デザイン料がかからない。圧倒的に低コストだ。

　しかも「早い」。書いてすぐに配信できる。「本日から発売開始」「在庫わずかとなりました」など、状況に応じて細かく、リアルタイムに、実況中継的に配信できるので「ライブ感」を演出できる。しかもクリック1つで購入ページに誘導できるから、売れるのも早い。実演販売や生放送型のテレビ通販と似ている。楽天市場で配信するメルマガだけは予約制で即配信できないが、あらかじめスケジュールを組んで配信設定しておけば、リアルタイムに近い演出も可能だ。

　そして「深い」。メルマガは「低コストでばらまけるDM」ではなく、幅広い活用方法がある。例えば、DMよりもユーザーとの接触頻度を高くできるし、商品案内以外の雑談も書きやすいので、演出次第で店長・店舗への親近感・信頼感を育てやすい。さらに、読者から返信を募るなどすることで、アンケートや意見募集など、双方向の施策を極めて簡単に行える。

　ライバル対策の面からも、メルマガ上の工夫は店舗ページのそれより比較的見つかりにくいという長所がある。機能が備わっていれば、特定商品の購入者や常連客だけに配信先を絞り込んで、それぞれに違う内容で配信して効果を高めることも可能だ。

　メルマガはツイッターなどと比べると古めかしいツールではあるが、一般ユーザーへの浸透度は圧倒的に高い。新しさではなく売上が目的なのだから、やはりメルマガの配信は必須なのだ。

用語
スパムメール __P225
ツイッター __P225
リスト __P226

TIPS
読者の少ないうちは執筆・配信に慣れること
まだメルマガの読者数が少ない場合、大きな売上は期待しない方がいいだろう。商品の購入者が、皆メルマガを読んでくれるように誘導（法則71）することをお勧めする。読者を増やしつつ、まだ読者が少ないうちに執筆・配信に慣れていこう。

メルマガは「狩猟」ではなく「農業」

最近「以前よりメルマガの効果が落ちた」という声をよく聞く。確かに「狩猟」的なメルマガの効果は落ちている。数年前までのメルマガは、現金やブランドバッグなどの豪華懸賞で見込客（懸賞応募客）を集め、どの店舗のプレゼントに応募したかすら覚えていない読者に対して、一斉配信のメールをガンガン送って売り込む、荒っぽい使い方が多かった。いわばインターネット上のポスティングだ。

しかし、世の中のメルマガ流通量が増え、スパムメールも氾濫している現在、このようなやり方では通用しない。今は「好きなメルマガしか開封しない」時代なのだ。売上よりも「読者との関係」を優先させる姿勢が求められる。

まず、配信対象がリストではなく「人間」だと心得ること。そして、懸賞応募客より「一度買っただけで店の名前もまだ覚えていない購入客」をイメージしてほしい。忘れられないよう接触しつつ、メールを開封する癖を付けてもらい、店への興味をだんだん高める。そして「機会があれば購入しよう」という気持ちを持った「リピート予備軍」をたくさん育てるメルマガを目指そう。

「狩猟」ではなく「農業」的な意識を持つことが重要だ。

メルマガの安さ・早さだけではなく、その「深さ」に着目し、うまく読者との関係を育てていってほしい。

▎TIPS
メルマガの効果検証
メルマガ施策の是非を検証する際、売上だけに着目してしまうと、どうしても狩猟的なメルマガを流してしまいがちだ。読者との関係性は「長期的に価値を生む資産」と理解すること。法則72の数値管理を参考にしてほしい。

重要度 ★★☆
緊急度 ★★☆

◆「狩猟的メルマガ」の歴史と未来予測

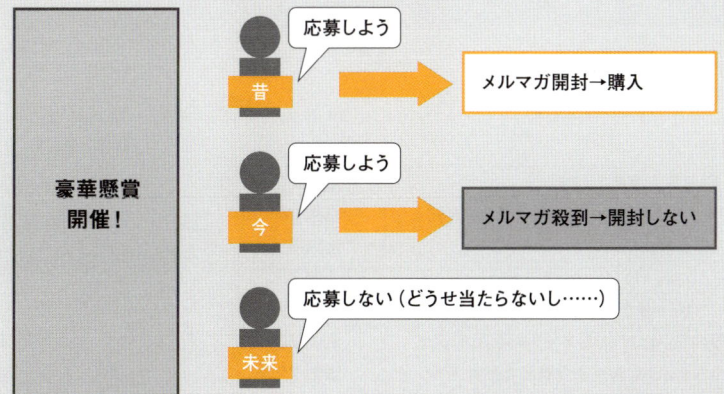

豪華懸賞で大量に懸賞応募客を集めるやり方は、時代と共にだんだん難しくなっている。

メルマガの配信過多に注意

コンサルティングの現場では「メルマガの配信頻度はどれくらいにすればいいですか？」という質問をよく頂きます。週2〜3通程度が望ましいですが、そんなに頻繁に出せないという場合は、週に1回、月に1回だけでも、出さないよりははるかにマシです。貴重なリピーター候補に、お店の存在を忘れられてしまっては目も当てられませんからね……。無理せず、まずは"配信する癖"を付けてください。

一部、毎日配信しているお店もありますが、確かに売上が伸びます。でも、毎日似たようなメルマガが来れば、どんな常連さん（継続客）でも配信停止しますよね。目先の売上を追って、継続客との縁を切ってしまっては本末転倒。低コストで売上を作れるツールだからこそ、乱用は要注意です。（坂本）

法則 **69** 「追客の考え方」を理解する

メルマガ施策は3段階で考える

「メルマガ農業の3ステップ」で読者を育成する

　興味のない読者を引き込んで育てていくメールマガジン施策は、農業に似ている。筆者はこれを「メルマガ農業の3ステップ」と呼んでいる。ここでは、単発のメルマガではなく中長期的に見た場合の、メルマガの「考え方」を説明する。以降の法則はこれを前提として説明するので、しっかり理解してほしい。

　まず、第1のステップでは、地道に「種をまく」。読者を増やしつつ、開封される件名を付けて、読んでくれる人を増やすのだ。次に第2のステップでは、読者への愛情を込め、押し付けすぎない程度に商品を案内しながら、気長に「育てる」。

　ここまでの工夫で、1回1回のメルマガでも売上はアップするが、本当に成功体験が得られるのは、イベント開催時だ。メルマガの読者をメインターゲットとして店舗内イベントを開催すると、それまでの育成が成功していれば、第3のステップとなる爆発的な売上を「収穫」できるだろう。

TIPS

「焼き畑」に注意
育成過程を経ずに、売上目的のイベントを乱発してはいけない。読者を楽しませる観点がなければ、「焼き畑」化して次の収穫が見込めなくなってしまう。

◆メルマガ農業の3ステップ

❶種をまく	メルマガ購読前から読みたくなるように宣伝する	法則 71
	ステップに分けて数値管理する	法則 72
	メルマガ件名を工夫し、開封率を高める	法則 73
	メルマガの読みやすいレイアウト、読みにくいレイアウトを知る	法則 74
	筆が進まない場合は、人の言葉から糸口をつかむ	法則 75
	用途と商品特性によって、うまくHTMLメールを使う	法則 76
❷育てる	「裏話」と「人間味」で、プロらしさを演出する	法則 77
	絵はがきのような「季節の挨拶」的HTMLメールを活用する	法則 78
	商品数が少ない場合は、さまざまな角度から商品を紹介する	法則 79
	商品購入後こそ、積極的にコミュニケーションを取る	法則 80
	開封率100%の「同封チラシ」を活用する	法則 81
	リピートしにくい商品でも、購入者の感想を集める	法則 82
❸収穫する	リピーターの心理を把握する	法則 83
	イベントを成功させる「企画3パターン」を把握する	法則 84
	「内輪型イベント」で閑散期を盛り上げる	法則 85
	「トレンド型イベント」で世間の波に乗る	法則 86
	「提案型イベント」で企画の幅を広げる	法則 87
	人気商品の購入者には、絞り込んだ文面でリピート促進する	法則 88
	ギフトイベントは早く始めて遅く終わる	法則 89
	メルマガクーポンで、自由自在に売上をコントロールする	法則 90
	「実況中継メルマガ」で盛り上がりを伝える	法則 91

重要度 ★★☆
緊急度 ★★☆

メルマガは、読まれない前提で書く

　大抵の場合、送ったメルマガを読んでくれるユーザーは、配信先全体のうち1割にも満たない。だから、漫然と商品案内を載せただけのメルマガでは、配信先の中の「ごく一部」のユーザーだけを対象としていることになってしまう。当然、売上は伸びない。特に、初めてメルマガを配信して間もない段階では、熱心な読者はまずいないものだ。

　そこで、「ほとんど読まれない」という現実を自覚して、まず「開封したくなる件名」（法則73）を付けることを心がけよう。そうすると、最初は興味を持っていなかったユーザーも本当の読者にできる。

　次に「読み続けたくなる内容」を心がけよう。そうすると、本当に読んでくれている読者の数が増えてくる。本当に売れるメルマガを書くとは、その1通だけでの売上ではなく、作っていく行為を指すのである。

　具体的な件名や本文の書き方などは、後の法則（法則73以降）を参照してほしい。

◆ メルマガ農業による読者の成長

メルマガ愛読者しか商品を購入しないわけではないが、
メルマガ配信数ではなく「読んでくれている人数」を意識することで売上につながりやすくなる。

お客さんと深く付き合えるメルマガ

　集客の段階でお客さんに露出できるメッセージと言えば、広告原稿や、検索結果に出てくる商品名・ページ名などですよね。たった10〜50文字程度の、ごく短い言葉です。次に、店舗ページ上での接客は、言葉はたくさん伝えられるものの、基本的には「1回限り」のコミュニケーションです。

　しかし、メルマガを使った追客の段階になれば、何回でもメッセージを届けることができます。労力はかかりますが、一番深いお付き合いができるわけです。

　お客さんに言いたいことがたくさんある方、こだわりの商品を持っている方、どんどん語ってください。あなたのような方が一番活躍できるのが、メルマガなんです。（川村）

法則 **70** 「追客の考え方」を理解する

メルマガも、EC4タイプ理論で使い分ける

自店舗の特性を踏まえてメルマガを書く

　一般的によく語られているメルマガのノウハウには、「店長への親近感を演出しながら、商品へのこだわりを語る」というものが多い。しかし、取扱商品によって、書くべき内容は大きく変わる。例えば、最新のゲーム入荷情報を毎週待っている読者にとっては、店長のキャラクターやこだわりは二の次で、情報が網羅されていることや、即時性が最も大切になる。

　一方、肉まん専門店が、すべての肉まんシリーズをびっしり並べたHTMLメールを発行しても、同じ肉まんの羅列にしか見えず、商品の詳細が分かりにくいだろう。一般的なノウハウを鵜呑みにせず、読者の求めることを再考する必要がある。

　型番商品主体の店なら「幅広く」商品を載せ、その中に売りたい商品を混ぜる。掲載商品数が多いのでHTMLメールがいいだろう。オリジナルブランド商品が主体なら、商品数が少ない分、個々の商品やバックストーリーについて「深く」掘り下げる。ニッチ商品が主体なら、法則52で述べた商品の選び方コンテンツなどの「うんちく」を掘り下げる。これらすべての特徴を持つ総合タイプの店では、広さと深さの「使い分け」が肝心だ。

　次ページでは、EC4タイプ理論（法則4〜8）を前提に詳しく解説していこう。タイプごとに「意識してほしい法則」を記載しているが、本書を読み進めるのは順番どおりでかまわない。この「追客」の章に載せた内容は全タイプにとって有用だが、自店舗の特性を踏まえて実施してほしい。

関連する法則

4
「EC4タイプ理論」で店舗の未来を知る __P24

76
用途と商品特性によって、うまくHTMLメールを使う __P170

用語

BEAFの法則 __P222
EC4タイプ理論 __P222
HTMLメール __P223
型番商品 __P224
潜在客 __P225
ニッチ商品 __P226

TIPS

自分のスタイルを探す
右ページに記載したメルマガの型は、あくまでも参考例だ。まず最初は型の模倣から始め、次第に自分のスタイルを探すことを勧める。

型番商品は幅広く商品を載せ、売りたい商品を「混ぜる」

放っておいても検索エンジン経由で売上が上がるので、型番タイプの店ではメルマガがあまり配信されず、購入客が放置されている傾向にある（法則5）。購入客の方でも、買い物をした店舗の名前すら覚えていない。覚えているのは買った商品であって、買ったお店ではないからだ。当然、リピート率も低い。しかし「利益率の高い商品」も売れる店は、メルマガに力を入れている。

まず、配信することから始めよう。1回に掲載する商品数が多いので、HTMLメール（法則76）を使うといい。店舗ページに家電店のチラシのようなセールページ（法則50）を作って、それを流用すれば執筆の手間は大幅に減る。メルマガ配信に慣れてくれば、法則84を参考に企画に挑戦するといいだろう。

オリジナルブランド商品は、商品と店について深く掘り下げる

商品知名度が低く、検索経由での購入も少ないオリジナルブランド商品を販売するタイプの店では、メルマガを利用した販促は極めて重要な施策だ（法則6）。

入口商品の購入や懸賞応募・オークション入札を起点として、うんちくやエピソード（法則77）、売れっぷりを語りながらだんだん商品や店への興味を高める（法則91）。縦長商品ページがどんなに良い出来でも、無名商品を知らない店で買うのは、不安が伴うため、継続的に接触して徐々に信頼を獲得していく必要があるのだ。幸い、オリジナルブランド商品を買う際は、購入を決断する際に「どんな店か」を気にするので、必然的に店のことはある程度覚えている。購入時の記憶が消えないように、メルマガを出し続けたい。

ニッチ商品は、うんちくを掘り下げる

ニッチ商品は対象となる潜在客が少ないため、購入客は極めて貴重な存在だ。だから、このタイプのメルマガはとにかく「維持」が大切。頻繁にメッセージを送り、親近感を得ながら、忘れられないようにする。商品案内の際も、買い方・選び方を掘り下げる形が望ましい（法則7）。メルマガとページの両方で同じコンテンツを発信していこう。

読者が、狭い世界の「同好の士」であれば、話題には事欠かないはずだ。商品のプロとして、読み応えのある情報や、楽屋話（業界のこぼれ話）などを配信し、自分や周りのスタッフのことを楽しげに話す（法則77）。また、リピートしにくい商品の場合は、メルマガを使って感想を集めることを勧める（法則82）。

総合タイプの店は、広さと深さの両方を使い分ける

さまざまな商品を扱う「総合タイプ」（法則8）の店では、各タイプのメルマガを意識的に使い分ける形になる。特に勧めたい商品がある場合は、オリジナルブランドのメルマガのように、1つのメールに1つの商品のストーリーを長く書く。メールの内容は、BEAFの法則で述べた内容に近い形になる（法則62）。

いろいろな商品を勧めたい場合は、型番商品のようにHTMLメールを使って数多くの商品を載せる。内容は、特集ページに近い形になる（法則49）。

店舗自体について紹介したい場合は、ニッチ商品のように楽屋話などのコンテンツを盛り込む。店舗紹介ページを引用する形がいいだろう（法則43）。

重要度 ★★★☆
緊急度 ★★☆☆

法則 **71** | 種をまいて読者を増やす

メルマガ購読前から読みたくなるように宣伝する

メルマガの購読チェックを外させない

　ネットショップで商品を購入すると大抵、自動的にメルマガの配信先の対象として登録される。しかし、楽天市場やYahoo!ショッピングなどの場合、購入客はメルマガを購読しない選択をできる。操作は簡単で、フォームの「メルマガを購読するかどうか」のチェックを外せばいいだけだ。残念なことに、多くのヘビーユーザーは「あらかじめチェックが外れていればいいのにな」と思っている。受信トレイがメルマガだらけになって不便だからだ。つまり読者の心理としては、特に「読む理由」がない限りメルマガを購読したくないのだ。

　一方、売り手としては何としても読んでほしいので、ここに大きなギャップが生じる。できるだけメルマガを購読してもらうために、「メルマガを読む理由」として何らかの購読メリットをユーザーに提示してみよう。

　例えば、メルマガ読者のみの先行情報、商品に関する無料コンテンツ、読者限定セールやクーポン券、読んでいるだけでプレゼントが当たるチャンスがあるなどを具体的に示し、だから購読チェックを外さない（メルマガを購読する）方がいい、と案内するのだ。これらのメリットは、必ず「購読するかどうかのチェックボックス」のできるだけ直前に、目立つように表示しなければならない。

　特に、鉄道模型のような趣味や、テニスなどの特定スポーツ専門店などのニッチタイプの店は「同好の士」が集うため、無料コンテンツの提供や「お便りコーナー」的な参加型企画は盛り上がりやすい。ぜひ積極的に取り組んでほしい。

> **TIPS**
> **店舗独自ポイントも有効**
> 独自ドメイン店で、リピート性の強い店であれば、店舗ごとに発行する独自ポイントも有効だろう。メルマガ購読案内と同時に、積極的にアピールしたい。

重要度 ★★★
緊急度 ★★★

◆メルマガの購読メリットをユーザーに伝える

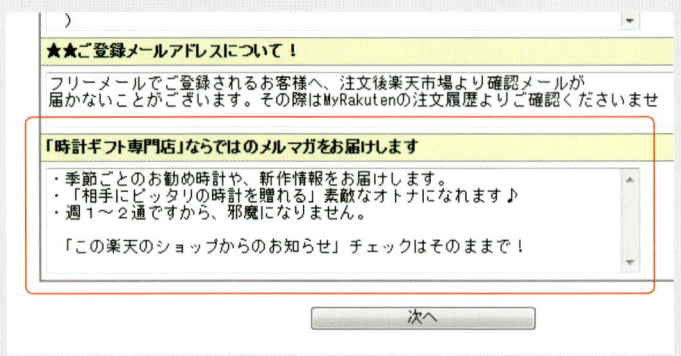

できれば商品購入画面の中に、このような案内を表示するといい（例は楽天市場）。メルマガの購読メリットや、「受信しても邪魔にならない」アピールをしている。
◆ Gショック&ペアウォッチBlessYou
http://www.rakuten.co.jp/blessyou/

「メルマガ登録フォーム」「配信停止ページ」を作り込む

メルマガの登録フォームは用意していても、そこに購読メリットを載せていない店が多い。登録フォーム上で前述の購読メリットを分かりやすくアピールしよう。メルマガの内容に自信があれば、特に好印象を与えそうな部分を抜粋してアピールしてもいいだろう。購入客に限らず、誰でもメルマガ購読を申し込みたくすることが目標である。作り込んだら、店舗ページ内の各所から積極的にリンクを張ろう。この際も単にリンクを張るのではなく「メルマガ読者になればクーポン券が届く」などと分かりやすく購読メリットを提示すること。

また、楽天市場のように配信停止を受け付けるページ（配信停止ページ）を作り込める仕様であれば、上記の購読メリットをここにも掲載しておくと、配信停止しようとした読者を「思いとどまらせる」役割を果たしてくれることがある。さほど時間をかける個所ではないが、余力があれば対応したいところだ。

◆メルマガ購読案内＆配信停止ページの例

クーポン券やアウトレット購入権など、メリットを分かりやすく提示する。
◆ 無印良品 MUJI.netメンバーのご案内
http://www.muji.net/store/pc/user/notice/member.jsp

メルマガ購読メリットを記載し、配信停止を防ぐ。
◆ 犬の服のiDog
http://www.rakuten.co.jp/idog/news.html

重要度 ★★★★
緊急度 ★★★★

メルマガ麻薬の恐怖

本文で説明したとおり、ユーザーにとってメルマガは「邪魔」な存在でもあるので、わざわざ購読してくれるのはありがたいことです。読者は大切にしましょう。

「この商品が一番オススメ」「買うなら今しかない」などと毎回強烈にあおるオオカミ少年的なメルマガは、最初はすごく売れます。でも、しばらくすると効果が落ちるので、より表現を過激にしないと売れません。以下繰り返し。中毒症状は徐々に悪化し、気がつけば修復不能に……。法則69で述べたとおり、メルマガは農業です。種をまかずして、苗を育てずして、収穫はありません。気をつけましょう。（川村）

法則 **72** 種をまいて読者を増やす

ステップに分けて数値管理する

クリアすべき課題を分解し、数値で管理する

　読者が、配信されたメルマガを読み、実際に購入に至るまでには、乗り越えるべき多くのハードルがある。メルマガが開封されるか？　内容を読み進めてもらえるか？ URLをクリックして、店舗ページを見てもらえるか？　そして購入されるか？

　状況を把握し、継続的にメルマガを改善するために、各課題の達成状況を数値で管理しよう。売上だけを追うのではなく、売れるまでのプロセスも検証し、改善し続けてほしい。「顧客すごろく理論」の数値管理（法則3）と同様に、売上などの目標数値を「構成要素に分解する」のは、問題点を早く見つける近道なのだ。ただし、システムによっては必要なデータを取れないことも多い。データが取れなくても、概念を知っておくだけで問題点を「推測」できるので、改善施策は打ちやすくなるはずだ。

　なお、メルマガを出し始めたばかりの段階では、取れる数値は小さいので、細かいことを気にせず、まずは定期的に出す習慣を付けてほしい。

関連する法則
3
「顧客すごろく理論」を数値で管理する __P22

用語
HTMLメール __P223
開封率 __P224
クリック率 __P224
懸賞広告 __P224
顧客すごろく理論 __P222

TIPS
開封率
開封率はHTMLメールの場合のみ取得可能だ。HTMLの中に、開封されたかどうかを判別するタグ（ビーコン）を記入しておき、プログラム上で集計することで取得できるようになる。メール配信システムに機能として搭載されていることが多い。

重要度 ★★★
緊急度 ★★★

◆メルマガ経由売上の構成要素

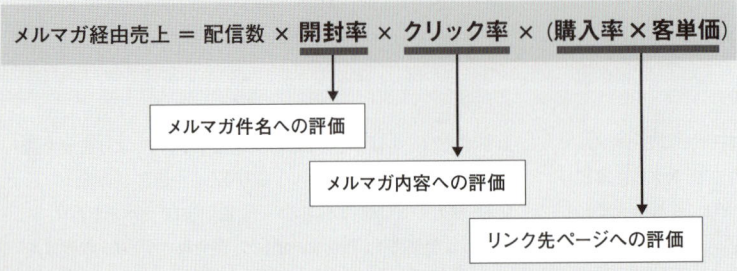

メルマガ経由売上 ＝ 配信数 × **開封率** × **クリック率** × （**購入率×客単価**）

- メルマガ件名への評価
- メルマガ内容への評価
- リンク先ページへの評価

メルマガが配信されても、開封されなかったり、内容をクリックされたりしなければ売上につながらない。売上アップに必要な要素を理解し、それぞれを改善するよう努めよう。

開封率の評価

突然開封率が跳ね上がったら、それは「その号のメルマガ件名」の効果だ。一方、開封率が全体的にじりじりと上がってきた場合は、習慣的にメルマガを開封するユーザーが増えた＝ファンが増えてきたと言えるだろう。なお、懸賞広告などのプロモーション実施後に、メルマガの内容をまったく知らない「薄い」ユーザーが増えた場合は開封率が下がる。これはあまり気にする必要はないが、その後に開封率が上昇するかどうかはチェックしておこう。

◆メルマガを開封する読者心理

- 普段読んでいないユーザーの場合
  興味を引く件名だから開封
  タイムリー／季節感のある件名だから開封など
  件名の工夫により、開封率を高められる。
  ……法則73参照

- 普段から読んでいる読者の場合
  習慣的に読んでいるので開封
  新商品や入荷情報を知りたいので開封など
  内容の工夫により、開封率を高められる。
  ……法則77〜82参照

クリック率の評価

メルマガの内容が読者の興味を刺激すれば、クリック率は上がる。その心理としては「もともと欲しい商品が載っていたから」と「知らない商品だったが興味を引かれて」の2通りに分かれる。後者の、知名度の低い商品で高いクリック率を出せれば、メルマガ上手と言えるだろう。

ただし、これはあくまで目安なので、数字を上げることだけを目標にしてはいけない。例えば一切説明なしで「こ こをクリックすると衝撃映像が」と書けば、当然クリック率は上がるが、商品に興味があるわけではないので売上にはつながらない。逆に、メルマガで長く熱のこもった商品説明を載せて、最後にURLを置いた場合は、一部の読者しかクリックしないのでクリック率は低いだろうが、ページ上での購入率は高い。数字はあくまでも目安。目標そのものにしないよう注意してほしい。

◆メルマガ内URLをクリックする読者心理

- もともとニーズが存在した場合
  母の日など、もともとどこかで購入する予定だったから
  もともと欲しかった商品だから
  欲しかった商品が安くなっていたから

- 潜在的なニーズを喚起した場合
  盛り上がってそうなので気になって
  提案内容に必要性・実用性を感じて
  その商品について詳しく知りたくなって
  描写された生活シーンに憧れて

いずれの場合も、読者の興味・予定を把握して、端的に刺激すること。……法則84参照

重要度 ★★★
緊急度 ★★★

意外と盲点のメール配信サービス

本文では触れませんでしたが、実は、送ったメルマガが相手のメールボックスにそもそも届いていないケースもあります。迷惑メール送信者も使っているようなメール配信サービスだと、そのメルマガ配信サーバー自体が各所からスパム認定されており、メールを届けてもらえず、未着率が高くなることがあるのです。せっかくのメルマガが届かないのは、ユーザーにとっても迷惑です。メール配信サービスは、価格だけで選ばないように注意してください。（川村）

法則 **73** | 種をまいて読者を増やす

メルマガの件名を工夫し、開封率を高める

開封されなければ出さないのと同じ

自分のメールソフトの画面を思い出してほしい。メールボックスの中には、メルマガ以外にもたくさんのメールがあるはずだ。あなたの読者も同じである。しかも、読者がネットショッピングのヘビーユーザーならなおさら、大量のメルマガの中に自店のメルマガが埋もれている状態だ。どんなに丹精込めて書いたメルマガでも、たくさんの中の1通にすぎないということをまず肝に銘じておこう。メルマガは開封されずにそのままゴミ箱行きになることも非常に多い。

開封される前に、ユーザーの目に触れることができるのは件名だけである。つまり、開封されるかどうかはメルマガの件名次第と言っても過言ではない。

長すぎる件名は避けよう

開封前にも見てもらえるからといって、メルマガの件名にアピールポイントを詰め込んではいけない。メールソフトにもよるが、大抵の場合、件名は全角26～30文字までしか表示されず、それ以降は切れてしまう。また、本来アピールしたい言葉が、他の言葉の中に埋もれて目立たなくなる危険もある。つまり、長すぎる件名は逆効果だ。

件名は20文字以内とし、「ユーザーの目を惹く言葉」を含めることで、開封率を高めよう。また、店舗名がメール差出人欄に表示されているなら、わざわざ件名に店舗名を入れる必要はない。スペースの無駄使いは避けるべきだ。

開封される件名とは

ではどんな件名を付ければいいのか。自分なら普段どんなメールから開封するかを想像してほしい。開封する優先順位はだいたい決まっているはずである。友人からのメールや、仕事関係のメールをまず読むだろう。メルマガに手が伸びるのはこの後なのだ。まず、「興味のあるキーワード」が入っているメールを開封する。残りは読まずにゴミ箱へ。つまり、件名に、興味のあるキーワードを入れるのが重要だ。具体例は次ページの図を参照してほしい。

逆に「〇〇屋からのお知らせ」「〇〇ニュースvol.8」などは、明らかに良くない件名だ。その店が好きで、意図的に購読していない限りは、店舗名だけで何屋かも分からず、そのメルマガの中身も分からないため、開封する理由がまるで存在しないからだ。

▌関連する法則

25
「マグロの大トロ」的な広告テキストを作る __P68

29
「パブロフの犬」的な広告原稿を作る __P76

41
客層をイメージして、キャッチコピーを作る __P100

▌用語

開封率 __P224

▌TIPS

マークや！の多用は逆効果
目立とうとするあまり、「★■◆」などのマークや、「！！」を連発する人もいるが、これは大抵逆効果である。「記号が付いて目立っているから開封する」という読者は存在しない。目立つ件名ではなく、開封したくなる件名を考えよう。

重要度 ★★★
緊急度 ★★★

◆典型的な「売れる件名」と「売れない件名」のパターン

◎具体性

	例
売れる件名	最大90％オフ！文具の歳末処分セール
	季節限定！桜あんみつセット発売開始
売れない件名	超お得な歳末処分セール開催中
	注目の新商品がついに登場

メールを開かなくても魅力が伝わることが重要。具体的な数字や目玉品の中身など。

◎限定性

	例
売れる件名	本日最終日！母の日ギフト特集
	【先着○名様】冬物ブーツが半額
売れない件名	母の日ギフト特集
	冬物ブーツが半額

イベント開始よりも「もうすぐ終了」のメルマガの反応がいい。希少性・限定性を盛り込むと、開封率が上がる。

◎話題性

	例
売れる件名	ご存知ですか？下半身太りの原因
	お父さんの株が上がるキャンプセット
売れない件名	女性のためのダイエットグッズ特集
	キャンプセットがお得

ユーザーの悩みや、興味を持つ話題を盛り込む。「客層をイメージして、キャッチコピーを作る」（法則41）も参照。

重要度 ★★★
緊急度 ★★★

呼びかけ効果

　大勢の群衆の中で、「皆さんにお勧めしたい美容クリームがあります。」と呼び込みをしていても足を止める人はほとんどいないですよね。しかし、「30代以上の乾燥肌が気になる女性にお勧めのクリームがあります。」と文句を替えると、該当する人は「自分のことだ」、と興味を持ち、足を止める人も出てきます。これが「呼びかけ効果」です。ユーザーが足を止める呼びかけは、「販促に使える具体的キャッチコピー」だと言えます。日頃からユーザーを観察して、このような言葉をストックしておきましょう。

　法則41「客層をイメージして、キャッチコピーを作る」とも深く関係する話ですね。（川村）

法則 **74** | 種をまいて読者を増やす

メルマガの読みやすいレイアウト、読みにくいレイアウトを知る

重要度 ★★★
緊急度 ★★★

知らせたい情報から書き、読みやすい流れを作る

　メルマガを開封されたからといって、最後まで読んでもらえるとは限らない。読者がうまく読み進められるようにメルマガの流れを作ることが重要だ。お笑い芸人のように、まず冒頭で読者を「つかむ」。新聞記事のように、「目をひく見出し」（キャッチ）→「本文へ誘う書き出し」（リード）→「分かりやすい本文」という流れを作るといい。このような構成にすると非常にスムーズである。

　また、「読者に知らせたい情報」は、先に提示しよう。例えばセールの案内をするのに、店長の近況を長々と書き、商品についてくどくどと説明し、最後に駆け足でセールの詳細を書いたところで、読者は途中で読み飽きてしまっている。これでは、セールの告知をしたのに「セールに気がつかなかった」という笑えない結果になってしまう。

「言葉のダイエット」と「黒と白のバランス」

　いいメルマガとは、体脂肪率の低いボクサーのようなものである。無駄な脂肪（言葉）がないからだ。商品やイベントの案内でも、ちょっとした雑談でも、贅肉の付いた「回りくどい」文章は読者にとって読みにくいものだ。熱意のある人ほど、言いたいことを詰め込みすぎて文章が冗長になってしまいがちである。全般的に、文章は「削れば削るほど良くなる」と理解しよう。そのためには「何を伝えたいか」を明確にし、残すべき個所を把握すれば自ずと削れる部分が見えてくる。これは用件を事務的に伝えろという意味ではない。より少ない単語で、同じ意味が伝わるよう努力すべきなのだ。そのために、要点を残し簡潔にまとめる「言葉のダイエット」を実践してほしい。

　書くことが明確になれば、次はレイアウトである。画面を1つの空間として考えてほしい。長い文章を書くと、文字で埋まって画面が「黒く」なる。どんなに内容が良くても見にくい画面では、読む気が失せてしまうものだ。文章のまとまりを意識して行間を取り、文字の黒と空間の白い部分のバランスを取ろう。テキストのメルマガであっても、絵本感覚で行間を空け、罫線などを用いた図的な強調表現は非常に有効である。全体としてのメリハリを考えながら画面上に配置するイメージで作成するといいだろう。

TIPS

無駄な行間はやめる
たまに、見やすくしようとして、すべて1行ずつ空けているメルマガがある。これは無駄な行間が多く、かえって単調になってしまうのでやめよう。

テスト送信は必須
完成させたメルマガは、いったん自分のメールアドレス宛にテスト送信し、読みづらい点、誤解を招く表現などがないか見直そう。

◆**読みやすいメルマガの例** 目を惹く冒頭のキャッチがあり、端的な文で、何を案内されているのかが明確なため、スムーズに読み進める流れができている。ひと目で内容が分かるバランスの良い見やすいレイアウトである。

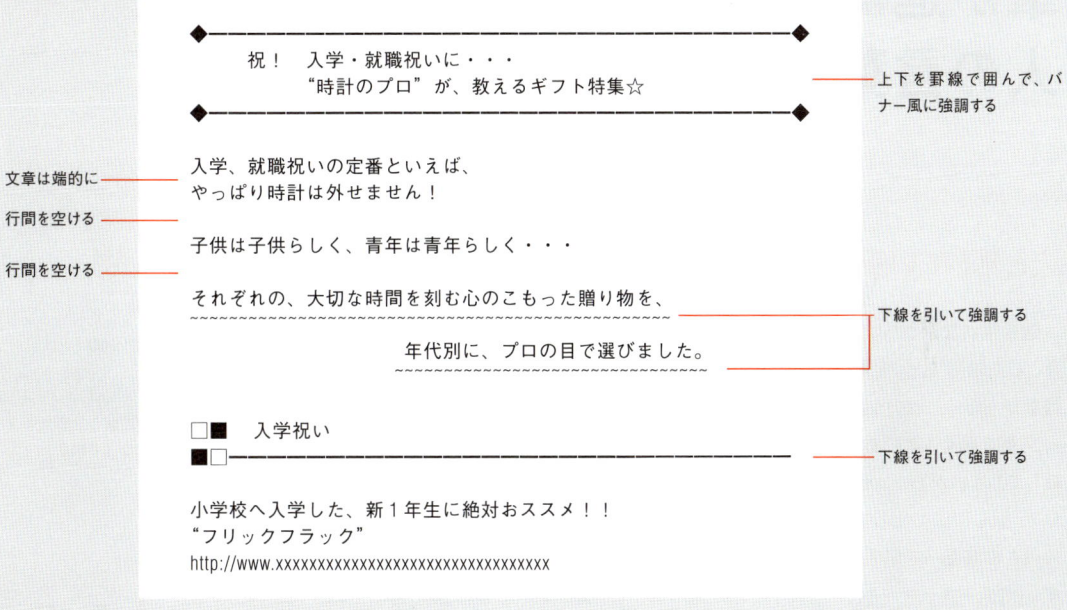

◆**読みにくいメルマガの例** 見出しがなく、ダラダラと書かれているため、読む意欲が途中で失せてしまう。雑談を交えても良いが、バランスを考えて読みやすく書こう。

> うちの娘は、この4月からから小学生になります。
> 昔から人見知りでどこに行っても泣いてしまう子だったのですが、この子もいよいよ小学生になるのかと思うと感慨もひとしおです。
> そういえば、最近ランドセルを買いました。毎日それを背負っては学校に行くのを楽しみにしているようです。赤いランドセルが良く似合って可愛いこと可愛いこと・・・親バカですが。。。
>
> 娘のように入学、就職などを迎えるお子さんやご親戚などがまわりにいらっしゃる方も多いのではないでしょうか。
>
> お祝いに贈るものって、結構迷いますよね。
>
> いつも何にしようか考え込んで、結局時間がなくなり大した物を贈ってやれなかったりしてしまいます。
>
> 当店の腕時計などはいかがでしょうか？
>
> この年の子供はまだ腕時計などあまり持っていないものですし、おもちゃでもないので入学という行事に合ったプレゼントです。

法則 75 ｜ 種をまいて読者を増やす

筆が進まない場合は、人の言葉から糸口をつかむ

人と話している感覚で書こう

　書き慣れないうちは、メルマガの執筆は実に厄介な作業だ。いざメルマガを書こうとした段階で、何を書けばいいのか悩んでしまい何時間たっても結局1文字も書けなかった……という話もよく聞く。

　文章を書くことにあまり慣れていない人は、どうも「書く」という行為自体に萎縮してしまいがちだ。そこで、文章を書くと考えずに、商品を対面販売しているつもりで、試しに口に出してしゃべってみよう。

　「この商品って何?」「これは北海道の生乳100%で作ったチーズケーキなんです。」「チーズケーキって、他のとどこが違うの?」「実はすべて手作業で作っているので1日限定20個しか生産できない幻のチーズケーキなんですよ。」というように、実際に口に出しながら話を進めて、それを書き起こしていけばいい。肩肘を張りすぎて、どこかで見たようなこなれたキャッチコピーや、プロ級の文章を書こうとすると、かえって分かりづらくなってしまう。誰でも同じだ。この作業は、1人でやってもいいが、誰かに相手をしてもらいながら書くと、より進めやすくなるだろう。

　知名度の高い型番商品を売るなら、長々と説明しなくても構わないが、オリジナルブランド商品を売るなら、分かりやすい説明が欠かせない。目の前の人に、商品の良さを話して聞かせる感覚で気軽に書いてほしい。慣れれば驚くほど短い時間で作成できるようになるはずだ。

関連する法則

41
客層をイメージして、キャッチコピーを作る __P100

62
「BEAFの法則」で売れるストーリーを作る __P140

用語
レビュー __P227

TIPS
対面販売も緊張する場合
対面販売するシーンを想像しても萎縮してしまう場合は、気心の知れた友人に商品を紹介するつもりでしゃべってみてほしい。

◆ 会話をしながら、メルマガの文面を考える

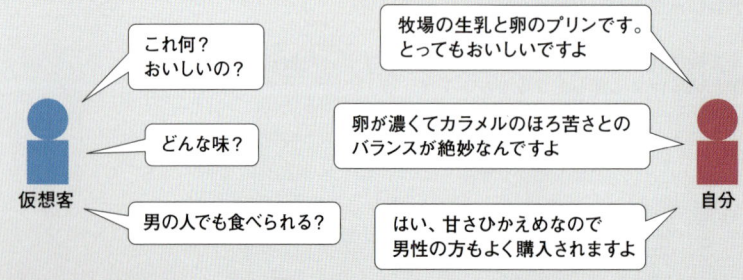

普段話すような、簡単な言葉で考えると自然な説明が出てくる。

積極的に顧客の声を引用しよう

　顧客の声（商品レビューや感想）を引用するのも手堅い方法だ。ネットショップのユーザーは、商品ページやメルマガの情報だけでなく、価格.comや楽天レビューなどのクチコミ情報もかなりチェックしているものだ。実際に買った人の感想を聞いて、宣伝文句の陰に隠れた使い心地や盲点などをチェックするためだ。そして、商品に満足したユーザーによる「高評価レビュー」（コメント）は、商品購入を迷っているユーザーの背中を、強力にプッシュしてくれる。

　そこで、この商品レビューをメルマガの文面にも引用しよう。いわば「購入客に商品説明をしてもらう」わけだ。レビューはまさに宝の山で、自分が考え付かない角度からのアピールポイントなど、あらゆる角度からの商品アピールがそろっている。ぜひ積極的にチェックし、メルマガに転載してほしい。店の賑わいぶりも演出できるので非常に有効である。

　なお、楽天レビューのように公開されているものには使用許可を取る必要はないが、メールなどで寄せられた感想やブログの意見などは、許可を得てから掲載するようにしよう。

◆ユーザーの声の掲載例

```
最近、登場以来ずっと人気のブランド！
お肌に透明感を求める人に、超おススメです♪

≪○○ピーリングゲル≫
http://www.xxxxxxxxxxxxxxxxxxxxxxxxx


-------- ピーリングゲルをご使用になったお客様の声 ----------

本当にお肌がつるつるになります！
使ったあとは、化粧水をグングン吸い込む感じがします。
私は敏感肌なのですが、刺激はありません。
お風呂で使えるので、面倒なこともなく、飽きっぽい私でも
続けられそうです。　　　　　　　　　　　（佐藤様）

----------------------------------------------------------------

佐藤様ありがとうございます！
是非、続けてぷるぷるお肌を目指して下さいね。


▼毛穴もスッキリ！一番人気の、ピーリングゲルはコチラ！
http://www.xxxxxxxxxxxxxxxxxxxxxxxxx
```

重要度 ★★★
緊急度 ★★★

「配信停止」に過敏にならない

　メルマガを配信停止されると正直へこみますよね。配信停止ページ上にメルマガ購読のメリットを記載して、購読を継続してもらうように説明すれば、少しは停止が減るでしょう。しかし、必要以上に過敏になるのは考えものです。例えば、懸賞応募だけの未購入客の配信停止などをいちいち気にしていても、何にもなりません。砂粒の中から探し出した砂金である大切な顧客をつなぎとめておくことが重要なんです。むしろ本当に危惧すべきは常連客が離れてしまうこと。これは店舗にとって大きな損失になります。無理な売り込みは控え、末永く読んでもらえるメルマガ作りを心がけましょう。（川村）

法則 **76** | 種をまいて読者を増やす

用途と商品特性によって、うまくHTMLメールを使う

掲載商品数が多いメルマガは、HTMLメールが向く

メルマガにはテキストメールとHTMLメール（画像メール）の2通りがあるのは周知のとおりだ。手が込んでいるように見える、何となく見栄えがいい、などの理由から「HTMLメールの方が効果がある」と判断するのは早計である。用途や商品の特性に応じて、この2つのメルマガをうまく使い分ける必要があるのだ。

テキストメールは、特定の商品を深く長く紹介したり、読み物（コンテンツ）を提供したりするのに向く。執筆に手間がかからないので「先日お知らせした商品、再入荷しました！」などとライブ感のあるメルマガをスピーディーに出すのにも向いている（法則91）。

しかし、メルマガ内の掲載商品数が多い場合は、テキストメールは向かない。テキストによって商品名、URLが羅列されていても、なかなかどんな商品か想像できにくいものだ。しかも、商品を見るためには1つ1つクリックしてもらわなければならない。買う側としては、ものすごく手間である。

一方、画像が並ぶHTMLメールなら、一度にたくさん商品を並べても、ひと目でそれぞれどんな商品かを識別できる。百聞は一見にしかず。画像は雄弁なのだ。

EC4タイプ理論の分類で言えば、ファッション・雑貨などの「総合タイプ」と、家電や海外ブランドファッションなどの「型番タイプ」のメルマガはHTMLメールが向いている。メルマガに掲載する商品が多いからだ。

■ 関連する法則

49
用がなくても見てしまう「特集ページ」を作る __P114

50
「セールページ」で、利益を保ちつつ売上を作る __P116

70
メルマガも、EC4タイプ理論で使い分ける __P158

■ 用語

CSS __P223
HTMLメール __P223

重要度 ★★★
緊急度 ★★★

◆テキスト版とHTML版のメルマガ例

【テキスト版】文字列がずらっと並び、商品詳細が分からない。クリックせず読み流してしまう。

【HTML版】テキストと同じ内容だが、たくさん並べてもひと目で商品が分かり、クリックできる。

レイアウトはセールページと同じ

　数多くの商品を載せる場合の、一般的なHTMLメールのレイアウトは、縦横にマス目を作ってその中に商品を並べる形が多い。ちょうど法則50の右ページで紹介した「棚」のレイアウトとほぼ同じだ。作業内容が似ているので、特集ページやセールページを作った後に、そのまま転用するケースも多い。

　ただ、そのままコピー&ペーストで転用するのではなく、メルマガに使う場合は、冒頭のテキスト部分を少し長めに書いてほしい。というのは、店舗ページの中を回遊したり、広告をクリックしたりして特集ページやセールページに行き着いたユーザーと違い、メルマガを受信したユーザーは「突然」そのHTMLメール文面（特集ページ内容）を見せられることになるので、唐突な印象があるからだ。

　冒頭のテキスト部分では、店舗名を名乗り、挨拶し、「お花見の季節ですね。今回はパーティーに最適な、華やかなお酒を取り揃えてみました」などと話を始めたい。ちょっとした手間だが、読者の唐突感をなくすためには大切なことだ。手を抜かずに取り組んでほしい。

楽天市場のHTMLメールは、テーブルタグでレイアウトする

　楽天市場のHTMLメール配信機能ではCSSが使えないので、すべてテーブルタグを使ってレイアウトを組む必要がある。一般のホームページ制作ソフトを使うと自動的にCSSが差し込まれてしまうケースが多いので、最初から手動で作るか、一度ソフトで作ったものを手動で手直ししないと、楽天市場での配信用には使えない。さらに、タグの閉じ忘れなど文法についてもかなり厳しく、ちょっと書き間違えるだけですぐにエラーとなり弾かれてしまう。

　非常に面倒だが、一度フォーマットを作れば後は楽になるはずなので、なんとか頑張ってほしい。面倒な場合は、メール制作業者に発注してもいいだろう。

TIPS

単品紹介のHTMLメール
応用編として「単品商品をじっくり紹介するHTMLメール」も多く使われている。食品の美味しそうな写真をアップで載せるなど、メルマガに写真の力を持たせたい場合によく使われる。これも縦長商品ページを流用すれば極めて簡単に作れるが、その分、同じ内容で何度も送ったりしないよう気をつけよう。

重要度 ★★★☆
緊急度 ★★★★

HTMLメルマガの適正サイズとは？

　何事もやり過ぎは禁物。巨大画像を大量に貼り付けたHTMLメールは、開くときに2、3秒時間がかかります。例えば、縦長商品ページを丸ごと1ページ分貼り付けたメルマガ。メールチェックしているときに、そんなものが混ざっていると、イライラしませんか？　毎回そんなメルマガを送っていると、間違いなく配信停止が増えるでしょう。

　どうせ送るなら、内容盛りだくさんで……と思うかもしれませんが、ほとんどのユーザーは、途中で読むのをやめてしまいます。その労力は、配信頻度を上げるか、内容を磨く方に向けるのが生産的です。HTMLメールのサイズは、長くても40KB以内が妥当だと思います。（川村）

法則 77 ｜ コンテンツで読者を育てる

「裏話」と「人間味」で、プロらしさを演出する

「コンテンツ性」で読者を育てる

ここからは、メルマガ読者を「育てる」方法について紹介する。法則73で解説したように「興味を引く件名」を付ければメルマガの開封率は上がる。しかしそれで満足せず次は「件名に左右されずに、ユーザーが優先的に読むメルマガ」を目指そう。なぜなら、いくらメルマガ購読メリットを提示したり配信停止を防いだりして購読者数を維持しても、ちゃんと読み続けてもらえるとは限らないからだ。そこで、内容、すなわち「コンテンツ性」も意識したメルマガが重要になってくる。

テレビ番組に例えると、番組表を見ていて、タイトル付けがうまければ「目にとまる」から見る。しかし、理想は「内容を気に入る」ことによって、毎週同じ時間に自発的に見てもらうことだ。メルマガもこれと同様に、優先的に読んでもらうために、気に入ってもらう必要がある。そうなれば同じ手間をかけても売上はまったく違ってくるはずだ。「気がつけばつい開封して読んでいる」ような、ちょっと面白いメルマガを目指そう。

つい読みたくなるコンテンツを作る

コンテンツを作る具体的な方法論としては、店や業界の裏話を交えることを勧める。「美味しいサンマの見分け方」や「眼鏡の手入れで注意してほしいこと」などの、素人が知らないような、ちょっとした役立つ話。「仕入れ先の社長から聞いた面白い話」「この季節に売れる商品」「商品の展示会や発表会の話」など、普段の仕事で見聞きした話でもいい。「業界内では当たり前でも、素人にとって新鮮な話」は、実は山ほどある。対面接客の現場で飛び交っているような面白い話を、ネット上に移植するのだ。普段のメルマガに2～3行混ぜるだけでもかなり雰囲気が良くなる。長い記事は難しいので、短いものから始めよう。自分で書けない場合は、面白い「語り部」を捜してくるのも1つの方法だ。例えば、生産者、職人、バイヤー、メーカー担当者などに話を聞くといいだろう。「読者と同じ素人目線で、現場のカリスマにインタビューする」というスタンスにすれば、十分魅力的なコンテンツになるはずだ。

有料メルマガではないので、「すごく面白い記事」を作る必要はない。右ページの例を参考に、「なるほど」「面白い」と思ってもらえそうな、気軽な話題を探してみよう。ある程度パターンが見えてくれば「定番コーナー」化してもいいだろう。

重要度 ★★★
緊急度 ★★★

■ 関連する法則

43
店舗紹介ページで安心感とコンセプトを伝える __P104

52
分かりづらいニッチ商品は「選び方」も提案する __P120

■ TIPS

連載は無理のない程度に
連載コラムにしてもいいが負担が増えるので、まず無理のない程度から始めてほしい。メルマガに載せ続けて、情報が貯まってきたら、整理して店舗ページにも転載しよう。法則52「分かりづらいニッチ商品は『選び方』も提案する」参照。

気長に待つのも大事
読者を「人為的にファンに変える」ことはできない。植物の種は、環境が整えば自分で芽を出す。メルマガ読者も同じ。コンテンツを発信しながら、ファンが増えるのを待とう。

「魅力的な語り手」が、コンテンツのスパイス

用意したコンテンツを、さらに魅力的に見せる方法がある。それは「自己開示」、つまり、店長などの語り手自身の紹介を交えることだ。同じコンテンツを語るのでも、まったく誰だか分からない人から聞くのと、ある程度キャラクターが分かった親しみやすい人から聞くのとでは、聞きやすさが違う。

法則43で紹介した「店舗紹介ページ」の内容を踏襲して、店長やスタッフの人となりが分かるような話をちょっと混ぜるといい。継続的に読むことで親近感が湧き、常連客が店長のファンになってくれる場合も多い。

ただし、店とユーザーは、商品や店舗コンセプトでつながっている関係であり、友達ではない。「裸の自分」をそのまま見せるのではなく、読者との「共通の話題・興味」を考え、ある程度キャラクター設定を意識しながら自分を見せていこう。あけすけにプライベートな話をしすぎないように気をつけてほしい。

◆信頼アップにつながる雑談の例

テーマ例	方向性	内容例
注意の呼びかけ	よくあるトラブルと予防策など。アフターケアの充実を印象づける。	・毎年この季節は汗で時計のバンドが傷むので気をつけてくださいね。 ・毎日欠かさずプランターに水やりすればいいわけではないんです！鉢土が乾いていないのに水をやると、根腐れの原因になるので気をつけましょう。
賢い使い方	商品価値を向上させる。「誤解を解く」内容なら、プロらしさがさらに向上。	・柿の皮はしっかり剥いて食べる方が多いですが、実は「皮の近くが甘い」ので、できるだけ薄く皮を剥いた方がおいしいんです！ ・黒真珠は慶事にも使えるんです。弔辞を連想させないような、華やかな使い方をすればとてもオシャレですよ。
風景の描写	店舗や生産地などの近況を報告する。親近感や本場感を演出。	・スタッフ全員購入したこの美脚パンツ。本当に履きやすいので、最近はまるで制服のようにみんなで履いています。 ・新米の季節到来！近所の田んぼは、おいしいお米で頭を垂れた稲穂で一面黄金色の海のようです！

重要度 ★★★
緊急度 ★★★

Q&Aをコンテンツに加える

「コンテンツを増やしたいけど、なかなかネタが思いつかない」という方もいらっしゃいますよね。その場合は、メルマガの末尾に「アンケートコーナー」を作って、メルマガ読者から質問を募りましょう。メール返信で構いません。次の号を書くときに、もらった質問から1つ～複数を選んで載せ、店長か誰かからの答えを書けばいいでしょう。法則82「リピートしにくい商品でも、購入者の感想を集める」に掲載した文例が参考になりますのでご一読ください。(坂本)

法則 78 | コンテンツで読者を育てる

絵はがきのような「季節の挨拶」的HTMLメールを活用する

歳時記のようなメルマガを出す

法則76で紹介した形以外で、HTMLメールの特性を生かす方法を紹介しよう。それは、季節感のある画像を大きく掲載した「絵はがき」的なメルマガを送ることだ。季節の挨拶をただ送るのではなく、四季折々の行事や風情をかもし出す画像を一緒に送るのがポイントである。例えば乳製品なら美しい牧場の写真、ワインならフランスのシャトーの一面の葡萄畑などだ。カレンダーに使われるような、美しい写真やイラストをイメージしてほしい。特産品物や海外輸入物などを扱う店は、定期的に「現地の空気感」を伝えることで店のブランドイメージが高まるはずだ。メルマガで送るだけでなく、デスクトップ壁紙として提供してもいいだろう。

もちろん、周りに美しい風景がない場合は、何か写真を調達して使ってもいい。例えば春に向けてランドセルを販売開始する際に、入学式をイメージさせる美しい桜の写真を添えてみれば、印象がより鮮やかになるだろう。日本人はやっぱり四季を楽しむことが好きだし、せわしない日常の中で素敵な写真が目に留まれば和むものだ。

もちろん、いくら好印象だからといって、乱発してしまっては効果が薄れてしまう。店と読者との関係を育てる助けとして使ってみてほしい。

用語
HTMLメール __P223

重要度 ★★★
緊急度 ★★★

◆歳時記メルマガに適している例

商品の季節感
季節限定商品などが、風流な小物や背景と共にある画像。
例：涼やかな水辺で水羊羹、羽子板や鏡餅とおせち料理

商品の鮮度感
生鮮食品など、鮮度をアピールできる現場の画像。
例：三陸の海（魚介類）、牧場（乳製品や精肉類）

商品の現地感
仕入れ元の本場の雰囲気が伝わる絵はがきのような画像。
例：イタリアのミラノ（アパレル）、京都（織物や茶、和物）

◆歳時記メルマガの例

季節限定商品を、美しい桜の写真と一緒に掲載し風流を伝えている。
◆ ところてんの伊豆河童
http://www.rakuten.co.jp/i-kappa/

法則 **79** コンテンツで読者を育てる

商品数が少ない場合は、さまざまな角度から商品を紹介する

同じ商品でも、角度によって魅力は違う

　取扱商品の数が少ない店舗では、メルマガを書こうとしても話題のバリエーションが少なく、毎回似たような内容で送ってしまいがちだ。惰性で出されたメールは読者にも分かるので、なかなか売上につながらない。人によっては「ウチの店はメルマガに向かない」と思い込んで、ほとんど配信しなくなってしまう場合も少なくない。これは本当にもったいないことだ。

　商品数が少ない店でメルマガを出す場合は、「商品を多角的に紹介」してほしい。同じ商品でも、用途や特徴をグルーピングして、さまざまな切り口で魅力を伝えるのだ。あらかじめ色んな切り口を考えておいてから、毎回切り口を1つ取り上げ、メルマガのネタにする。ローテーションすることによって商品数が少ない店でも継続的に飽きないメルマガを配信できる。下記のキーワードを参考に商品の魅力や紹介の切り口を増やしてみよう。

関連する法則

77
「裏話」と「人間味」で、プロらしさを演出する __P172

重要度 ★★★
緊急度 ★★★

◆角度を広げるためのキーワード　※例は商品が「雑穀米」の場合

切り口	紹介方法	紹介例
客層	購入者、利用者は誰かを想像し、アピールする。	子供＆お母さん、単身赴任の男性、健康を考える女性など
用途	どんな用途に利用されているかを想像しアピールする。	ダイエット、子供の弁当など
感想	実際の購入者の感想から魅力を抜き出しアピールする。	おいしい、手軽、安い、毎日が快調など
競合商品	他の商品との違いから自商品の魅力をアピールする。	他の雑穀米、一般の米、ダイエット商品など
メディア露出	メディアに紹介された実績をアピールする。	テレビ番組で紹介された、雑誌に掲載されたなど
利用実績	信用ある先での導入実績をアピールする。	健康食レストラン、学校、社員食堂など
内輪ネタ	店舗関係者や店長の家庭などの、内輪ネタでアピールする。	生産者の話、社内でのブーム、我が家の変わった食べ方など

第4章　「長く売れる」ための追客の法則

法則 **80** | コンテンツで読者を育てる

商品購入後こそ、積極的にコミュニケーションを取る

受注後は、2種類の確認メールで安心感を演出する

　宣伝色の強いメルマガはあまり開封されないが、商品購入後、購入者に送られる確認メールの開封率はとても高い。注文内容や配送について確認する必要があるからだ。メルマガではないので「あからさまな宣伝」を書くのは避けたいが、配信すれば店をより印象づけることができる。また、ネットショッピングに慣れたヘビーユーザーにとっては「配信されて当たり前」のメールなので、送らないと怠慢な店だと思われてしまう。いずれにせよリピート率向上のためには欠かせないので、前向きに取り組みたい。

　確認メールには2種類ある。まず、注文を受け付けたら「サンクスメール」（受注確認メール）を送る。これを送らないと、購入客は自分の注文が受け付けられたのかどうか分からないので不安になってしまう。楽天市場などのモールでは、注文内容確認メールがシステムによって自動配信されるが、店舗からもオリジナルの内容で送ることで安心感につながるし、メッセージによって店をアピールすることもできる。

　次に、商品を発送したら（もしくは発送日が確定したら）「発送完了メール」を送る。実はこのメールはサンクスメールよりも開封率が高い。いつ到着するか購入客は確認したいのだ。意外と出していない店が多いので、出すだけで差別化になり、店の印象が強まる。さらに、説明文を読まなかった購入客による「商品がなかなか届かない」などのクレームもいくらか軽減できる。

　そもそも通販は店頭で品物を受け取れないので、商品が到着するまで購入客は不安になりやすい。商品が届いて、開封して、使って、満足してもらうまでが販売なので、ぜひ不安解消・満足度向上に努めてほしい。例えば、商品到着日を変更したくなったときの方法や、商品取り扱い上の注意点などを載せれば、ユーザーの不安は軽減される。気になりそうなことを先回りして、文面に載せておくわけだ。このような親切な対応は、良いレビューやクチコミを促進するので、最終的には売上に跳ね返ってくるだろう。

関連する法則
82
リピートしにくい商品でも、購入者の感想を集める __P182

95
忙しくなり始めたら、効率化でホスピタリティーを維持する __P206

用語
開封率 __P224
購入客 __P224
リピート率 __P227
レビュー __P227

重要度 ★★
緊急度 ★★

◆受注後に送る2種類のメール

◎サンクスメール

件名：ご注文ありがとうございます【山形そば専門店 川村屋】 ――― 長いと読みづらいので、件名は端的に

●●様

こんにちは、【山形そば専門店 川村屋】店長の川村です。 ――― 店名、担当者名をしっかり名乗る
当店をご利用いただき、大変ありがとうございます。
このご縁に、心より感謝いたします (^^) ――― 挨拶やお礼も、人間味を持たせつつ端的に

下記内容でご注文を承りましたので、ご確認くださいませ。
★商品は4月20日発送、4月21日着の予定です★ ――― できれば、発送日・到着日を入れたい
※天候や交通事情によって配送が遅れる場合がございます。

――――――――――――――――――――――――――
                                                    ――― クーポンなど、ショップからの連絡事項や、
                                                        備考欄に質問などがあった場合の回答はここ
                                                        に記入する
――――――――――――――――――――――――――
                                                    ――― 注文内容を転載
◆ご注文内容
――――――――――――――――――――――――――

――――――――――――――――――――――――――

商品発送完了後、再度メールにてご一報させていただきます。

全員が見るわけではないが、文末に、店の紹介や関連商品の案内を載せてもいいだろう（冒頭に載せると本末転倒なので注意）。また、受注管理システムを活用すれば、発送日を自動挿入するなど作業の効率化が図れるだろう。

◎発送完了メール

件名：本日、商品を発送しました【山形そば専門店 川村屋】 ――― 件名だけで用件が伝わると親切

●●様

こんにちは、【山形そば専門店 川村屋】店長の川村です。

お待たせしました！ご注文の商品を、本日○○にて発送致しました。 ――― 配送方法を記入
★商品到着は4月21日の予定です★ ――― できれば、到着日を入れたい
山形そばならではの、コシの強さと喉越しをお楽しみ下さい (^^) ――― 余裕があればちょっとだけアピール

――――――――――――――――――――――――――
◆配送状況は、下記URLでご確認頂けます。
――――――――――――――――――――――――――
インターネットで配送状況が確認できます。 ――― 使えるなら、運送会社の荷物追跡システムの
http://xxxxxxxxx.co.jp 伝票番号：xxxxxxxxx   URLを載せる
※天候や交通事情によって配送が遅れる場合がございます。
※お届け日時の変更等は、上記伝票番号にて○○へご連絡下さい。 ――― 運送会社名を載せる

――――――――――――――――――――――――――
◆ご注文内容
――――――――――――――――――――――――――
                                                    ――― 注文内容を転載
――――――――――――――――――――――――――

ご不明な点がございましたら、下記までお気軽にご連絡下さい！
――――――――――――――――――――――――――
【山形そば専門店 川村屋】お客様サポート係　xxxx@xxxx.jp
（土・日・祝日・年末年始はお休みを頂いております）
――――――――――――――――――――――――――

商品の扱い方の注意事項は、店舗ページはもちろんのこと、メールにも載せておきたい。トラブルを予防すれば、レビュー内容も良くなり、結果として売上アップにもつながるからだ。ただし、何でも載せてしまうと読みづらくなるので、優先順位を付けて掲載したい。

重要度 ★★★
緊急度 ★★★

次のページに続く ⤵

「フォローメール」をリピート促進の布石とする

　商品到着から1週間程度たったら「フォローメール」を送ろう。伝えることは主に4つ。（1）丁寧なお礼（2）商品が無事到着し問題がなかったかの確認（3）商品へのコメントやレビュー記入の依頼（4）関連商品の「評判」の紹介だ。これらは文面を作っておいて使い回すとよい。

　（1）のお礼については、感謝に加えて「職人がひとつひとつ手作りで作っております。末永くご愛用頂けますと幸いです」などと、商品の格を上げるような言い回しを使いたい。常連向けには「『いつも』ありがとうございます」などと文言を変えられればいいが、その一言だけで大きくリピート率が変わるわけでもないので、その手間と効果を天秤にかけること。

　（2）の商品や配送に問題がなかったかを確認するのも重要である。何か問題や不明点、気になることがあれば「どのようなことでもお気軽にご返信」頂くように呼びかけるのだ。通販では、商品や配送にトラブルがあっても、ユーザーが黙っていたら謝罪すらできない。知らぬ間に満足度が下がったり、痛恨のレビューが書き込まれたりしてしまう。品質管理や業務改善のためにも、この確認はぜひ行いたい。

　（3）のコメント・レビュー収集の重要性は他の法則でも述べたとおりだ。印象の強いうちに聞き出すことをお勧めする。

　（4）の関連商品紹介は、法則75で述べたとおり、既存のレビューを引用する形がいい。雑誌掲載や各種の受賞歴などの客観評価を交えてもいいだろう。フォローメールの段階では熱く商品を勧めるのではなく「こういった商品もありますので次もし良かったら」という程度に留めたいので、他者のコメントや客観評価をさらっと使うのがちょうどいいのである。購入時は気づかなかった他の商品に、少しでも興味を持ってもらえれば、今後のリピート促進の布石になるはずだ。

重要度 ★★★
緊急度 ★★★

▎TIPS

フォローメールの件名
フォローメールの件名には、できれば購入客の名前を差し込みたい。開封率が上がるので、レビュー記入や関連商品の購入につながりやすくなる。

◆フォローメールの文例

> 件名：○○様、先日はありがとうございました【山形そば専門店 川村屋】 ── できればユーザーの名前を載せたい
>
> ●●様
>
> こんにちは！【山形そば専門店 カワムラ屋】店長の川村です (o^ ▽ ^o)
>
> 先日は、当店でお買い物いただき、誠にありがとうございました！
> 山形そば一筋40年の職人が、丹精込めて作った蕎麦でございます。 ── ちょっとだけアピール
>
> お届けした商品は、美味しくお召し上がり頂けましたでしょうか？
> ご贈答にお使い頂いた方は、先様にはお喜び頂けましたか？
>
> お気づきの点があれば、どんな小さなことでもお気軽にご連絡下さいませ。 ── 改善点の早期発見のため
> 【山形そば専門店 川村屋】お客様サポート係　xxxx@xxxx.jp
>
> ────────────────────────────
> ◆ぜひ、商品の感想（レビュー）をお教え下さい！匿名でも大丈夫！
>
> お客様から頂くお言葉が、当店スタッフの何よりの励みです。 ── レビューを書く動機付け
> 頂いたレビューは、ひとつひとつスタッフ一同で拝見しております！
>
> ★簡単！レビューの書き方（所要時間 約1分） ── 例は、楽天市場の場合
>
> 1. 購入履歴一覧ページを開きます→ http://XXXXXXXXXXXXXXXXXX
> 　　（楽天会員にログインしていない場合は、ログインして下さい）
> 2. 購入履歴の中からレビューを書く商品を選択し「書く」ボタンをクリック
> 3. 食べた感じや、一緒に食べた方の反応など、自由に感想をお書き下さい！
>
> 他のお客様の参考にもなりますので、是非ともご協力を御願い致します！
> ────────────────────────────
>
> 【山形そば専門店 カワムラ屋】は、○○○○○○○です。 ── お店の特徴を簡単に説明
> 頂いたご意見を生かし、お客様に喜んで頂けるお店を目指して頑張ります！
>
> ▼当店には、こんな商品もございます。よろしければ是非ご覧下さい。

重要度 ★★★
緊急度 ★★★

法則71でも説明したとおり、「商品を購入したけどメルマガは購読しない」という購入客は少なくない。そんな相手にもアプローチできるのが、このフォローメールだ。メール後半では色んな商品を紹介したい。興味を引き、少しでも記憶に残れば、リピート購入してくれる可能性が増える。

事務連絡メールの件名について

上記以外にも、購入客にはいろいろな事務連絡メールを送りますよね。在庫が切れていた、クレジットカードが使えなかった、銀行振込が遅れた場合など。こういったメールでありがちな問題が、連絡メールの件名が意味不明なケース。例えば店舗名だけを書いて「川村屋です。」という件名でメールしても、無事注文が完了したと思われて、お客さんは何もせず「待ち」に入る可能性があります。注文が処理されないままになる。結果、トラブルやクレームが頻発したり、余計な手間がかかったりします。これを防ぐためには、ちゃんと「件名だけでも用件が伝わる」ように工夫をしましょう。ネットでは、たった一言の言葉で、売上も業務効率も変わります。気をつけましょう。（川村）

法則 **81** コンテンツで読者を育てる

開封率100%の「同封チラシ」を活用する

同封チラシでコミュニケーションを取ろう

前の法則（法則80）でも述べたとおり、購入後にメルマガを読んでくれる購入客は一部だ。メルマガを乱発するネットショップの影響もあり、わざわざ「メルマガを購読しない」設定を選んでから商品を購入するユーザーが増えている。だからこそ、購入後のサンクスメールやフォローメールが重要になるわけだが、これすらも開封しないユーザーも少なくない。

そこで活用したいのが、商品に同封するチラシや冊子だ。ユーザーは、届いた段ボールを必ず開封し、中に入っている物を確認する。そこに何か伝えたいことを記載したチラシ類を同封しておけば、確実に一度は目を通してもらえるわけだ。

パンフレットのようにきちんとした体裁のものでなくても、白黒のA4一枚でも構わない。これに例えば、オススメ商品・期間限定商品の案内や、店舗紹介ページ（法則43）を抜粋した店舗紹介などを掲載し、リピート購入を促進しよう。もちろんギフト配送の場合は、同封物を差し替えるなどの調整が必要だ。

ちなみに、広告の一種として「同封広告」というものがある。通販会社などの配送物にチラシを同封してもらうのだ。自社で通販をやっているのだから、チラシの同封は「無料の同封広告」とも言える。使わない手はない。

関連する法則

43
店舗紹介ページで安心感とコンセプトを伝える __P104

90
メルマガクーポンで、自由自在に売上をコントロールする __P196

用語

開封率 __P224
購入客 __P224
同梱 __P225
リピート率 __P227

◆ 同梱冊子の例

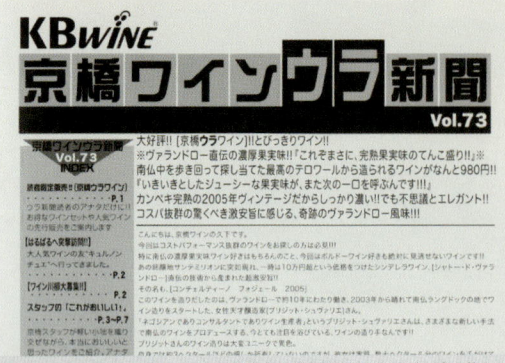

商品についての深い話や、スタッフの紹介など宣伝だけではなく、読み物として充実している。
◆【京橋ワイン ウラ通信】京橋ワインリカーショップ
http://www.rakuten.ne.jp/gold/kbwine/

クーポンや粗品同封で、お得感を演出しよう

商品に満足され、店への信用が生まれ、今後リピートしてもいいなと思われたとしよう。最後に背中を押す「お得感」があれば、よりリピート率がアップするだろう。そこで、同封チラシに、例えば「次回購入時500円引き」や「特定の商品を10％オフ」などのクーポンを付けておこう。リピートだけでなく、他店への流出もある程度防げるはずだ。クーポンについては法則90の内容を参考にしてほしい。

また、注力商品のサンプルやちょっとした雑貨などの粗品を同梱するのもいい。予期しなかったプチハッピーを感じると、購入客の心象はアップするものだ。注文していない商品が入っているなどと誤解されないように、簡単な説明メモを付けておこう。

なお、これはあくまでもオマケなので、きちんとした商品がきちんと配送していなければ満足度向上にはつながらない。不十分なサービスの埋め合わせにはならないので注意してほしい。

▶ TIPS
クーポンには有効期限を
クーポンには有効期限を明示しておくこと。通常は3カ月から半年程度。

◆リピート率をアップさせるクーポンチラシ

次回購入時の割引クーポンと共に、さりげなく商品紹介もしている。チラシを見ながら携帯電話でも来店できるように、この下にQRコードも掲載するといい。

重要度 ★★★
緊急度 ★★★

気の利いたおまけ

商品に同梱されるおまけとしては、ちょっとしたお菓子や紅茶のティーバッグなど、納品書に添えるように入れられるものが理想的です。特に、輸入物などを使うと、パッケージもかわいいものが多いのでお客様にも喜ばれているようです

また、最近流行っている粗品として、店舗のロゴが入った、オリジナルのクリアファイルがあります。これに伝票を入れてお届けするのですが、伝票をスマートにお届けし、粗品にもなり、店舗ロゴが入っていて露出アップにもなるという一石三鳥の方法だと言えるでしょう。封筒などと違って捨てられることが少ないので、お客様に使っていただける可能性が高く、何種類かバリエーションを作れば、「次は何色だろう？」などと楽しみにされる常連さんもいるようです。もちろん、店舗のロゴが入っていても使いたくなるようなデザインであることが前提です。（川村）

第4章 「長く売れる」ための追客の法則

法則 **82** | コンテンツで読者を育てる

リピートしにくい商品でも、購入者の感想を集める

安心感を高めるレビューや感想は必要不可欠

「ベッド専門店」や「ウエディング用品店」など、人生で何度も購入しないような商品ばかりを扱う店では、リピート購入があまり期待できないのが現実だ。「購入客にリピートを促し、継続客へと育成する」という定番の図式は当てはまらない店が、売上を維持するためには、新規購入客を獲得し続けなければならない。そこで、商品購入後のユーザーに対して、レビューや感想の記入を依頼しよう。これを、来店客の接客に使うのだ。

「リピートしない商品」は、人生で滅多に買わない商品なので、日用品と違い失敗できない買い物だと言える。だからユーザーは購入に対して非常に慎重になっているはずだ。そこで、「購入客」の言葉を借りよう。「商品に満足した」旨のレビューを蓄積し、検討中のユーザーに見せれば、購入の決断を後押しする大きな力になる。さらに、レビューを書いた購入客自身も、商品の感想を書くことで商品への愛着や満足度が強化され、記憶に定着し、クチコミの発信源になってくれる可能性が増える。思い切った買い物であるほど、その商品に満足すれば長きにわたって人に語りたくなるものだ。

■ 関連する法則

64
評判がいい「証拠」をたくさん集める __P144

■ 用語

購入客 __P224
レビュー __P227

■ TIPS

レビューはあちこちに
過去の購入客が満足している旨のレビューは、確実にユーザーに見てほしい。1カ所だけでなく、商品ページや店舗紹介ページなどあちこちに載せるようにしよう。

◆レビューを依頼する文面例

```
商品レビュー（感想）のご記入は、お済みでしょうか？
★実は、レビューを書くとポイントが溜まるんです★

もし商品にご満足頂けましたら、是非、レビュー記入をお願いします m(_ _)m
※既にご記入頂いておりましたら、大変ありがとうございます。
　重ねてのご連絡となりましたことをお詫び致します。

お客様の温かいレビューコメントは、スタッフ一同の元気の源です。
本当にありがとうございます！

▼お客様の買い物履歴ページから、レビューをご記入頂けます。
　https://order.my.rakuten.co.jp/

▼レビューが初めてで良く分からない方はこちらをご覧下さい。
　http://review.rakuten.co.jp/howto/

★「レビューでポイントが溜まる仕組み」って？
```

- 法則80のフォローメール文例を参考に、まず挨拶と、商品購入への丁寧なお礼を載せる
- 楽天市場の場合
- 楽天市場の仕組みで『レビュー経由で何か購入されると書いた人に1％のポイントが溜まる』旨を説明
- フォローメールでもレビュー記入をお願いしている場合は、この例のような文面で送ることになる。購入客に一斉配信する機能があれば、それを使う。

メルマガを使ったアンケートで「漠然とした不安」を確認する

　高額商品を売る店には「欲しいけどまだ決断がつかない」「興味があるけど何となく不安」という心理状態でメルマガ購読している、購入寸前の見込客が数多くいるものだ。そして、売り手が気づかないような、ちょっとした疑問で購入を躊躇していたり、単に「きっかけ待ち」だったりする。これは大変もったいない。メルマガを使って、彼らの気持ちを引き出してみよう。といっても、毎回メルマガの文末に、アンケートフォームを掲載し、返信してもらえるようにするだけでいい。読者が気軽にアンケートに回答できるように、煩わしさを省くことが大切だ。「返信を頂けた方に抽選で○○をプレゼント」など簡単な謝礼を提供してもいいが、懸賞目当ての返信が増えないよう注意しよう。

◆メルマガを使った簡易アンケート例（ウエディング用品店の場合）

文例（メルマガ末尾に置く）

■アンケートにご協力ください！

結婚式の準備って、色々悩むことが多いですよね♪ ── 共感を示しつつ、困っていることを聞き出す。
サービス改善のため、あなたが気になっていることや、
困っていることをぜひ教えて下さい！
もしご希望でしたら、この道20年の専門スタッフがご返信致します。

※感謝の気持ちとしまして、メッセージを頂いた方から、
　毎月抽選で1名様に、○○○を差し上げします！

不要な部分を削って、キリトリ線の範囲内だけ残してご返信下さい。
------------->8-------- ちょきちょき --------->8----- -----　この「ちょきちょきフォーム」は専用フォームよりも手軽にできるのでお勧め。

■ニックネーム： ── 本名でなくニックネームを聞く。ページ上にも掲載しやすいため。

■どんなことが気になっていますか？

■当店の専門スタッフから返信を希望しますか？（希望しない方を消して下さい）── 「店から返信が来ない」などのクレームを予防する。
（　）返信ＯＫ！
（　）返信いらない！

------------->8-------- ちょきちょき --------->8----- -----

※頂いたお問い合せは、弊社のページやメルマガ、
　「よくあるお問い合せ」コーナー等に掲載させて頂くことがあります。── あらかじめ、ページへの掲載許可を取っておく。必須。

重要度 ★★☆
緊急度 ★☆☆

法則 83 ｜ リピート売上を収穫する

リピーターの心理を把握する

リピート購入は自ら増やすものだと心得る

　ここからは、いよいよリピート売上の獲得方法について紹介する。たくさんの新規購入客を獲得し、商品さえ良ければ、自然とリピートされると思っていないだろうか。実は、リピート客（継続客）を増やすには積極的に対策を講じる必要がある。放っておいてもリピートする程、ユーザーは甘くない。リピート発生の心理とパターンを把握し、自店にとって効果的な追客施策を検討し導入してほしい。

リピートは2通りある

❶店舗リピート

　店舗の利便性やセンス、値頃感などを信頼して、同じ店で「前回と違う商品」をリピートするケース。背景には「探すのが面倒」「他店で注文して失敗するのが怖い」という心理もある。

　アパレルや家具など、耐久財でのリピートはこちらのパターンになる。消費財であっても、スイーツなど嗜好性が強い場合は、同じ商品を繰り返し買うよりも、楽しみながらさまざまな商品をリピートするケースが多い。

❷単品リピート

　商品自体を気に入って、同じ店で「同じ商品」を繰り返し購入するパターン。化粧品、健康食品、米、水、調味料などの消費財を売る店に多く、EC4タイプ理論（法則4）で言う、オリジナルブランドタイプでは特に重視される。

　定期購入にも展開しやすく、定着すれば大きな利益が見込める。ただし、他店が同じ商品をより安く扱う場合は、他店でリピートしてしまう可能性もある。

関連する法則

10
商品数が少ない場合は「魚鱗の陣」で集客する __P38

57
「入口商品」からリピート購入への流れを設計する __P130

88
人気商品の購入者には、絞り込んだ文面でリピートを促進する __P193

用語

継続客 __P224
定期購入 __P225
リピート率 __P227

「記憶に残る店」になる

　記憶とリピートの間は密接な関係があります。記憶に強く残っていれば、特にメルマガが来ず、きっかけがなかったとしても、自主的に思い出して店舗を検索し、リピート購入するでしょう。アマゾンなど、ブランドの確立された大手ショップではこういう買い方をしているユーザーが多いはずです。満足のいく購入体験を積み重ねて頂いて、大手以上に「記憶に残る店」を目指しましょう。（川村）

リピート購入を促進する顧客心理

　店舗リピートでも、単品リピートでも、購入を促進するには2つのコツがある。両方とも、しっかり実践しよう。具体的な方法論は次ページ以降で紹介する。

❶「前回購入への満足」を高める

　商品自体への満足が大前提だが、店や商品のバックストーリーが好意的に理解されることで、感じられる価値や満足度が上がり、リピート率が高まる。例えば米自体の味だけではなく、そこに「無農薬」「家族経営の農家が魚沼から直送」といったエピソードも知ってもらえれば、より「良い買い物をした」「良い店を見つけた」と満足感が高まるわけだ。そのためには、店舗コンセプト（法則40）や、商品コンセプト（法則61）を伝えるのが有効だ。さらに、追客の育てる技術（法則77〜82）や店舗紹介ページ（法則43）、なども使って徐々に浸透させていく。

❷「次回購入のきっかけ」を作る

　商品に大満足して「これは絶対リピートだ」と思っていたのに、それ以後何のメールも来ないから、ついつい買うのを忘れていた……という経験はないだろうか。ちなみにこれは筆者の経験だ。どんなに商品に満足していても、人間の記憶は薄れやすいもので、日々の生活の中ですぐに忘れてしまう。時間がたてば立つほどそうだ。だから、メルマガ配信や店舗内イベント、期間限定商品、期間限定クーポンなどを使って、「次回購入のきっかけ」を積極的に提供しよう。法則84〜91で、具体的な手法を解説する。

重要度 ★★★
緊急度 ★★★

◆商品品質以上に「前回購入への満足」を高めるには

- 「商品への理解」を深める
  縦長商品ページで、商品の魅力を徹底して伝える（法則61）
  さまざまな角度から商品を紹介する（法則79）

- 「店舗への理解」を深める
  店舗紹介ページで、店のこだわりや人間味を伝える（法則43）
  メルマガを通して、商品知識や本物感をアピールする（法則77）

◆「次回購入のきっかけ」を作るには

- 店舗リピートの促進施策
  イベントにより購入するきっかけを提供する（法則85）
  新着商品の紹介や、「期間限定商品」の案内（法則86）
  各種のトレンドや季節のギフト、生活提案など（法則87）

- 単品リピートの促進施策
  当該商品の購入者に絞り込んでメール配信（法則88）
  「ダイエットは継続が大切」などと、リピートの重要性を語る（法則77）
  特典を用意して、より高額商品や定期購入へのスイッチも狙う（法則59）

法則 **84** | リピート売上を収穫する

イベントを成功させる「企画3パターン」を把握する

売上を極大化する「企画3パターン」を把握する

ここからは、法則83で紹介した2通りのリピート購入のうち、同じ店で違う商品を購入する「店舗リピート」を促進する方法について紹介する。

店舗リピートを促進するためには、購入のキッカケとなる「イベント」を企画するのがいい。店舗に対して興味を持っているメルマガ読者を、一気に購入へと導けるからだ。例えば、期間限定や個数限定のイベントを開催し、メルマガを使って告知して、読者をページへ誘導するという流れだ。

反応が高いイベントを作るコツは、何よりイベントの「理由付け」にある。例えば、外箱が潰れてしまって正規品として販売できない訳アリ品（中身は同じ）を、少し値引いて、個数限定で販売したりする。正規販売よりも圧倒的に売れるので、箱が潰れていない商品まで訳アリとして売っていた店があるくらい、効果が高いのだ。

そこで、効果の高い理由付けを体系化し、「企画3パターン」としてまとめた。これらは、それぞれはもちろん、組み合わせて使うこともできるのでいろいろ試してほしい。

関連する法則

49
用がなくても見てしまう「特集ページ」を作る __P114

91
「実況中継メルマガ」で盛り上がりを伝える __P198

97
更新・販促スケジュールを立て計画的に運営する __P210

TIPS

複数の商品か単品か
複数の商品を勧める場合は法則49の特集ページ、単品を勧める場合は法則61の縦長商品ページに誘導する。

限定感の演出方法
限定感の演出は、「期間限定」が定番だが、他にも「先着順」「タイムセール（○時間限定）」「女性限定」なども考えられる。

◆「リピートするキッカケ」を提供する

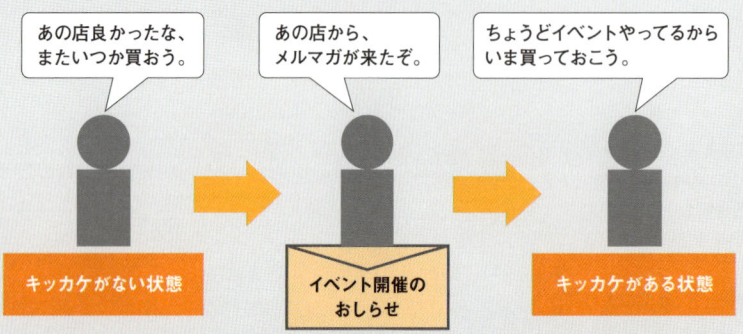

「商品にも店にも満足し、リピートしようと思っているが、機会がないので買わない」というユーザーは少なくない。イベントの開催は、ちょうどいい「リピートのキッカケ」になるだろう。

◆イベント企画3パターン

企画パターン名	考え方	企画例
内輪型 (詳しくは法則85を参照)	訳アリ品の処分や記念セールなど、店舗独自の理由により開催されるイベント。世間のイベントと関係なく開催できるので、閑散期でも売上を作れる。	・店舗都合(訳アリ、箱つぶれ、バーゲン、在庫一掃) ・取引上の出来事(円高差益還元、メーカー・生産者・卸業者側の都合) ・店舗関連記念(○周年・マスコミ露出記念・○個完売記念) ・特定商品のお試しキャンペーン
トレンド型 (詳しくは法則86を参照)	季節性や、世間の商戦・行事に便乗して開催。開催時期は予測できるケースが多いので、早めにスケジュールを立てて(法則89)、他店より早めに始めることを勧める。	・大型商戦:夏・冬のボーナス商戦、母の日、お中元など ・話題に便乗:ワールドカップ、ドラマ、映画など ・季節需要:カニ、冷暖房器具、おせち、入園入学式スーツなど ・季節提案:夏バテ、足元の冷え、お花見、大掃除、衣替え、新生活など
提案型 (詳しくは法則87を参照)	店舗からの生活提案。商品それ自体ではなく「用途」を強調して提案する。例えば、悩んでいた「押し入れ収納の解決策」や、休日に試したくなるような「そば打ち体験」など、「この商品で生活がどう豊かになるか」を念頭に置いて提案するといい。	・改善提案:日頃抱えている、悩みや欲求をサポートするテーマを作る ・体験提案:普段とは違う、特別で新しい体験をテーマにする

重要度 ★★★★

緊急度 ★★★★

番外編・参加型イベントで店舗を盛り上げる

　そのままでは売上には直結しませんが、イベント性の高い、商品の使い方コンテストなどを開催するのも1つの方法です。食材の意外な調理法や、生活雑貨の驚くような活用例、自慢のジオラマ写真など、普通のレビューとはひと味違った楽しい情報が集まります。商品ページやメルマガに掲載することで購入率が高まるし、用がなくても「覗きたい店」として認知されるきっかけにもなります。

このような企画を集客イベントとして使う方法は、法則36で解説したとおりです。
　ただし、すでに熱いユーザーが大勢いてこそ成り立つ企画なので、オープン間もない店舗や、常連客の少ない店舗の場合、挑戦しても閑古鳥で終わることが多いので開催には注意が必要です。(坂本)

法則 **85** リピート売上を収穫する

「内輪型イベント」で閑散期を盛り上げる

内輪型イベントとは

　店舗側の事情により開催されるイベント。素人が知らないような背景を端的に伝えると、好奇心を刺激し、納得感を高める効果がある。例えば、「形が不揃いな農作物は卸業者が買い取ってくれないので直販で安く処分します」「ラベルに印刷上のミスがあったためご理解頂ける方に販売します」など。

　メルマガ上の演出においては、店長やスタッフが店舗内部やことのあらましを「実況中継」するのが無理のない形だ。ユーザーの納得が得られるよう十分説明が必要だが、話が複雑になるようなら、若干デフォルメする。世間のイベントと関係なく開催できるので、閑散期でも売上を作れる。普段から意識して企画のタネを探すこと。次のページでは、内輪型イベントの例を紹介する。

関連する法則

51
「値下げの種類」を増やして安売り中毒を防ぐ __P118

77
「裏話」と「人間味」で、プロらしさを演出する __P172

重要度 ★★★★
緊急度 ★★★★

◆内輪型イベント文例

件名：【送料100円】地鶏屋さんの百周年記念★大創業祭

こんにちは！薩摩地鶏屋の川村です。
焼き鳥とビールが美味しい季節になりましたね♪ ――― 季節感から『いま買う必然性』を演出

おかげさまで、当店の創業百周年記念【大創業祭】 ――― イベント感を演出
大変盛り上がっております！

明治時代から日本中の食通に愛された、
滋味と歯ごたえがタマらない、薩摩●●産の地鶏！
お得に食するチャンスですよ♪

特に、常連さんの人気の○○○がこんなにお得なセットに…
人気商品から売り切れちゃいますので、お早めに！
――――――――――――――――――――
★期間限定★ ○月○日（金）0:00 ～ ○月○日（月）23:59
――――――――――――――――――――
　　薩摩地鶏屋は、なんと明治43年創業
　お客様への【百年分の感謝】が爆発する、大創業祭！ ――― 『理由付け』を演出

　　感謝価格で日替わりセール実施中！しかも送料100円！（※）
　　　　　http://www.xxxx.co.jp/xxxx
　　　　次の開催は100年後かも!?(^▽^;) ――― 『希少性』を演出

　　　　　　　※一部対象外商品があります
――――――――――――――――――――

「店舗都合」をイベントにする

「実店舗引越のため在庫処分」「季節の商品を特売」など、店舗側の事情を全面に出した企画。「盛り上がりすぎる店長と止めるスタッフ」「社長に隠れてこっそり特売するスタッフ」などというメルマガ上のキャラクター演出が多いが、あまりやりすぎると、安売り店の印象が強まるし、運営能力に疑問を持たれるなど店の品格も下がるので注意。例えば「間違えて大量に仕入れてしまって処分」という企画を毎月のように頻発していては、そのうちユーザーに怪しまれ、敬遠されることもあり得る。

なお、普段からメルマガで読者との距離を縮めているなら、「店長結婚記念」「子供が生まれました」といった個人的な出来事でも、立派にイベントの開催理由になる。

「取引上の出来事」をイベントにする

メーカー、生産者、問屋などの取引先や市場環境を理由として開催する。円高差益還元や、「メーカー担当者から相談されて賞味期限の近い商品を特売します」とか「新作が発売されるので、旧パッケージを処分」など。メーカー担当者や生産者と店長のかけ合い漫才のような演出のメルマガやページが多い。背景をすべて説明するとややこしくなるので、リアル感が失われない程度に、適度にデフォルメすること。

店舗内の「記念」をイベントにする

「創業20周年記念」「○○ランキング1位受賞記念」「雑誌掲載記念」「累計○個完売記念」など、実績をさりげなくアピールしながら特典を案内する。くどくなりすぎない程度に、商品や店舗の特長や「お客様の声」などの、いわば「人気の証明」を見せることでアピール効果が高まる。さらに記憶を強めるために「20周年記念で20%オフ」などの「語呂合わせ」を使うことも多い。

特定商品のお試しキャンペーン

特定の商品に関するストーリーを紹介しながら、特典を付けてお試し購入を促進する。例えば、「本来地元でしか食べられない漁師飯」や「ベテラン職人がどうしても作りたかった特別な名刺入れ」といった商品が発売に至るまでのストーリーや、物としての良さを語りつつ、「本当にお勧めの商品なので、ぜひ読者の皆さんにお試し頂き、感想をお教えください。お礼として少ないが値引きいたします」と展開する。

商品エピソードの内容は、法則62や法則79と関連する。読者への値引きは法則90のメルマガクーポンを参照のこと。

これらを組み合わせて、自店や商品の性格に合ったイベントを企画しよう。

重要度 ★★★
緊急度 ★★★

法則 **86** | リピート売上を収穫する

「トレンド型イベント」で世間の波に乗る

トレンド型イベントとは

　季節性や、世間の商戦・行事に便乗して開催するのが「トレンド型イベント」だ。世間の人々が意識しているテーマなので、分かりやすく反応が得やすい。ただし、他店でも同様のイベントが開催されるので、集客合戦の様相を呈することも多い。

　代表的なトレンド型イベントは、夏冬のボーナスや母の日などの「大型商戦」、人気のスポーツ大会や映画など「世間の話題」に便乗したイベント、冷暖房器具やおせちなどの「季節需要」、花粉対策や夏バテなどの「季節提案」だ。

　該当商品を扱う店にとっては大きな商機なので、メルマガ以外にも集客に力を入れる必要がある。商品を探して回遊しているユーザーにどうやって接触するかが大事。楽天などのネットモールでは特設ページが用意され、広告枠が販売されるが、位置によって差があるので十分吟味して購入する。予算がない場合は、SEO（法則16）やリスティング広告（法則22）を使って集客しよう。モール内SEO（法則20）も活用したい。キーワード「母の日 梅酒」など「ある程度欲しい物が決まっている検索」も発生するからだ。

　なお、各イベントの開催時期は予測できるので、早めに年間スケジュールを立てて（法則97）、他店より早めに始めることを勧める。

「大型商戦」は差別化を意識する

　同時期に同じ企画が他店でも実施されるので、集客と接客で他店に差を付ける必要がある。まず他店より早めに動くことが肝心だ（法則89）。ページ上の接客については、ユーザーのニーズや懐具合を予想し、用途別、価格別など、親切に選び方を提案するといい。この使いやすさが差別化になる。特に、母の日など各店舗で同じ企画を開催している場合は「他店で購入を決断できなかったユーザー」を納得させられるかどうかが大切だ。親切丁寧な案内を心がけてほしい。

大型商戦：夏・冬のボーナス商戦、歳末商戦、お盆商戦など
ギフト　：母の日、バレンタイン、お中元、お歳暮など

関連する法則

89
ギフトイベントは早く始めて遅く終わる __P194

97
更新・販促スケジュールを立て計画的に運営する __P210

重要度 ★★★
緊急度 ★★★

「世間の話題」は商標に注意する

　世間の話題に便乗して商品を販売する。話題になっているスポーツイベントなどをメルマガの件名に載せるだけでも開封率が上昇するだろう。人気のドラマに出た商品、有名選手が使っている商品などという切り口も反応がいい。ただし、商標や人名を使うと問題になることもあるので、それぞれ確認してから取り組んでもらいたい。

> スポーツ：オリンピック、ワールドカップ、全米オープンゴルフなど
> 人気作品：ドラマ、映画、マンガなど

「季節需要」は早めに取り組む

　楽天市場などのモールが冬を迎えると、売れ筋商品を紹介する「ランキング市場」が、カニの写真で真っ赤に染まる。季節ごとに売れる商品は、あらかじめ決まっているのだ。ただ、季節ごとの定番商品は、ライバルも多い。だからメルマガ配信は計画的に行う必要がある。まずシーズンの始まりを告げ（法則78）、何度かに分けて売れ行きを実況中継風に伝えていこう（法則91）。

> カニ、冷暖房器具、おせち、入園・入学式用スーツなど

「季節提案」はニーズを思い出させる

　花粉や夏バテなど、季節ごとのニーズに合わせて提案を行う。例えば「もうすぐ大掃除の季節ですね」とか「足元の冷え、辛くありませんか？」などと、「何となく頭の中にあるニーズ」をうまく「思い出させる」必要がある。「年末は忙しいので、バタバタしないよう準備はお早めに！」などと背中を押す言葉も使いたいところだ。法則87の「提案型イベント」もあわせて参考にしてほしい。

> 悩み：夏バテ、足元の冷え、花粉など
> 歳事：お花見、大掃除、衣替え、新生活など

重要度 ★★★
緊急度 ★★★

法則 87　リピート売上を収穫する

「提案型イベント」で企画の幅を広げる

提案型イベントとは

　店舗からの提案として開催されるイベントだ。商品それ自体ではなく「用途」を強調して提案する。

　例えば、長年悩んでいた「押し入れ収納の解決策」や、休日に試してみたくなるような「そば打ち体験」など、「その商品があることで生活がどう豊かになるか」を念頭に置いて提案するといい。実店舗のベテラン店員の接客などを見ると、これを上手に自然にやっていることが多い。雑誌企画にも似ているので、関連する雑誌のタイトルは、習慣的に見るようにしよう。提案型イベントのヒントが見つかるはずだ。

　さらに購入率を高めるには、企画説明の中で「いま買うべき理由」にまで踏み込んで案内すること。例えば「10年目の結婚記念日だから、二人の愛と同じだけ熟成したスペシャルな10年物のワインを贈ろう」など。なお、イベントは本来、期間限定で開催する方が反応は上がりやすいが、「初心者のための楽器特集」など、常に需要がありそうな企画ができた場合は常設にしてもいい。掲載商品を更新したり、内容をアップデートしたりするたびにメルマガで積極的に紹介しよう。

関連する法則

41
客層をイメージして、キャッチコピーを作る __P100

49
用がなくても見てしまう「特集ページ」を作る __P114

◆「提案」の例

◎【改善提案】日頃抱えている、悩みや欲求をサポートするテーマを作る

テーマ	企画例
便利	家事、ビジネス、カーライフ、アウトドアなどの効率アップなど
節約	有名メーカーと同内容のPB（プライベートブランド）商品を紹介、日用品まとめ買いなど
情緒	秋の過ごし方、なごみ系雑貨、風流を愉しむなど心を豊かにする提案
交際	合コン勝負服、結婚記念ギフト、エチケット関連など人付き合い関連
投資	語学教材、知育玩具、資産管理など、子供や自分の将来への投資
安全	災害、犯罪、病気、食中毒、感染症などの予防や対策

◎【体験提案】普段とは違う、特別で新しい体験をテーマにする

テーマ	企画例
初心者向け	初めてのウクレレ特集、初心者のためのランニングシューズ特集
ファミリー向け	子供と一緒に知育玩具、家族でクッキング特集
コレクター向け	スニーカーレアモデル特集、復刻デザインウオッチ大集合
記念日向け	20歳に贈る生まれ年ワイン、ありがとうのスイートテンダイヤモンド

法則 88 ｜ リピート売上を収穫する

人気商品の購入者には、絞り込んだ文面でリピートを促進する

「商品セグメント配信」で単品リピートを促進する

米や水、健康食品や化粧品などの単品リピート商品を扱っている場合に、特に有効な手法を紹介する。特定商品の購入者に絞り込んで（セグメントして）、リピートを促すメルマガを送るのだ。まず件名を「○○を購入したお客様へ」などとすれば、一般のメルマガと違ってはるかに開封率は高くなる。読者が絞られている分、精読率もかなり上がる。結果としてそのメルマガで勧める商品は、売れやすくなる。

法則83で述べたとおり、リピート促進に必要なのは(1)「前回購入への満足」を高める、(2)「次回購入のきっかけ」を作る、の2つである。このメールの場合は、まず、文中に他のユーザーからの満足や励ましのコメント（レビュー）を転載したり、マスコミや識者からの評価、商品の売れ行きなどを伝えたりすることで「商品の良さ」を提示する。その商品の良さを再認識してもらえるだろう。次に、リピートしやすい「特典」を提示する。「購入時にこの合い言葉を記入すれば、リピーター様特典で○○をオマケします」など。さらに、定期購入やまとめ買いなど、より高額な商品へのステップアップを促進する場合は、特典を厚くするとさらにいいだろう。

特典が豪華すぎると利益を圧迫するので本末転倒だが、ちょっとした特典であっても、その良さを丁寧に説明することで効果はアップする。手間を惜しまないのが大切だ。

関連する法則

57
「入口商品」からリピート購入への流れを設計する __P130

83
リピーターの心理を把握する __P184

用語

型番商品 __P224
定期購入 __P225
レビュー __P227

TIPS

商品セグメント配信に必要な機能
商品セグメント配信を行うにはメール配信システムに「ある商品を購入した読者だけに」メルマガを送る機能が必要。楽天市場など一部システムには実装されているので、各自で確認してほしい。

重要度 ★★☆
緊急度 ★☆☆

「商品セグメント配信」を応用して利益率アップを実現

型番商品を扱う店舗でも、この方法を応用すれば売上や利益率向上につなげられます。例えば、ある店舗で「任天堂Wii」がたくさん売れたとしましょう。このWiiの購入者に絞り込んで「任天堂Wiiを100倍楽しむ方法」というメルマガを流します。そこで、Wiiの楽しむ方法を楽しげに解説しながら、「無名だけどオススメしたいソフト」、つまり「あまり売れないけど利益率の高いソフト」を紹介してみたとします。バカ売れはしないまでも、いつもよりはるかに利益率が高くなるはず。Wii本体が売れた理由はおそらく価格が安かったからで、あまり利益率は良くないはずです。これは型番商品の宿命です。しかし、メルマガを強化すれば利益率を改善できるのです。(坂本)

法則 89 | リピート売上を収穫する

ギフトイベントは早く始めて遅く終わる

ギフトイベントの開催期間を増やして売上アップ

　法則86で紹介した「トレンド型イベント」の一種でもある、ギフトイベントの販促について紹介する。母の日、敬老の日、バレンタイン・ホワイトデー、お中元・お歳暮などのギフトイベントは、ついつい「駆け込み」で購入してしまうユーザーが多い。このため、受注も商品配送も一時期に集中してしまい、トラブルの原因になりかねない。そこで、注文の集中を避け、売上を伸ばしつつ業務を効率化する方法を紹介する。

「早割り」で早期予約を促進

　「早割期間」を設定し、期間内に予約してくれたユーザーに、値引きやオマケなどの特典を提供する。「どうせ注文するんだから、今やっちゃおう」と思ってもらえればいいので、あくまで理由付け程度の特典でいい。実額100円程度の値引きでも効果が出る。他店に流れる前に注文してもらえる上に、注文が集中せず、余裕を持って処理できる。例えば母の日なら、3月中に始めればいいだろう。

「カウントダウン」で早めの注文を促進

　まず、上記の早割りの開始と同時に、「今年の母の日は○月○日です」とページやメルマガに表示する。そして、注文忘れがないよう、メルマガで注文を催促するのだ。「まだ間に合います」「来週まで間に合います」「今週中なら間に合います」「本日までなら間に合います」など。このように明確に締め切りを提示すると、人は動きやすくなるものだ。これを「締め切り効果」と言う。
　前述の早割り企画と、このカウントダウンを併用すると、早割期間と、イベント（母の日など）期間とで、2回カウントダウンを行うことになる。つまり通常1回だけの締め切りが、2回になる。すると「締め切り効果」が2倍になり、売上が伸びやすくなるわけだ。法則91の実況中継メルマガも参照。メルマガの配信タイミングは右ページの図を参考にしてほしい。

▍関連する法則

86
「トレンド型イベント」で世間の波に乗る __P190

91
「実況中継メルマガ」で盛り上がりを伝える __P198

重要度 ★★★★★
緊急度 ★★★★★

「お届け日指定」で到着日を分散

　ギフトの場合は、イベント当日の商品到着を指定されるケースが多いわけだが、お届け日に関して自信が持てない場合は、最初から指定できないことを明記すること。ギフトの到着遅れは激しいクレームの原因になる。

　また、お届け日の集中を避ける方法も検討したい。例えば、前もってお届け日をイベント数日前から終了後までにいくつか設定しておき、ユーザーに選択させよう。先方の都合などにより当日以外の到着を希望する人もいるので、配達日別に分けることで効率化が図れるかもしれない。

「遅れてごめんね企画」も忘れずに

　他店が受付を終了した後に、買い忘れていたことに気づくユーザーも少なからず存在する。そんな層に向けたのが、通称「遅れてごめんね企画」だ。母の日に間に合わなかったユーザーの申し訳ない気持ちを汲んだキャッチコピーで訴求しよう。例えば「ちょっとくらい遅れても、お花が届けばお母様はやっぱり嬉しいもの。今からでも贈りませんか？」という感じだ。「遅れてごめんね」と書かれたメッセージカードがあればなおいい。

◆ギフトイベントの販促日程例（母の日の場合）

ギリギリまで注文しないユーザーが多いので、3月下旬から4月中旬までは早割を訴求。販売ピークの前に「早割りの締め切り間近」を理由として、他店よりも早く注文を確保する。

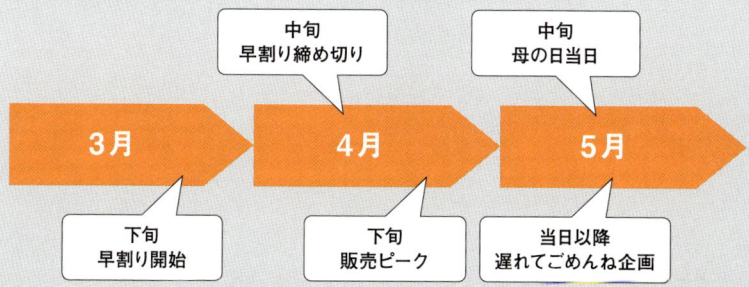

重要度 ★★★
緊急度 ★★★

他店と連携して「コラボギフト」を作る

　花とお菓子など、2店舗でコラボ商品を作って売るケースが増えてきています。花かお菓子か悩んでいたユーザーにとっては大変嬉しい、有効な方法です。両方ともネットショップであれば、商品ページ素材を提供しあえるし、互いに強い商品を持てます。ただし、お酒など販売に免許のいる商品があるので、法律違反にならないよう気をつけましょう。（川村）

法則 90　リピート売上を収穫する

メルマガクーポンで、自由自在に売上をコントロールする

特別感を演出できるメルマガクーポン

　一部の対象者だけを対象にセールやイベントを開催したいときは、メルマガで特典クーポンを配布するといい。「お得意様だけに割引クーポンをお送りします」というメールは、受け取ったときには思った以上に特別感があり、つい購入してしまうものだ。

　このクーポンイベントを(1)時期、(2)商品、(3)客層、を変えつつ開催することで、売上のコントロールがある程度可能になる。

　例えば、クーポンの利用を、通常売上が落ち込む期間に限定すれば、その売上をカバーできる。また、特定商品のみに限定すれば、商品を売れ筋ランキング上位に押し上げられる。1回買っただけの購入客に限定すれば、リピート購入を効果的に促進できるだろう。一部のメルマガ読者だけにクーポンを送る形であれば、他社・他店に知られずこっそり値引きできるので、競合対策にも有効だと言える。

　店舗運営システムにクーポン機能があればそれを使えばいいが、機能がない場合や、あっても使いにくい場合は、以下の表を参考にしてほしい。「備考欄に合い言葉を書いてもらって手動で値引き」というパターンが多いようだ。

関連する法則

51
「値下げの種類」を増やして安売り中毒を防ぐ＿P118

81
開封率100%の「同封チラシ」を活用する＿P180

用語

レビュー＿P227

TIPS

商品に同封するチラシにも
法則81で紹介した同封チラシにクーポンを掲載するのも有効だ。チラシではなく名刺大のカードにクーポンを掲載し、商品に同封している店も存在する。名刺程度の大きさなら、ユーザーのデスクの上に置いていても邪魔にならないからだ。

誕生月クーポンは有効
読者の誕生日や誕生月で絞り込んでメール配信できるなら、ぜひ特典クーポン付きのお祝いメールを送ろう。毎月の売上を底上げできる。

◆クーポン機能がない場合のイベント開催方法

	備考欄にキーワードを入力してもらう	パスワード制の部屋を作る
方法	特定のキーワードをメルマガに掲載し、注文時に備考欄に入力してもらう。	パスワードをかけた特設商品ページを作り、そこに誘導する。メルマガにIDとパスワードを掲載し、入室してもらう方法。いわゆる「闇市」。
長所	いつもの買い物カゴでできるので準備が簡単。商品レビューも溜まりやすい。	イベント用の買い物カゴのため、受注処理が一律で簡単。
短所	受注処理の際、キーワードを確認し手動値引きしないといけないので手間がかかる。	規制のかかったページなので、検索に引っかからない、別商品として登録するため、商品レビューを溜められない。

◆メルマガクーポンの例

レビュー120件突破!!
当店の人気商品がセットになった、『グルメセット』未体験の方に、

通常「3,980円」のグルメセットが・・・

★なんと、1,000円引き!★【2,980円】でお試しいただける、

ゴールデンウィーク限定の、
お得なクーポンをプレゼントします!

```
┌─────────────────────────────────────┐
│         グルメセット初体験限定        │
│          1,000円クーポン             │
│                                     │
│ ↓のキーワードを購入時、備考欄にご記入すれば、│
│                        1,000円OFF!! │
│ ─────────────────────────────────── │
│ キーワード:グルメ初体験!             │
└─────────────────────────────────────┘
     ※5/3(土)00時00分～5/7(水)23時59分まで有効。
        おひとり様1回限り有効。
```

購入時、備考欄にキーワードを必ず記入してください!

記入しない場合は通常価格でのご請求になります。

必ずご記入くださいね!

◆メルマガ読者用の闇市の例

パスワードのかかった読者限定の闇市ページ。このページは、メルマガ購読増加にも有効である。
◆かめあし商店
http://item.rakuten.co.jp/cameashi/c/0000000531/

簡単なイベントから試す

クーポンイベントに限ったことではありませんが、慣れないうちから張り切って複雑なイベントに挑戦するのは止めましょう。メルマガで開催を告知するわけですが、読者が少ないとせっかくのイベントも水の泡です。普段のメルマガでまったく反応がなければ、まず集客に注力して下さい。メルマガが低コストで売れるといっても、それはちゃんと集客してきた店の話。累計購入客数で少なくとも500人以上は必要でしょう。

「やってみたい施策」よりも、まず「やるべき施策」から。奇抜さや自分の興味だけで動かず、まずは手の届くことからコツコツやるのが一番です。(川村)

法則 91 ｜ リピート売上を収穫する

「実況中継メルマガ」で盛り上がりを伝える

盛り上がりの演出はメルマガで伝える

　行列を見かけるとつい並んでしまうことはないだろうか。人は行列を見ると、「大勢の人が並んでいるのだから信頼できる」「魅力あるものに違いない」と思い、その大勢の人に同調してしまう傾向がある。

　「実況中継メルマガ」は、企画3パターンで紹介したようなメルマガイベントを盛り上げる行列のような効果を発揮するメルマガだ。

　実店舗では行列ができていれば、ひと目で売れていることが伝わるが、残念ながらネットショップの場合は飛ぶように商品が売れていたとしても、通常、画面からは知ることができない。行列に該当する「売れている光景」を意図的に描写して伝える必要があるが、商品ページで盛り上がりを演出しても、来店してそのページを見たユーザー以外には伝わらないので、直接集客に結び付けることはできない。そこで、このような場合では段階的にメルマガを活用し、「店舗ページを見ていないユーザー」にも盛り上がりを伝えるといい。興味を持ったユーザーが来店するはずだ。

　このような「連続したメルマガ」で多くのユーザーの興味を引き、売上を伸ばす方法を紹介する。

◆実況中継メルマガの内容例

❶販売予告
配信タイミング：イベント数日前〜前日
映画同様「予告」で期待値を高める。

↓

❷販売開始
配信タイミング：イベント当日
高まった期待を受け、ついに発売開始。常連客から売れ始める。

↓

❸実況中継
配信タイミング：イベント中盤
盛り上がりを演出。一般客もだんだん気になり始める。

↓

❹完売予告
配信タイミング：イベント終盤
盛り上がり最高潮。人気で品薄になる。希少感で一般客が動き始める。

↓

❺完売
配信タイミング：イベント終盤〜最終日
好評につき完売→買わなかった顧客にも人気企画として認知される。
この「買えなかった経験」は、次回の企画に生きる。

■ 関連する法則

84
イベントを成功させる「企画3パターン」を把握する __P186

97
更新・販促スケジュールを立て計画的に運営する __P210

■ TIPS

実況中継メルマガは乱用しない
「今売れています」「残りわずかです」など、臨場感のある実況中継メルマガを再三送ってしまうと、オオカミ少年状態になってしまい、読者に信用されなくなる危険がある。強めのあおりは、たまにやるから効果的なので、乱用してはいけない。通常のメルマガの一部に「前回お知らせした企画が好評です」などとあおりすぎない文面で載せるのであれば、頻繁に使ってもいいだろう。

特に重要な企画であれば、このように何度も告知してもいい。しかし毎回これをやると迷惑なので、使いどころを考えること。

重要度 ★★★
緊急度 ★★★

実況中継メルマガの構成

まず、メルマガでイベントを紹介し、その開始を伝える。一般的なネットショップは、ここで「もうメルマガで知らせたから後は売れるのを待つだけ」と思ってしまう。しかし、初回のお知らせで動くのはごく一部の読者だけなのだ。

そこで、次のメルマガでは「前回お知らせした企画が好評で、もう○名様にご購入頂いております。特に人気の商品は……」などと、商品が売れている様子を実況中継するわけだ。このメルマガで初回のメルマガと同様に売れる。つまり、1通だけ出したときと比べると、この時点で売上は2倍である。

そして、最後に「ご好評の○○企画は、本日23時で終了です。まだ間に合いますので、ご覧になっていない方は是非会場ページをご覧ください」などと流す。実はこれが一番売れる。

何通もメルマガを作成するのは大変そうに思えるが、ベースになる商品説明は基本的に商品ページと同じでもいい。冒頭部分の10〜30行程度の「盛り上がり」(売れてる感)演出部分だけを書き分けて、「以下は前回もお伝えした内容です」などと断りを入れるなら、後は同じ内容でも構わない。

◆実況中継メルマガの文例

◎開始文例

> こんにちは。低刺激スキンケアのお店 店長川村です!
>
> そろそろ紫外線が気になる季節ですね〜
> でも、UVクリームを厚塗りすると肌に負担…そこで!
> ─────────────────────
> ★ゴールデンウィーク限定!(4/29〜5/5)★
> ─────────────────────
> 当店の新商品「薬剤師が作った、やさしいUVクリーム」のお試し商品が、なんと【500円送料無料】でお試し頂けます♪
> ─────────────────────

- 企画開始の告知。通常のメルマガや商品ページと同様、ユーザー目線での購入メリットをしっかり謳うこと。
- 「期間限定」を明示
- 以下、商品説明が続く

◎中継文例

> 低刺激スキンケアのお店 店長川村です!
> たたた大変なことになっております(' ▽ ';)!
>
> ただいま開催中のGW限定企画、
> 新商品「薬剤師が作った、やさしいUVクリーム」お試しセールが大変な勢いで売れております!皆さん悩みは同じなんですね (; ▽ ;)
>
> ▼紫外線対策はお早めに。まだご覧になっていない方、是非!

- 売れ行きを伝える実況中継。行列を見ると「何だろう?」と思う心理を刺激する。盛り上がりだけ伝えて安心せず、購入メリットも忘れず伝えること。
- 「実況中継感」を演出
- 以下、商品説明が続く

◎終了文例

> 低刺激スキンケアのお店 店長川村です!
>
> ただいま開催中のGW限定企画、
> 新商品「薬剤師が作った、やさしいUVクリーム」お試しセールがもうすぐ終了(' □ ')5/5まで!もうチェックしましたか?
>
> ▼紫外線対策はお早めに。まだご覧になっていない方、是非!

- 終了間際の追い込み。「見逃していませんか?」と言われると、反射的にチェックしてしまうものだ。このメールを初めて見る人も多いので、毎回購入メリットも忘れず伝えること。
- 忘れてませんか?と呼びかける
- 以下、商品説明が続く

重要度 ★★★
緊急度 ★★★

常連客の側から見た「感動サービス」体験

　この「追客」の章では、お客さんとの関係を長続きさせる手法について説明しました。ですが、特にお店とお客との長い付き合いは、「相性」や「気持ち」の問題もあり、集客などと違ってテクニック論でまとめきれないところがありますね。ここでは、私がずっとリピートしているネットショップに関する、個人的な経験について紹介させて頂きます。

　その店では、もうかれこれ7〜8年、リピートし続けています。身近であまり手に入らないヨーロッパのインポートアイテムを手ごろな価格で買うことができる、楽天市場に出店しているアパレルショップです。賞を獲ったなどの話は載っていないので、あまり大きな店ではないはずです。初めは確か楽天市場の検索で偶然ヒットしたのがきっかけで来店したのだと思います。品揃えのセンスが私にとても合っていたので、それ以来途切れることなく利用しています。週イチのメルマガはほぼ毎回開封し、そこから購入することも多いです。

　初購入以来、何のトラブルもなくやってきた私とこのお店の間で、先日、ちょっとした事件がありました。購入したネックレスの留め金が、届いて試し着けした段階でポロッと取れてしまったんです。このお店をすでに信頼していた私は、クレームを付けることを考えず、まず自分で直そうとしました。ネックレスの留め金が外れるなんて、よくあることですから。でも、根本から外れてしまっていて、簡単に直せないような壊れ方だったので、商品を交換してもらえるよう店舗に連絡しました。しかし、この商品はインポートの一点物。交換できないということで、返品を求められてしまいました。でも、その商品を大変気に入ってしまった私は、なんとか直して使いたい！と思い、その旨をお店の方にメールで説明。返品はしたくないので、一番良いと思われる直し方を教えてもらえないか、と質問したのです。店舗側からすれば、正直ちょっと面倒くさい展開ですよね。普通なら返品、返金であっさり片付く問題です。しかし、お店側で、ボンドなどだと、一時しのぎできっとまた取れてしまい直らないので、きちんと業者を手配、依頼して直していただけるとのお返事をいただきました。

　私は商品を返送し(もちろん送料もお店負担)無事、金具の部分をきちんと修理されたネックレスが私の手元に戻ってきました。12月半ばに購入して、年内には修理して戻してくれたのです。クリスマスや年末の繁忙期であるにも関わらず、その間連絡も密にいただき、何より迅速に誠意ある対応をしていただけたので、非常に歓心させられました。

　なぜ私はこの店を利用し続けているのでしょう。好みに合った商品があるのは当然の理由ですが、思い返すと、いつでも対応は丁寧で、配送も早く、失望させられたことは一度もないのです。当たり前のことのようですが、長年の間、当たり前のことを当たり前にこなすこの店の変わらない姿勢には頭が下がります。店舗とお客のちょうどよい関係が、私とこのお店との間には、あるように思います。今回の一件で、ますますファンになったのは言うまでもありません。

　このようなイレギュラーな事例に、すべて対応するのは大変なことです。お客さんからの依頼をすべて受けろ、というつもりもありません。しかしながら、何か起こったときにどのように対応するか、どんな姿勢を見せるか、に、お店の「心意気」が現れるように思います。(川村)

第 5 章

成長段階別・運営実務の法則

ネットショップを開業し、独立した事業として安定稼働するまでには、いろいろな課題が次々に現れる。ここでは、その傾向と対策を紹介しよう。

法則

92 成長段階ごとの課題を把握する ……………………………………… 202

93 低コストで試してうまくいったら投資する ………………………… 204

94 ネットショップ制作会社にすべてを委ねない ……………………… 205

95 忙しくなり始めたら、効率化でホスピタリティーを維持する ……… 206

96 ユーザーからのクレームを業務フローの改善に役立てる ………… 208

97 更新・販促スケジュールを立て計画的に運営する ………………… 210

98 爆発的ヒット商品を作り次のステージを目指す …………………… 212

99 お客様の声は常にチェックし、社内にも共有する ………………… 214

100 「読書会」で理解を深める …………………………………………… 216

法則 92　自店舗の将来を想像する

成長段階ごとの課題を把握する

ネットショップは4つの段階を経て成長する

　この章では、ネットショップの成長段階に応じて発生する、さまざまな実務上の課題と、その対応策について解説する。同じ成長段階の店は、大抵似たような課題に直面しているようだ。そこで、どんな課題があるかをあらかじめ把握しておこう。

　本書では、ネットショップの成長段階を次の4つに分けた。ネットショップを開店したがまだ商売として成り立っていない「助走期」、バックヤードの作業が増え始める「離陸期」、ある程度軌道に乗り、仕組み化が求められる「上昇期」、家業から企業へとステップアップする「安定期」だ。

　ネット通販の特徴として、実店舗と違って「通行人がふらっと来店」することがないため、立ち上げ直後の「助走期」は思ったよりも長く感じるだろう。一方でバックヤードが忙しくなる「離陸期」は急激に訪れるため、あっという間にパンク寸前になってしまうケースが少なくない。「上昇期」や「安定期」になると、管理業務の比率が増え、今度は悩みの種類が変わってくる。各段階の具体的な特徴は右ページを参照してほしい。自店舗がどの段階に当てはまるか考えてみよう。

　同時に、これらの運営実務と並行して店舗ページなどの販促面も磨き続けなければならない。忙しい中で効率的に勉強し、実践する方法は法則100で紹介している。

■用語
EC4タイプ理論 __P222
バックヤード __P226

◆ネットショップの助走期・離陸期・上昇期・安定期

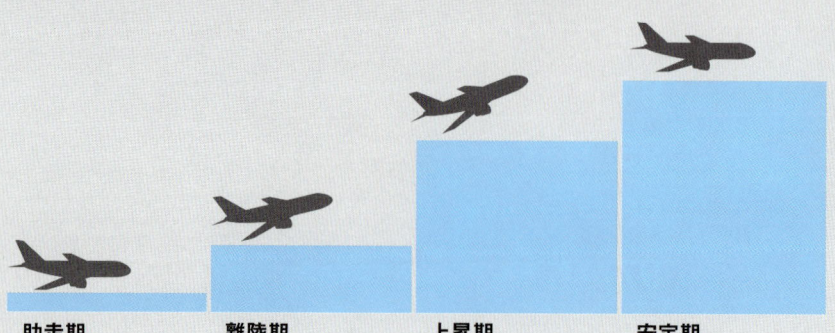

助走期
成功パターンを模索。
チャレンジあるのみ。

離陸期
成長に備え、業務を
効率化する。

上昇期
どんどん売上が伸び、
規模拡大。

安定期
先を見つつ、
チーム運営に移行。

多くのネットショップは、似たようなパターンで成長する。オープン当初は販促のノウハウが最も重要だが、成長すると共に付帯業務がどんどん増え、店長の役割も次第に変わってくる。

試行錯誤が続く「助走期」

　ネットショップを開店したものの売上はほとんどなく、試行錯誤する時期だ。どうすれば売上が伸びるのか見当がつかず、精神的にきついかもしれない。「ネットショップは低コストでいろいろなことが試せる」というメリットを活かし、勝ちパターンが見えるまでとにかくチャレンジあるのみだ（法則93）。ぜひEC4タイプ理論を参考にしてほしい。

　また、この時期はネットショップ制作会社の力を多く借りるので、相談しやすい会社を選びたい（法則94）。

走りながら改善する「離陸期」

　試行錯誤を脱し、売上が伸び始めると共に、問い合わせ対応や受注処理・梱包・発送といったバックヤードの作業が尻上がりに増える時期だ。商材と体制にもよるが、発送件数が1日40件を越えると、だんだんキツくなってくるようだ。伸びる兆しが見えたら、忙しくなる前に対策を考えたい。忙しい中でも販促も行いながら、顧客満足を維持し、バックヤードを効率化するのが最大のテーマだろう（法則95・96）。

一気に伸びる「上昇期」

　業務フローがある程度固まり、販促の勝ちパターンもいくつか見え、当初からは信じられないような売上を本気で目指すようになる。多くのベテラン店長が「一番楽しいころだった」と、懐かしく振り返る時期だ。できれば、このあたりで「爆発的ヒット商品」を企画したり見つけたりするなどして、さらなる成長の起爆剤としたい（法則98）。また、運営スタッフが増えるため、店長が直感で行っていた販促活動を仕組み化し、担当者に引き継がせるのも重要だ（法則97）。

チーム運営を確立する「安定期」

　急激な成長とドタバタを経て、個人商店的な「家業」が、チームで動く「企業」へと脱皮する時期である。店舗運営の主役は店長からスタッフへと変わり、店長は販促以外の業務が主となる。しかし、これまでの成長過程を経験した店長と、スタッフの間には意識のズレがある。「お客様の声」を生かす（法則99）などして、スタッフと気持ちを通じ合うよう心がけよう。また、社内で勉強会を開催し、それを通じて店の成長過程を追体験させるのもいいだろう（法則100）。

　店長自身は、業界の将来を考え、競合店の動向もチェックし、自店舗の立ち位置を考えながら中〜長期的なビジョンで戦略を立てていく必要がある。

　事業として考えれば、ここからが本当のスタートとも言えるだろう。

重要度 ★★★

緊急度 ★★★

法則 93 　「助走期」は方向性を探る

低コストで試して うまくいったら投資する

本格的に投資をする前に、低コストで実験を行う

　新規事業を始める場合、一般的には「綿密な計画」から入る。しかし、ネットショップの立ち上げ計画は画餅になりやすい。なぜなら実店舗とはまったく違う業態であるため、これまでの経験が通用しないからだ。「ネット通販はやってみるまで分からない」と多くの店長に語られるゆえんでもある。

　では、計画よりもまず先にするべきことは何か？　それは「低コストで運営を始めてみる」ことだ。ネットショップは実店舗と違って低コストで開店し、さまざまな施策を試せるのが強みである。だから売れる手応えが得られるまでは、準備期は調査期間と割り切って、色々実験した方がいい。

　無料の集客施策や安い広告で来店客を集め、どんなページや表現方法なら売れるのか確認しながら更新を繰り返し、徐々に購入率を高めていく。低コストで小さな成功をいくつか達成した段階で、初めてヒト・モノ・カネを投入するのだ。この時期に大切なのは「どの集客経路が効果的か」「どの商品が売れるか」を確認すること。当初の目論見と違った結果になっても気にせず、理論より現実を基点として、戦略を練り直そう。手応えがなければ、傷が浅いうちに撤退するわけだが、実店舗で失敗するよりも10分の1以下の損失で済むはずだ。

トライ&エラーは決裁権者自らで行う

　この期間の店舗運営は、決裁権を持つスタッフ、できれば社長自身で行うことが望ましい。事実、成功店の多くはPCの苦手な店長（社長）が1人で思い立ち、初動の段階では本業と並行して試行錯誤を続けていたというケースが多いのだ。

　というのも、定番の販促施策や作業フローが固まっていないため、担当者は暗中模索しながら、次々にいろいろな手を打っていかなければならない。自ら考えて動く力が求められるのだ。このような仕事を1スタッフにやらせたとしても、どうしても積極性に欠けて、なかなか結果が出ない。

　スタッフが何となく運営していた店舗が、社長や役員主導になった途端に売上が10倍・100倍に化けた事例は数多くある。また、ある程度売れた後のネットショップは、過去のパターンがあるので、作業内容もかなりマニュアル化できる。初期段階こそ、トップダウンでトライ&エラーを繰り返してほしい。

関連する法則

13
集客媒体は「CPO」で評価する __P44

15
収益性を高めて集客への投資を増やす __P48

重要度 ★★★
緊急度 ★★★

法則 94　「助走期」は方向性を探る

ネットショップ制作会社にすべてを委ねない

ネットショップ事情に詳しい制作会社を探す

　ホームページ制作業界は価格競争が激しく、低料金を売りにする制作会社も多い。共通のレイアウトを使ってハメコミ式で作るため、制作の手間が少なく済み、流れ作業で数多くの案件をこなしていくという特徴がある。しかし、EC4タイプ理論（法則4〜9）で述べたとおり、ネット通販には商品タイプごとの傾向があるため、十把一絡げのレイアウトでは売れる店にならない。ページ制作を外注する場合は、発注前にいろいろと質問をして、どれだけ業界事情に精通しているか確認することを勧める。売れているネットショップの実例を多く知り、商品のタイプごとにレイアウトをどのように変化させるべきかまで把握しているなら、その担当者のポイントはかなり高い。仮にそこまでの知識がなくても、プライベートでネット通販を利用している人ならば、お互いの経験をもとにした打ち合わせや作り込みができるので、これまたポイントは高いと言える。なお、ネットショップはスピードが重要なので、質問への返事が遅いなどスピード感に欠ける場合は注意が必要だ。

　これからネットショップ制作会社に業務を依頼しようとしている人は、以下の質問例を参考にして「できる制作会社探し」を行ってほしい。

関連する法則
4
「EC4タイプ理論」で店舗の未来を知る __P24

用語
EC4タイプ理論 __P222

TIPS
信頼できても丸投げは厳禁
ネットショップ運営が初めてであろうと、例えば、法則40で述べた店舗コンセプトは丸投げせず店長自らが考えるべきだし、競合調査なども自分でやるべきだ。制作会社は、いくらプロだとはいえ作業の委託先でしかない。

重要度 ★★★
緊急度 ★★★

◆ 理想の制作会社を見つけるための質問例

Q：どんなネットショップを作ってきましたか？
・事例として紹介されるネットショップを見て、センスを判断する。
・事例がない場合、売れそうにない店ばかりの場合はNG。

Q：当店の商材を考えると、どんなレイアウトがいいと思いますか？
・商品特性を踏まえない一般論はNG。
・EC4タイプ理論のような洞察があればOK。

Q：当店の話を聞いて、どう思いましたか？
・褒めてばかりのイエスマンや、特に意見がない場合はNG。
・提案・アドバイスが得られればOKだが、一方的な話はNG。
・競合店舗を踏まえての内容ならなおよし。

Q：納品後の運用・更新作業についてはどうお考えですか？
・考えていない、更新料が高すぎる、時間がかかりすぎる場合はNG。
・店長が自分で更新できるようなフォローアップがある、あるいは低料金・短時間での更新サポートがある場合はOK。

法則 95 「離陸期」は効率化する

忙しくなり始めたら、効率化でホスピタリティーを維持する

問い合わせは2種類に分けて対応しよう

ネットショップがいったん売れ出すと、注文件数が増えるに従って、問い合わせ、受注処理、梱包などの業務も一気に増える。すると、今まで丁寧に対応できていた細かい問い合わせの対応が遅れがちになってしまう。そうすると、作業の効率化が必要になってくる。ユーザーからの問い合わせはその性質によって2種類に分けられるので、ここではそれぞれの対応策について案内する。

ラッピングはできるか？ 注文からどのくらいで届くか？ など、答えが明確でテンプレートを使用して簡単に返信ができる「軽い問い合わせ」と、セット内容の一部を別の商品に変更できるかなど、場合によっては把握しておらず、個々の調査、確認が必要でその場で答えられず改めて回答する必要がある「重い問い合わせ」の2つだ。まずこの2つの分け方を理解し、それぞれに合った対応をしよう。手がかかる「重い問い合わせ」がつい後回しになりがちだが、この種のユーザーほど返答を心待ちにしているため、返信の遅れはトラブルの火種にもなりうる。

折角築いてきた信用を損なわず、接客のクオリティーを維持するためには、「軽い問い合わせ」にかける時間を効率化により極力ゼロに近づけ、その分の時間を「重い問い合わせ」に投入することだ。これにより全体の所要時間を減少させつつも、すべての問い合わせに対して素早い返信をすることが可能になり、自然と顧客満足度も上昇する。また、「重い問い合わせ」への返信の速さは接客面での大きな差別化につながる。業務、顧客対応両方の改善方法として有効なのでぜひ実践してほしい。

■ 関連する法則
80 商品購入後こそ、積極的にコミュニケーションを取る __P176
96 ユーザーからのクレームを業務フローの改善に役立てる __P208

■ 用語
FAQ __P223
ニッチ商品 __P226

◆軽い問い合わせの例
・ラッピングはできるか？
・注文からどのくらいで届くか？……など

対応：答えが明確で簡単に返信ができる。仕組み化により効率化が可能。

◆重い問い合わせの例
・セット内容の一部を別の商品に変更できるか？
・お菓子に使用されている材料すべての産地を知りたい。……など

対応：場合によっては把握しておらず、個々の調査、確認が必要でその場で答えられず改めて回答する必要がある。どうしても手間がかかる。

「軽い問い合わせ」への対応をとことん効率化する

　まず、普段使っているメールソフトの「送信済フォルダ」を見てほしい。問い合わせに対して返信したメール文面が大量にたまっているはずだ。これらの文面はつまり「よくある問い合わせと、それへの返答」なので、活用しない手はない。まず返信済メールを、商品関連や配送関連などとグループに分けながら整理する。次に、（1）「返信用メールテンプレート」と、（2）「よくあるお問い合わせ（FAQ）ページ」を作る。（1）についてはそのまま問い合わせの返信に使用する。そしてより重要なのは（2）の作業である。なぜなら、FAQページを充実させると、ユーザーが自己解決するケースが増え、問い合わせ自体がぐっと減るからだ。ただし、FAQページは見てもらわないことには何の意味もない。ユーザーが疑問を感じた瞬間に、すぐ目につく場所にFAQページへの導線を置くこと。さらに、導線は1個所だけでなく、できるだけ多く作るように心がけてほしい。FAQページを見つけるより先に、問い合わせフォームを使われてしまっては意味がないので、まずFAQページを見てもらい、解決しなかった場合に問い合わせフォームを案内する形が理想的だ。なお、ニッチ商品などで積極的に「無料相談」を推進する場合（法則52）はこの限りではない。

「重い問い合わせ」は「気づき」の宝庫と知る。

　「重い問い合わせ」にじっくりと向き合うことで、イレギュラーに対応する接客スキルの向上はもちろん、問い合わせの背景に隠れた問題点にも気づきやすくなる。この「気づき」は顧客側の視点によって初めて見えてくるものなので、店舗の運営やナビゲーションなどの改善に非常に有効である。

　婚礼用品など、ユーザーが普段買い慣れないような商品（ニッチ商品）を扱う店舗では「重い問い合わせ」の比率が多い傾向にあるが、特にじっくり、きめ細かく回答したい。この手の商品は、価格よりも安心感で選ばれる傾向にあるため、丁寧な返信は良いクチコミの拡大やリピーターの獲得につながるのだ。大変な中にこそ宝が眠っていることを肝に銘じておきたい。

◆よくあるお問い合わせ（FAQ）ページの例

質問を見つけやすいように一覧にし、それぞれをクリックすると説明個所へジャンプする。
◆ メルカード・ポルトガル
http://www.rakuten.ne.jp/gold/mp/if/qa.html

重要度 ★★★
緊急度 ★★★

忙しい店こそ業務の工夫を！

　弊社がネットショップ運営者にコンサルティングを行う際、売上を向上させるための「攻め」の仕事を提案しても、日々の「守り」の仕事で忙しいから手を付けられない……という話をよく耳にします。

　しかし、成長を維持するためには、業務量全体が増える中でも「攻め」の仕事に割く時間を死守しなければなりません。そして実は、日々の仕事は、単純作業として効率化できるものが多いです。

　そこで「守り」の仕事の効率化を提案すると、今度は「外注するほど余裕はない」というお返事をよく頂きます。しかし、高額なアウトソーシングだけが効率化ではありません。自分なりに工夫する意識を持たなければ、売上はそこで頭打ちになってしまうでしょう。（坂本）

法則 **96** 「離陸期」は効率化する

ユーザーからのクレームを
業務フローの改善に役立てる

クレームは気づきの宝庫

　対面販売と比べ、通信販売はクレームが発生しやすい。実物を手にとって確認して購入するわけではないので、商品イメージとのギャップが起こる。配送上の遅配や破損のトラブルもある。そして、直接顔を合わせない分、遠慮なくきつい言葉を投げ付けられるからだ。

　クレームは耳に痛いものだが、トラブルに遭遇した購入客がクレームを申し立てずに、「この店では二度と買わない」と決意した場合、顧客を1人失うことになる。また、「この店では買わない方がいい」と周りの人に伝えることによってネガティブなクチコミが広がり、多くの潜在客を失うことにもつながるのだ。

　クレームは、「貴重なアドバイス」として真摯に受け止め、迅速に、誠心誠意対応することが何よりも重要である。的確に処置すれば、その対応が一生モノの継続客を生むこともあるし、以後起こり得るトラブルを未然に防ぐこともできる。

クレーム対応について社内で話し合っておく

　通販では、電話によるクレームも多い。こちらはいつもの業務をしているのに、突然ユーザーが怒り心頭で電話をかけてくれば、電話を取ったスタッフは大変驚く。そして混乱した状態で対応すると火に油を注ぐことになる。クレーム慣れしていないスタッフは驚きのあまり、即座に上長に電話を替わろうとする傾向にあるが、これはユーザーにとっては「タライ回し」されている印象を与えかねない。避難訓練と同様、電話クレームの一次対応については社内であらかじめ話し合っておくべきだろう。

　また、電話では表情が見えない分「声色」が大変重要になる。申し訳なく思っていてもそれが声の調子に現れなければ、不躾な対応をされたと思われる。クレームの気配を感じたら、まずは落ち着いて、真剣に話を聞くことだ。

■ 関連する法則
99
お客様の声は常にチェックし、社内にも共有する __P214

■ 用語
継続客 __P224
購入客 __P224

重要度 ★★★★★
緊急度 ★★★★★

◆クレームの種類

種類	クレームの原因
商品系クレーム	不良品・イメージと現物のギャップなど、商品自体に起因
梱包系クレーム	住所間違い・梱包ミスなど、スタッフの作業ミスに起因
配送系クレーム	遅配・未達・配送時の破損など、配送業者に起因

クレーム発生から対応完了まで

前述の通り、まず落ち着くことだ。感情的な状態でクレーム対応を行うと、大抵判断を誤る。そして、メール返信も電話折り返しも、とにかく早くすること。

原因はスタッフや配送業者のミスだけでなく、ユーザーの勘違いということも大いにあり得るのだが、詳細が分からなくても、調査をする前にはまず謝罪しよう。「ご心配をおかけして(ご不快な思いをさせて)申し訳ありません！大変恐れ入りますが詳しくお伺いできますでしょうか」と低姿勢で話を進める。

電話であれば相手がまくし立ててくるものだが、話を遮らず丁重に、最後まで話を聞く。相手が話し終わったら「……ということですね……。それは本当に申し訳ありませんでした。お怒りはごもっともです。」などと相手に同調し、共感する。重く受け止めていることを、態度や言葉で明確に示す。

クレーム対応は相手に「謝意を感じた」「自分の気持ちが伝わった」「丁寧に聞いてくれた」と思ってもらうことで解決に近づく。逆に、事務的、筋が通っていない、扱いが軽いなどと思われると状況はさらに悪化するので気をつけたい。

そして相手が落ち着いていれば、こちらの背景を説明してから対応策を提案する。無理な要求を受けた場合は、要求を全面的にのむのではなく、まず謝り、対応できない理由を説明した上で代替案を提示する。

対応策がまとまれば「貴重なご指摘を頂いたこと」への感謝を伝え、今後どう改善するかを説明する。必要があれば、お詫びの品物や手紙を送ろう。

配送系クレームの予防

配送系クレームはいわば巻き込まれ型なので、できるだけ予防しよう。そこで勧めたいのがこの「配達シール」だ。一見、店舗から配送業者へのただの注意書きに思えるが、ユーザーがこのようなシールが貼ってあるのを見ると「店舗側は自分の荷物を大切に扱っている」という印象を受けるので、配送業者に起因するクレームに巻き込まれにくくなる。実際、多くの店がこのようなシールを用いている。

重要度 ★★★
緊急度 ★★★

ドライバーの皆様へ

いつもご苦労様です！

当店の大切なお客様へのお届け物です。

★ 取り扱いは丁寧にお願いします
★ 時間厳守でお願いします

『配達シール』の例。配達する業者にとっても、受け取る購入客にとっても、誠意と真心を提示することができる。

◆クレームを悪化させる言ってはいけないNGワード

- 「それは違います。」
  相手に反論する。
- 「○○の事情により仕方なく」
  謝罪の前に言い訳をする。
- 「規則です」
  店舗都合を相手に押し付ける。
- 「説明を読んでください」
  相手を突き放した不親切な対応をする。
- 「品質に問題はありません」
  クレーム自体を全否定する。

法則 **97** 「上昇期」は成長を加速させる

更新・販促スケジュールを立て計画的に運営する

年間計画を立てる

　正月から大晦日まで、1年の間には行事やイベントが多数存在する。さまざまな季節需要もある。世間の動向を意識して店を運営し、無理なく売上を伸ばすために、前もって「年間販促計画」を立てておこう。

　まず、これまでの運営経験や下記の表を参考に、自店舗にとっての重要イベントを書き出してみよう。すると、繁忙期、準備期、閑散期があるのが分かる。閑散期にはバックヤードの整理・強化を行いつつ、販促面では「新しい戦略商品」を企画したり仕入れたりするのもいいだろう。例えば、冬が旬のカニを売る店舗が、夏場はとうもろこしやアスパラを売るといった具合だ。実験的な販売を通して、次代のヒット商品が見つかるかもしれない。

　このように1年を俯瞰してみると、それぞれの時期でやるべきことが見えてくる。いったん大まかな年間スケジュールを作ったら、さらにさまざまな情報を追記しよう。例えば、繁忙期から逆算して、商品の仕入れや、新規購入客の獲得計画、コンテンツの制作予定、自分やスタッフのスキルアップなどだ。閑散期こそ、意識して有効に使う。もちろん、売上などの数値目標も決めておきたい。しかし、完璧な計画にする必要はなく、できる範囲で作って、まず行動を開始するのが重要だ。作成した年間スケジュールは見えるところに貼り出し、いつでも目に付くようにして、月末・月初には必ず振り返るようにしよう。

◆年間イベントの例

月	イベント例
1月	初売り、福袋、バーゲン、お年玉
2月	バレンタインデー、花粉症、受験
3月	ホワイトデー、ひな祭、卒業式
4月	新生活、入学式、フレッシュマン、お花見
5月	母の日、子供の日、ゴールデンウィーク
6月	父の日、カビ対策、ブライダル
7月	夏のボーナス、冷房対策、紫外線対策
8月	お中元、夏休み、夏バテ対策
9月	敬老の日、新米、お彼岸、防災の日
10月	運動会、暖房器具、寝具
11月	冬のボーナス
12月	クリスマス、お歳暮、おせち予約

関連する法則

84
イベントを成功させる「企画3パターン」を把握する __P186

89
ギフトイベントは早く始めて遅く終わる __P194

用語

バックヤード __P226

重要度 ★★★★
緊急度 ★★★★

月間計画を立てる

　大まかな年間計画が決まったら、それを実行するための月間計画を詰めよう。カレンダーに書き込んでもいいが、複数人で管理するなら「Googleカレンダー」などのオンラインカレンダーも便利だ。出先で、携帯電話からでも確認できる。

　まず、すでに決まっている予定からカレンダーに書き込んでいこう。例えば、楽天市場などのモールに所属している場合、モール内で企画された企画（ポイント倍付けなど）を反映させる。自店に必要と思われるイベントだけでいいだろう。さらに、購入した広告の日程や、売れ筋商品の発売日など、売上の山になりそうな個所をどんどんカレンダーに書き込んでいく。

　すでに決まっている予定を書き込み終わったら、その状態のカレンダーを眺めながら、販促予定を立てる。例えば「ポイント10倍キャンペーン期間」があるなら、その開始日と終了の前日あたりにはメルマガを流したい。だから、カレンダーにメルマガ配信予定を書き入れる。

　そして、特に「売上の山」がない時期には、店舗内イベントなどを計画する。イベントの作り方については法則84（企画3パターン）を参考にしてほしい。イベントの日程が定まったらまた、開始と終了のお知らせをするメルマガの予定を書き入れる。内容は、法則91（実況中継メルマガ）を参考にするといいだろう。

　後は細かい予定を書き入れれば、月間計画の完成である。これもまた見える場所に貼ろう。やるべきことが決まっているのといないのでは、作業効率が大きく変わってくる。予定を立てる習慣が付けば、問題点の発覚も早くなるはずだ。

　ネットショップ運営はバタバタと忙しいが、だからこそ計画的に運営したいものである。

TIPS
土日祝日はユーザーの反応が落ちやすい
売上が下がる時期に企画をぶつけて売上を作るのもいいが、渾身の企画や自信のイベントの場合、週末を外した方が賢明（期間中に週末を挟むのは構わない）。

重要度 ★★★
緊急度 ★★★

Googleカレンダーを使った月間計画の例

無料で提供されている。複数のスタッフが同時に、さまざまな予定を追加・修正できる。パスワード管理さえ気をつければ、大変便利だ。

法則 98 　「上昇期」は成長を加速させる

爆発的ヒット商品を作り次のステージを目指す

売上を急増させる「爆発的ヒット商品」

　助走期間のように何年も売上横ばいを続けてきたネットショップが、突然、大きく売上を伸ばすことがある。きっかけとなるのが「爆発的ヒット商品」の登場だ。これをきっかけとして急激に売上が伸び、新規の購入客が増え、それに伴って継続客（リピーター）も増えて、以前よりも高いレベルで売上が安定したというケースが多く存在する。

　集客の章でも述べた通り、新規購入客の獲得には費用がかかる。しかし、このような商品があれば、低コスト・短期間で大量に新規購入客が増えるのだ。

　具体的には（1）マスコミで紹介され、大人気になった商品を即座に販売、（2）人気の型番商品を超激安で販売、（3）画期的な新商品や知られざる地方グルメがマスコミで紹介される、といったパターンが多い。

　（1）は、情報を得たら、いかに早く発売するかだ。出遅れると在庫を抱えることになる。また、ブームの商品以外をどうリピートしてもらうかが大切だ。

　（2）は、すでに人気の型番商品を、実店舗ではあり得ない超激安価格で販売。ネットモールでは最安店に人が集まるため、その商品自体が集客機能を持つ。利益は皆無なので、ついで買い（法則58参照）や、その後のリピート促進（法則80・83参照）を十分考えて企画する必要がある。

　（3）は理想的だが、一番難しい。誰もが驚く話題性や、時流にあった商品をマスコミに取り上げてもらって、圧倒的な露出を確保する。商品企画力と、広報センスが問われる。

「爆発的ヒット商品」に依存しすぎない

　これはあくまでも売上停滞時や成長段階でのカンフル剤だ。ヒット商品に依存した売上は、すぐに暴落する。ブーム商品などをきっかけとした購入でも、リピート購入につなげられるような接客力があってこその施策だ。接客体制も戦略もない状態でまぐれが発生しても、後の売上にはつながらない。

　また、このような売れ方に味を占めると、バクチのように中毒化してしまうことも多い。バカ売れ商品ばかり探した揚げ句、うまくいかなくても「次は当たるかも」と空回りを繰り返し消耗していくことになりかねない。注意しよう。

関連する法則

34 紹介されやすい「話題性」を作る __P84

56 型番商品・有名ブランド品を売るなら、価格競争とうまく付き合う __P128

62 「BEAFの法則」で売れるストーリーを作る __P140

用語

BEAFの法則 __P222
型番商品 __P224
プレスリリース __P226

重要度 ★★★
緊急度 ★★★

❶マスコミで紹介された商品をタイムリーに販売

　情報番組などで紹介された化粧品、健康食品、雑貨などを、即座に販売する。皆考えることは同じなので、同じ商品を売るライバルは日毎に増えていく。だから、1時間でも早く売り始めたい。なお、在庫がない状態での予約販売は、トラブルの原因になる。このような商品は、入荷予定日の遅延が珍しくないからだ。

　ある程度ブームが落ち着くと、価格競争が発生する。値段はどんどん下がり、ユーザーからのニーズも減り、しばらくするとブーム終了となる。

過去の例：電子タバコ、黒豆、コエンザイムQ10、寒天など

❷人気の型番商品・ブランド商品を激安で販売

　名の知れた人気商品に「実店舗では買えないような激安価格」を付けると、一気に集客できる。人気商品は商品名で検索しているユーザーが多く、最安店には自動的に人が集まるからだ。需要と供給のギャップを見抜き「まだ激安になっていない人気商品」をチョイスできるかが成否を分ける。当然利益はないので、ついで買いやその後の商品提案施策を、事前に十分考えておくこと。

過去の例：ダウニー激安、黒烏龍茶激安、コントレックス激安など

❸画期的な新商品・知られざる名物がマスコミで紹介される

　話題性のある商品、知られざる産直品・地方グルメなどを企画・プレスリリースし、うまくマスコミに紹介されれば、大きな露出を確保できる。当然、難易度は高い。マスコミ対策の方法は、法則34「紹介されやすい『話題性』を作る」・法則35「工夫したプレスリリースでマスコミに接触する」を参照してほしい。

　筆者は、こういった商品企画をサポートすることも多い。分かりやすい話題性に加えて、法則62以降で紹介した「BEAFの法則」に沿った商品説明があれば、成功率が高まるようだ。

過去の例：さまざまな「訳アリ商品」、バケツプリン、じゃばら（果物）など

重要度 ★★☆
緊急度 ★★☆

法則 **99** 「安定期」は次のビジョンを描く

お客様の声は常にチェックし、社内にも共有する

「お客様の声」で、スタッフの意識向上を図る

　チームで店舗を運営するようになるにつれ、店長と他のスタッフの間で、意識のギャップが現れてくる。スタッフは初期からの店舗運営の苦楽を実感していないので、「仕事＝作業」として捉えてしまう傾向にあるからだ。チームによる店舗運営の品質は、どうしてもスタッフの意識レベルに左右されてしまうので、当事者意識を持ってもらうのが大切だ。

　そこで、チームの意識を高めるために「お客様の声」を共有しよう。ネットショップは非対面なので接客のやりがいなどを実感しにくい反面、普通ならわざわざ言わないようなお礼コメントやお褒めの言葉をいただきやすいという特性もある。

　例えば、「有機農法にこだわった地元の野菜を全国に届けることで、日本の食文化と健康に貢献する」という理念を持つ店舗の場合、これを朗読させても真意はなかなか理解できない。ところが、「こんなに甘いニンジンは初めてでした。野菜嫌いの子供が『また食べたい』としつこく言ってきます」というコメントが寄せられると、こういうことだったのかと実感を持って理解できる。顧客の生の声を通すと、理念が具現化されるのだ。「やりがい」を共有するという意味もある。

関連する法則

82
リピートしにくい商品でも、購入者の感想を集める __P182

用語

楽天大学 __P226
レビュー __P227

重要度 ★★★
緊急度 ★★★

◆「お客様の声」がスタッフを育てる

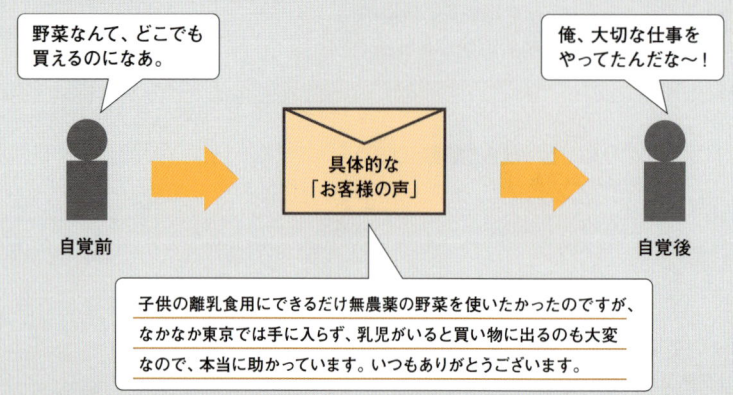

　購入客からの喜びの声・感謝のコメントは、ショップ運営の大切な成果だ。これを店長1人で独占してはいけない。皆で成果を味わおう。スタッフにも仕事の意義が伝わるはずだ。

レビューはグルーピングして使う

　楽天市場などのモールには、ユーザーレビューが自動的にたまる機能がある。さまざまな感想が雑多に並んでいるので、漫然と眺めても意外と要領を得ないものだ。そこでこれを内容によってグルーピングしよう。そうすることで、あるテーマについてのレビューのみをまとめて見ることができるので、効率的に活用できる。

　例えば、「梱包やラッピングの品質」について書かれたコメントを集め、さらにそれを良い評価と悪い評価に分ける。

　良いコメントを読めば、顧客の梱包に対する意識がよく分かり、担当者は自分の仕事の重要性を痛感するだろうし、悪いコメントの場合は、改善に直結させることができる。これはショップ運営スタッフだけではなく、直接ユーザーと関わることのない、商品製造のスタッフなどに対しても有効で、これを見せることで理解を促すことができる。「梱包やラッピングの品質」「コンテンツの面白さ」「トラブル対応」など、業務や作業分担などでいろいろとグルーピングしてみてほしい。

◆グルーピング例

- 発送はどうか？
    - 良い評価「すぐに届いて助かりました！」
    - 悪い評価「届くのが遅い……」

- 商品の品質はどうか？
    - 良い評価「画像どおりでとってもいい色でした！」
    - 悪い評価「縫製が悪くてなんだか安っぽいです……」

- 問い合わせの対応はどうか？
    - 良い評価「サイズについてメールで確認したらすぐに返事が来ました！」
    - 悪い評価「いつ入荷するかメールしたのに返事がありませんでした……」

重要度 ★★★
緊急度 ★☆☆

「たまごち」で社員教育

　人間は誰しも、認められたい願望を持っており、スタッフに向けられた「お客様の声」はこの願望を叶える効果があります。楽天大学の仲山進也学長はこれを、魂のご馳走、略して「たまごち」と呼んでいます。この声を論拠として褒めたり、アドバイスしたり、社内で自慢させたりすると、スタッフの目はより顧客満足に向けられるでしょう。(坂本)

法則 **100** 「安定期」は次のビジョンを描く

「読書会」で理解を深める

読書会を通して、ノウハウを実践する

　新しい本が出ると必ず手を伸ばし、常に新しい情報を得たい、という人も多いのではないだろうか。また読書に限らず、セミナーや勉強会などに頻繁に参加する場合もしかり。アンテナを張っておくのは大事なことだが、「分かったつもりになる」「分かった気になって実行していない」という話もよく耳にする。ノウハウ本を読んでも、「なるほど」と感心するだけで、実践に移さない人は少なくない。しかしどんなノウハウも、実践しなければ収益にはならない。

　そこで、この最後の法則では「実践」のための方法論として「読書会」をお勧めしたい。数人で集まって、その場で同時に本の「同じ個所」を黙々と読み、数ページごとにディスカッションをするという形式だ。

　これは「エクストリームリーディング」と呼ばれる方法で、一部のエンジニアの間でよく使われている。もともとは「エクストリームプログラミング」と呼ばれるプログラム開発手法を応用したものである。1人ではなかなか読みこなせないような技術書を、皆で同時に黙読し、互いの解釈や経験談を語り合う。本1冊を対象とした議論だと各自の着目するポイントがバラバラになるので、何ページか読むたびにディスカッションする。これにより、誤解を防ぎつつ、色んな人の視点から物が見えて、さまざまな気づきが得られるという効果がある。

　このやり方をぜひ本書で試してみてほしい。実際、一度やってみれば分かるが、同じ本を読んでいても、人によって視点が違うため、感心する個所や思い付く改善策がまったく違う。それらを共有すれば、本から得る気づきがはるかに増え、より実践しやすくなるはずだ。

◆エクストリームリーディングの流れ

一度に読む範囲を話し合って決める。本書なら1法則ごとがお勧め。
↓
一斉に黙読。分からない個所はいつでも質問する。
↓
早く読み終わった人は、終わった旨を宣言し、待ちながら頭を整理する。
↓
全員が読み終わったらディスカッションする。制限時間を決めておくこと。
↓
以下、繰り返し。

関連する法則
94
ネットショップ制作会社にすべてを委ねない __P205

用語
エクストリームリーディング __P224

TIPS
進め方は各自で検討
これらの内容はあくまで一例だ。参加メンバー同士で話し合って、やりやすい進め方を検討してほしい。

時には脱線も重要
「本の内容から連想した別の話題」から、貴重な情報が得られることも多い。このような化学反応も、読書会の魅力だと言える。

重要度 ★★
緊急度 ★★★

読書会の注意点

　まずメンバーを集めよう。ネットショップ店長が何人かいれば理想だが、社内スタッフや、理解のある友人や家族でもいい。上級者と話すと影響されすぎたり、自分の考えを押し殺したりする危険があるので、気軽に話せる相手がいいだろう。

　人数は、2人以上、6人以下が望ましい。喋っているうちに頭を整理できる効果があるので、1人あたりの発言回数は多い方がいいからだ。少人数の集まりなら必然的にそうなるが、それ以上増えると「喋る人」と「聞く人」に分かれてしまう。

　本さえあれば、準備はいらない。時間と集合場所さえ決めておけば気軽に開催できる。事前に本を読んでくる必要もない。「職場で毎朝30分」でも可能だ。一般的な勉強会であれば発表者は情報収集・資料作成・当日の発表など結構な負担だが、この読書会なら負担がない。PCが1～2台あると、例に挙げたネットショップのページを見たり、調べ物をしたりしながら進められ、なおいい。

　実際に読み進める際は、例えば本書であれば「1法則」ごとに切って進めていくのを勧める。皆で黙読するときは、誰が読み終わったか分かるようにしておくこと。全員が読み終わったら、各人が、その個所に関して自店舗での体験談や自分の考え、知っている事例などを発表する。あるいは、自分が重要だと思う文章を切り出し、その意義を議論する。自店舗で実践したい施策を思い付けば、それを皆に共有しよう。他のメンバーからアドバイスが得られるかもしれない。

　このような読書会を通して多角的に理解すれば、本書の内容をより実践しやすくなる。販促を考える際の「社内の共通言語」にもなるので、会議もスムーズに進むはずだ。

　ぜひ、スタッフ・外注先も巻き込んで、皆で売上を伸ばしていってほしい。

TIPS

読み終わったらサインを出す
人数が多い場合「読み終わりました」と口頭で申告するのは分かりづらいので、黙ってサインを出すのがお勧めだ。例えば、本を伏せたり、「手元の紙を筒状にして、読み終わったら立てておく」など。

制作会社との読書会
ネットショップと制作会社のスタッフが一緒に読書会をやるのも大変有効だ。互いの頭の中を理解できるので、より効率的に仕事が進む。制作会社にとっては、顧客を囲い込む効果も期待できる。

重要度 ★★★
緊急度 ★★★

◆勉強会と読書会の違い

	一般の勉強会	読書会
準備	発表者が準備する	準備不要
人数	比較的多い。10人以上	2人～6人程度
会場	プロジェクターなどが必要	どこでもOK
内容	発表者が参加者に講義	参加者同士のディスカッション
成果	新しい知識と他店事例	新しい視点と施策アイデア
頻度	多くて月1回	毎朝でも可能

◆ディスカッションテーマの例

- 自分が感じた疑問、納得した個所
- 自分が知っている関連事例、体験談（プライベートを含む）
- 自分が重要だと思った文章、図解
- 自分が思い付いた施策
- その他、気づいたこと

「変化の時代」で、商いを続けるために

　1997年に楽天市場がオープンして10年ちょっと。日本のeコマースは、すっかり社会インフラのひとつになり、今後もさらに規模が拡大していく勢いですね。私は2002年に楽天に転職して以来、ずっとECの世界に関わり続けています。

　考えてみれば、日本のECをここまでの規模に育てたのは、やっぱり現場の店長さんたちだなあと思います。特にPCに詳しいわけでもなく、ノウハウも整理されていない中、自分でリスクを取ってECの世界に飛び込み、試行錯誤の連続。当時の店長さんたちにお話を伺うと、メルマガ配信機能すらない中で、1通1通、手動でお客さんにメールをしていた時代もあったとか。実際のところ、あらゆるECの方法論を作り上げたのは、そんな店長さんたちです。本当に頭が下がります。

　そのころの私はといえば、同僚のECコンサルタント（店舗担当者）たちと一緒に、深夜まで担当店舗と電話。企画やメルマガの相談を受けたり、提案した広告が成功すれば一緒に喜び、失敗すればリカバリー策を必死に考え、社内調整に走り回ったりで、帰りはいつも終電。上司・同僚と飲みに行けば互いの担当店舗の自慢をしたり、後輩に講釈を垂れたりと……担当店舗さんたちに引っ張られるように、楽しく仕事をさせて頂きました。中小規模の「普通のネットショップ」が、大手と互角以上に張り合える環境が、なんとも痛快だったのです。

　しかし、時代は変わります。不況に後押しされる形で、大手量販店やメーカーのEC参入も増えてきています。競争が激しくなり、かつての有名店舗が倒産してしまうケースもいくつかありました。

　そこで私は、微力ながら、ネットショップ業界への恩返しになればという気持ちで、この本を書きました。広告費が高騰し、どんどん複雑化する販促施策を新しく体系立てて、いかに分かりやすく解説するか。いかに「使える」ノウハウを提供するか。出し惜しみ無しでこだわりました（結果、予定より半年以上発売が遅れました）。

　時代の変化はどんどん早くなり、手法の陳腐化も早まっています。この本に載せた「型」も、ずっと使えるわけではありません。結局のところは、いつの時代でも、すべての答えを持っているのはお客さんです。本書を参考にしつつ、あなたとお客さんとの関わりの中から、独自の方法論を見つけ出してください。

　次の10年も、多くの「普通のネットショップ」がECの世界を盛り上げてくれることを、心から願っています。（坂本）

付 録

ネットショップ販促情報サイト「ECユニオン」の紹介

筆者が代表を務めるコマースデザイン株式会社では、ネットショップ・EC関係者のための無料情報サイト「ECユニオン」（http://ec-union.jp/）を運営している。会員登録すると、現場で使える実践的な情報や、ショップ運営の効率化・売上アップに繋がるツール類、法則9で紹介した「タイプ診断」などが利用できる。ここでは、会員登録の手順を説明する。

◆会員登録の手順

❶ http://ec-union.jp/にアクセスし、トップページ上部のバナーをクリックして会員登録ページに移動する。

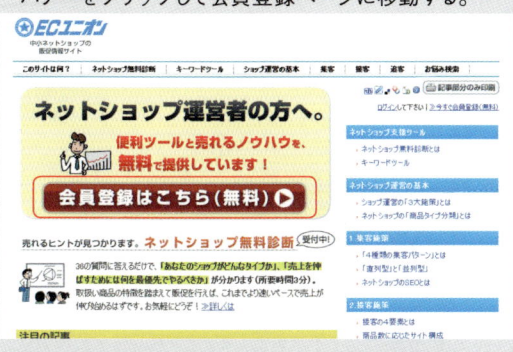

❷ サイトの内容と規約を確認する。ショップと支援事業者で会員登録フォームが違うので注意する。

❸ 登録画面の指示に従って、メールアドレスやパスワードなどの情報を入力する。

❹ ログイン後のトップページから、各種コンテンツを利用する。

ネットショップ用キーワードツールの利用方法

　筆者自身愛用しているのが、ECユニオン内に設置された「ネットショップ用キーワードツール」だ。法則17（「魚群探知機」でキーワードリストを作る）で紹介した通り、「干物　訳あり」など2単語以上による検索キーワード「複合キーワード」を把握するのは検索対策にとって大変重要なことだが、このツールを使えばそれが簡単にできる。
　ここでは、このツールの利用方法を説明する。

◆検索結果画面

❶調べたいキーワードを入力して「調査ボタン」を押す。

❷そのキーワードと組み合わせて使われている「複合キーワード」が表示される。

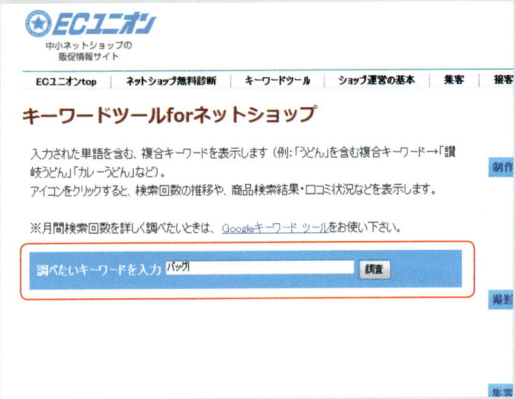

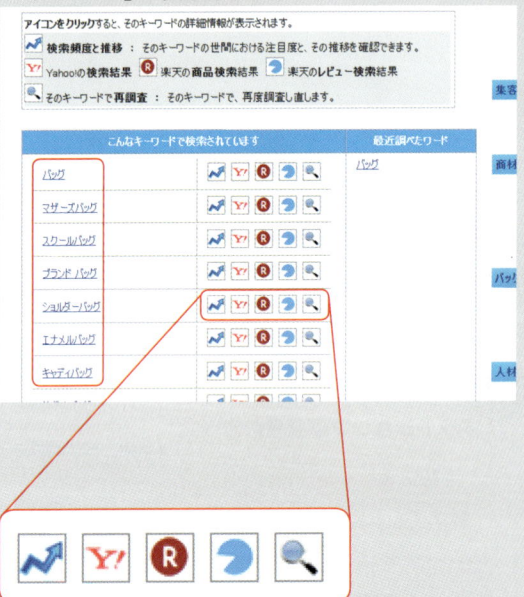

◆アイコンの説明

　検索結果に表示される各アイコンをクリックすると、そのキーワードのより詳しい情報が表示される。

 「Google Insights for Search」にジャンプする。そのキーワードがどの程度検索されているか、どの季節に需要があるか、注目度のトレンドはどうかなどを表示する。

Eコマースにおいて重要とされる、Yahoo!での検索結果にジャンプする。SEOの上位サイトに学んだり、競合状況を確認するために使う。

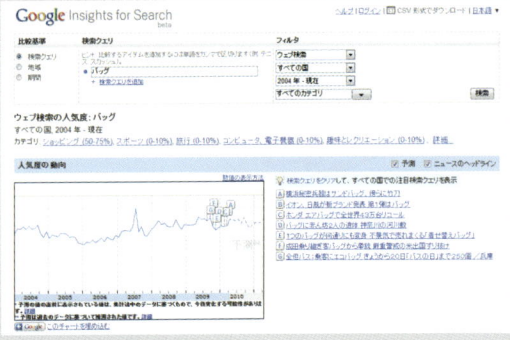

楽天市場の商品検索結果にジャンプする。どのような商品が人気か、競争はどの程度か、どんなキャッチコピーが使われているか、価格帯はどの程度かなどが確認できる。

楽天市場のレビュー検索結果にジャンプする。どのような客層が購入し、どのような基準で商品が評価されているかなどが分かる。

このツールで、そのキーワードを再度検索する。より詳しく調べる際に使う。

コマースデザイン株式会社の独自理論・用語・分類

本書には、著者が所属するコマースデザイン株式会社で独自に開発した理論や用語が多く使われている。通常であれば「BEAFの法則（TM）」などと表記するところ、本書の仕様に従い、TM（TradeMark）表記を割愛して記載した。

◆独自の理論・用語

顧客すごろく理論™（法則2、3）

顧客育成を4段階に分け、顧客心理を踏まえて店舗運営するための考え方。対象客層である【潜在客】を集客して【来店客】を増やし、ページ接客により【購入客】を増やし、リピート促進つまり追客で【継続客】を増やす。

EC4タイプ理論™（法則4～9、70）

取扱商品の長所・短所からショップ運営の成功パターンを4分類し、長所を生かしつつ短所を補う戦略と、その戦略に沿った「集客・接客・追客」の具体策を連動させつつ説明する理論。

魚鱗・鶴翼の理論™（法則10、11、12、39）

商品数が少なくリピート率の高い店は、入口商品を軸にした「魚鱗の陣」を、商品数が多く検索来店が多い店は「鶴翼の陣」を取る。集客・接客・追客すべてに関わる、EC4タイプ理論の実践編とも呼べる考え方。

津波の理論™（法則15）

集客の費用対効果（CPO）より、店の収益性（LTV）を重視すべきと説く例え話。競争原理によりCPOは急騰（費用対効果が悪化）しやすく、LTVを高めておかないと途端に経営が苦しくなる。

パブロフ・ワード™（法則29）

広告キャッチコピーは難易度が高いため、「条件反射的に潜在客の注意を引く単語（パブロフ・ワード）」でクリック率を高めようとする考え方。実際、広告原稿に加えるだけで反応が高まる単語は多い。

QPC分析™（法則40、41）

店・商品の強みや、ユーザーの購入動機を類推する際に使う切り口。品質（Quality）、価格（Price）、利便性（Convenience）の3つの角度から見ると、同じ商品から色んな魅力が見つかる。

BEAFの法則™（法則62～66）

無名商品の購入率を高める「縦長商品ページ」における、ストーリー構成の考え方。Benefit（購入メリット）、Evidence（論拠）、Advantage（競合優位性）、Feature（さまざまな特徴）を順番に並べるといい。

◆独自の分類

ネットショップ3大施策（法則1）

本書の背骨となる考え方で、あらゆるECの販促施策を3種類に分類している。潜在客の店舗への「集客」、来店客へのページ「接客」、購入客への「追客」。「顧客すごろく理論」の一部でもある。

ネットショップ3大指標（法則3）

3大施策の精度を、3つの指標で管理するという考え方。集客は「クリック率」、接客は「購入率」、追客は「リピート率」で管理できる。「顧客すごろく理論」の一部でもある。

4種類の集客パターン（法則12）

集客施策の要点、つまり潜在客の「来店経路」を把握するための分類。SEOとリスティング広告による「検索」、バナーなどの「純広告」、景品を使う「懸賞」、マスコミなどの「紹介」。

接客4要素（法則38）

接客施策の要点を把握するための分類。店の強みを濃縮した「店舗コンセプト」、回遊性など使い勝手のいい「店構え」、お試し品から常連向けまで揃う「品揃え」、強力な「看板商品」。特にコンセプトが重要。

メルマガ農業の3ステップ（法則69）

追客施策の要点を説明するための分類。まず読者を増やすために「種をまく」。次に信用を「育てる」。最後に、高まった信用を使って売上を「収穫する」。

イベント企画3パターン（法則84）

追客における「収穫」施策のひとつである店舗内イベントのコツを説明する分類。内部事情をイベント化する「内輪型」、世間に便乗する「トレンド型」、生活提案の「提案型」。

用語集

ASP
Affiliate Service Providerの略。アフィリエイトサイトの運営者とアフィリエイトプログラムを提供したいECサイトの橋渡しをするシステムを提供する事業者。

CPC
Cost Per Clickの略。クリック単価。
→クリック単価

CPO
Cost Per Orderの略。顧客獲得単価。
→顧客獲得単価

CSS
Cascading Style Sheets（カスケーディング・スタイルシート）の略。HTMLの装飾部分を一括管理する機能。HTML部分はシンプルな形で記述し、装飾部分はCSSで指定する。これによりHTML本体がシンプルになり、運用が楽になる。スタイルシートとも呼ばれる。

CTR
Click Through Rateの略。クリック率。
→クリック率

FAQ
Frequently Asked Questionsの略。「よくある質問とそれに対する答え」をまとめたコンテンツ。ユーザーの疑問を解決して、相互の信頼関係を築くことができ、その後のアクションにつなげることができる。

Google Analytics
Googleが提供する無料のアクセス解析ツール。サイトに訪れた訪問者の行動分析などが行える。
→アクセス解析

HTMLメール
Eメールの本文を、Webページのレイアウトなどに使う「HTML」で記述したもの。通常の電子メールではできない、文字の色付けやフォントサイズの変更、画像の埋め込みが可能。

LTV
Life Time Valueの略。日本語では「顧客生涯価値」と呼ばれる。顧客を1人得たら、「生涯の間にどれだけお金をもらえるか」という意味でこう呼ばれる。店舗のリピート性・収益性を表す指標として使われる。

PV
Page Viewの略。Webページにユーザーがアクセスした回数を示す値。

SEO
Search Engine Optimizationの略。日本語では「検索エンジン最適化」などと呼ばれる。検索エンジンの検索結果で、自社のWebサイトを上位に表示させるための施策のこと。

アクセス解析ツール
Webサイトを訪れたユーザーの訪問元や訪問回数、Webサイト内のどのページへアクセスしたかなどを解析するためのツールのこと。
→Google Analytics

アフィリエイト
Webサイトの運営者が自分のサイトに企業広告を掲載し、広告からの売上に応じて収入を得る広告手法のこと。

粗利
大雑把な利益のこと。売上－売上原価。粗利額とも。

粗利率
売上に占める、粗利の比率。利益率とも。オリジナル商品は粗利率が高く、価格競争の激しい型番商品・有名ブランド品は低い傾向にある。

入口商品
ネットショップがユーザーに接触する際に、先頭に配置する（一番最初に勧める）商品のこと。お試し商品や有料サンプルが典型。

インデックス
作ったページが、検索エンジンに登録されることを指す。「ページがインデックスされた」などという言い回しで使われる。検索エンジンのクローラーがページを見付けると、インデックスしてくれる。

インプレッション数
ネット広告用語。「広告がどれくらい見てもらえたか」を表す数字。ポータルサイトなどPVの高いサイトに掲載する広告は、インプレッション数も高い。リスティング広告では、どのような検索キーワードを登録するかによってインプレッション数が増減する。

エクストリームリーディング
「エクストリームプログラミング」と呼ばれるプログラム開発手法を応用した読書法。1人ではなかなか読みこなせない技術書などの「同じページ」を何人かで同時に読み、互いの解釈を語り合う。

開封率
メルマガが開封された比率のこと。当然高い方がいい。なお、開封率を取得できるのは、仕様上HTMLメールのみである。

回遊性
「サイトを訪れたユーザーが各ページを回遊しやすいかどうか」を表す言葉。ネットショップであれば、回遊性を高めることで、需要の取りこぼしを防いだり、ついで買いの機会を増やしたりすることができる。

画像加工ソフト
写真やイラストを加工したり、文字画像・バナーを作ったりするソフト。画像処理ソフトとも呼ぶ。アドビ システムズのPhotoshop（フォトショップ）、Fireworks（ファイアワークス）などがよく使われている。

型番商品
家電製品などの「型番」のある商品。転じて、商品知名度が高く、指名買い検索で売れやすく、価格競争が激しい商品群を指す。

カテゴリページ
ホームページ内の記事やネットショップ内の商品を、カテゴリ分類しているページ。カテゴリページ内には、そのカテゴリに当てはまる記事や商品が並んでいる。

クリック単価
ネット広告の、クリック1回あたりの料金。リスティング広告の料金は「広告主が自分で設定したクリック単価×クリックされた回数」で決まる。純広の場合は「掲載料金÷クリック数」でクリック単価を算出し、他の広告枠と比較したりする。

クリック率
Click Through Rateのこと。広告が表示された回数（インプレッション数）に対する広告クリック数の割合。「広告クリック数÷インプレッション」で算出する。

クローラー
Webサイト上の文書や画像などを定期的に取得し、自動的にデータベース化するプログラムのこと。「ロボット」とも呼ばれる。検索エンジンがネット上の各サイトの内容を調べ、ランク付けする際などに使われる。

継続客
1度購入したときの商品やサービスなどに満足し、リピート購入した客のこと。

懸賞広告
豪華賞品が当たる懸賞企画を、広告を使って告知する手法のこと。

広告グループ
リスティング広告において、検索結果に表示される広告テキストとキーワードの管理を行う階層のこと。リスティング広告を管理する階層のひとつ。

購入客
ショップの商品ページを見て満足し、商品を購入した客のこと。

顧客獲得単価
Cost Per Orderのこと。1人の顧客を獲得するコストのことで、広告費などの費用を、その広告によって得た顧客の数で割ったもの。例えば、12万円の広告を出して、40人が商品を購入したら、顧客獲得単価は3,000円となる。

コンバージョン
Webサイトにアクセスしたユーザーを商品購入や資料請求、会員登録などの成果に結び付けること。

コンバージョン率
CVR (Conversion Rate) のこと。Webサイトにアクセスしたユーザーの数に対して、実際にWebサイトから商品購入や資料請求、会員登録などの結果に結び付いたユーザーの数との割合。例えば、100人がWebサイトにアクセスし、そのうち10人が商品購入した場合、コンバージョン率は10％となる。購入率もコンバージョン率の一種である。

サムネイル広告
商品画像と、短い商品説明文を並べて表示する形式の広告。モール内広告では最も一般的な形。

純広告
広告主が決められた広告枠に対して広告料を支払い、ユーザーに対して露出される広告。リスティング広告や懸賞広告のような「変わり種」の広告と違い、純粋な広告なので「純広告」と呼ばれる。ネットショップでは、バナー広告やサムネイル広告を指すケースが多い。

紹介促進
4種類ある集客パターン（法則12）のひとつ。一般ユーザーによるクチコミやマスコミ露出などの「他者に紹介される形での集客」を促進する施策を指す。商品に話題性を持たせるなどの方法がある。

除外キーワード
リスティング広告において、広告を表示させないキーワードを指定すること。例えば「時計 アンティーク」というキーワードを指定する際に、新品の商品を扱っていない場合は「新品」を除外キーワードとして指定する。

スパム
詐欺的内容を意味する迷惑行為のこと。検索キーワードと十分な関連性がないにもかかわらず、意図的に検索結果に表示されるようにページ内に隠しリンクを張るなどの行為を指す。

スパムメール
メール受信者の同意を得ずに、無差別に大量のメールを配信すること。迷惑メール、ゴミメールとも言う。

潜在客
「自店舗と潜在的に相性の良い客層」でありながら、まだ自店舗の存在を知らず、ニーズも高まっていない状態のユーザー。

縦長商品ページ
知名度の低い商品をアピールするために、商品情報をたくさん掲載した商品ページ。情報量が多いため縦に長くなり、見終わるまでにスクロールを要するのでこう呼ばれる。

単品通販
通販会社の業態の1つ。取扱商品の数を絞り込み、個々の商品を徹底してアピールし、購入客への手厚いフォローによるリピート率の高さで成功している。やずや（健康食品）やブルックス（コーヒー）、再春館製薬（化粧品）などが典型。対義語は、ニッセン・ディノスなどの「カタログ通販（総合通販）」。

ツイッター
Twitter。個々のユーザーが、140文字の「つぶやき」（ツイートとも言う）を投稿して、コミュニケーションを行うシンプルなサービス。

定期購入
毎回注文しなくても定期的に商品を届ける契約。ユーザーにとっては、買い忘れがなくなるメリットがあり、店舗側には先々の注文を確実に確保できるというメリットがある。定期購入客が多いほど、店の売上は安定する。

同梱
複数の商品を、ひとつの荷物の中に一緒に入れること。ついで買いとほぼ同義。客単価が上がるため、来店客への同梱提案は大切な施策である。

独自ドメイン店
独自のドメイン（www.○○.comのようなネット上の住所）を持っている店という意味で、モール内店舗の対義語として使われることが多い。複数店舗を運営する場合は、モール内店舗を支店、独自ドメイン店を「本店」と呼ぶことも多い。

ドメイン
インターネット上にあるコンピュータを特定するための文字列。インターネット上の「住所」にあたるもの。info@impressjapan.jpの@以降や、www.impressjapan.jpといった表現で記述される。

ナビゲーション
サイトを訪れたユーザーが、目的のページまでスムーズに辿り着くための、分かりやすいリンクや、さまざまな仕掛けのこと。ネットショップでは、商品カテゴリのリンク、ついで買いの案内、店舗内検索などがこれにあたる。

ニッチ商品
本書で定義するニッチ商品は「どれだけ上手に薦められても買わない人は買わない」商品だ。ウエディング用品などの「人生の一時期だけ必要な商品」、専門職が使う業務用品などの「ターゲットがごく限られた商品」、ソーラーパネルや暖炉などの「高額商品」だ。

バックヤード
「店の裏側」のこと。商品の仕入れや受注処理・梱包・発送などの「販促以外の作業」を「バックヤード作業」と呼ぶ。

バックリンク
他のページから張られているリンクのこと。被リンクとも呼ばれる。SEOにおいては、このバックリンクの数と、その質が重要視される。
→被リンク数

パンくずリスト
ホームページやネットショップの中での「現在地」を、簡潔に記述したもの。回遊性を高めるのに役立つ。童話「ヘンゼルとグレーテル」の主人公たちが森の中で、帰り道を見付けられるようにパンくずを落としながら歩いたというエピソードに由来している。

ビッグワード
多くのユーザーが検索に使うメジャーな検索キーワードのこと。

被リンク数
「他のページから張られているリンクの数」のこと。バックリンク数とも呼ばれる。
→バックリンク

複合キーワード
検索エンジンに入力される、キーワードとキーワードを組み合わせた言葉。「旅行」というジャンルでは、「国内 沖縄」「国内 沖縄 リゾート」などが複合ワードにあたる。1語のキーワードよりも、ユーザーの目的や意図を絞り込める。

満足客
「顧客すごろく理論」において、ユーザーは潜在客、来店客、購入客、継続客と成長していく。しかし住宅や自動車など、リピートされにくい高額商品を扱う場合は、最終段階を「継続客」ではなく「満足客」と定義する。この満足客は、クチコミやレビュー記事により新しい購入客を増やす力になってくれる。詳しくは法則82を参照。

プレスリリース
企業などの組織が、主に報道機関向けに発表する情報のこと。ニュースリリース。

ポータルサイト
インターネットを利用する際の入り口となる、多くのユーザーが最初にアクセスするWebサイトのこと。日本ではYahoo! JAPANが代表的。

モール内検索
楽天市場などのインターネットモール内での検索を指す。一般の検索エンジンはキーワードに適合する情報（ページ）を表示するが、モール内検索では主に商品情報を表示する。

来店客
検索したり、リスティング広告などをクリックしたりして、店に訪れた客のこと。

楽天大学
楽天市場が運営する出店者向けの教育機関。

ランディングページ
ランディング＝着陸という意味で、検索結果やリスティング広告などからアクセスしてきたユーザーが最初に訪れるページのこと。衝動的にサイトを訪れたユーザーに対して、サイトの魅力をスムーズに伝えるのが目的。法則26では、ランディングページの使い分けを紹介している。また、「縦長商品ページ」はランディングページの一種だと言える。

リスティング広告
Yahoo! JAPANやGoogleなどの検索結果ページに、ユーザーが検索したキーワードとマッチした広告を載せるサービス。絞り込まれたユーザーが検索するため、ほかのWeb広告よりコンバージョンレートが高い。広告料はオークション形式で決まるものが多い。

リスト
メルマガ読者リストや顧客リストの総称。「うちはまだリストが少ないからメルマガの効果が薄い」などという言い回しで使われる。

リダイレクト
あるURLから別のURLへ、自動的に転送させる機能。

け

- 継続客 20,224
- 月間計画 211
- 検索エンジン 50
- 検索結果 URL 113
- 検索順位 51
- 検索フォーム 106
- 懸賞 43
- 懸賞企画 78
- 懸賞広告 43,80,224
- 懸賞集客 78

こ

- 広告グループ 65,224
- 広告テキスト 66,68
- 広告費 44
- 広告料 75
- 購入客 20,224
- 購入メリット 142
- 購入率 22,66
- 顧客獲得単価 44,224
- 顧客すごろく理論 20,21,222
- 効率化 206
- コンテンツ性 172
- コンバージョン 44,224
- コンバージョン率 44,67,225

さ

- 歳時記メルマガ 174
- 最重要キーワード 54
- 差別化 146
- サムネイル広告 72,225
- サンクスメール 177

し

- 市場規模 13
- 実況中継メルマガ 198
- 失敗パターン 10
- 品揃え 94
- 収益性 48
- 集客 18,37

- 集客媒体 44
- 純広告 43,72,225
- 紹介促進 42,82,225
- 上昇期 202
- 商品カテゴリ 109
- 商品コンセプト 84
- 商品写真 122
- 商品説明文 58
- 除外キーワード 65,225
- 助走期 202
- 陣形 38

す

- スパム 51,57,58,60,225
- スパムメール 81,155,225

せ

- 制作会社 205
- セールページ 116
- 接客 18,93
- 接客4要素 94,222
- セット商品 135
- セレクトショップ 137
- 潜在客 20,30,225
- 専門店 137

そ

- 総合タイプ 24,32

た

- タイプ診断ツール 34
- 縦長商品ページ 138,225
- 棚替え 117
- 単品通販 28,126,225

つ

- 追客 18,151
- 追客ツール 153
- ツイッター 82,85,88,153,154,225
- ついで買い 119
- 津波の理論 48,222

て

- 提案型イベント 192
- 定期購入 135,225
- ディスカッション 217
- ディテール写真 123
- デザイン 102
- 転換率 22
- 店舗コンセプト 94,98,102
- 店舗紹介ページ 104

と

- 問い合わせ 121
- 動画 124
- 同梱 133,181,225
- 同封チラシ 180
- 登録カテゴリ 59
- 独自ドメイン店 47,153,225
- 特集ページ 114
- 読書会 216
- トップページ 108
- ドメイン 225
- トライ＆エラー 204
- トレンド型イベント 190

な

- ナビゲーション 106,110,112,225
- 何でも屋 137

に

- ニッチ商品 120,226
- ニッチタイプ 24,30

ね

- 値下げ 118
- ネットショップ3大指標 22,222
- ネットショップ3大施策 18,222
- 年間スケジュール 210

は

- 配信停止ページ 161
- バックヤード 202,226

は
バックリンク 51,60,226
発送完了メール 177
パブロフ・ワード 76,222
早割り 194
パンくずリスト 61,226
販促施策 18

ひ
ビッグワード 53
ヒット商品 212
被リンク数 60,226

ふ
ファーストメール 81
フォローメール 178
複合キーワード 53,64,226
フッター 107
プレスリリース 86,226
ブロガー 88

へ
ページタイトル 56
勉強会 217

ほ
ポータルサイト 43,73,226
ホスピタリティー 206
ポテト提案 132

ま
マスコミ 82,86,212
まとめ買い 119,135
マンガ 124
満足客 21,226

み
見込客 21
店構え 94
未登録商品 127

む
無料相談 121

め
メール配信サービス 163
メルマガ 154,156,166
メルマガクーポン 196
メルマガ経由売上 162
メルマガ登録フォーム 161
メルマガ農業の3ステップ....... 156,222
メルマガの件名 164
メルマガの購読メリット 160

も
モール 58
モールアフィリエイト 90
モール内SEO 58
モール内検索 42,58,226

や
安売り 118

ゆ
ユーザーの声 169
有名ブランド商品 128
有名ブランドタイプ 24,26

よ
よくあるお問合せ 207
呼びかけ効果 165

ら
来店客 20,226
楽天市場 43
楽天大学 22,215,226
ランキング 139,144
ランディングページ 70,226

り
リスティング広告 40,50,62,226
リスト 78,155,226

り
リダイレクト 46,226
リピーター 184
リピート購入 184
リピート率 22,130,227
離陸期 202
リンク先ページ 66,70

る
類語 53

れ
レイアウト 106
レビュー 59,182,227
レフトナビ 107

ろ
ロボット 51
ロングテール 15,227

わ
ワゴンセール 116